国家自然科学基金面上项目(51574112)资助
河南省自然科学基金项目(182300410138)资助
国家自然科学基金河南联合基金项目(U1704129)资助
河南省基础与前沿技术研究项目(142300413211)资助

受载煤体变形破裂微波辐射规律及其机理

王云刚　著

中国矿业大学出版社
·徐州·

图书在版编目(CIP)数据

受载煤体变形破裂微波辐射规律及其机理/王云刚著. — 徐州：中国矿业大学出版社，2020.11

ISBN 978-7-5646-1239-9

Ⅰ. ①受… Ⅱ. ①王… Ⅲ. ①微波辐射—研究 Ⅳ. ①O451

中国版本图书馆 CIP 数据核字(2020)第 218920 号

书　　名　受载煤体变形破裂微波辐射规律及其机理
著　　者　王云刚
责任编辑　张　岩
出版发行　中国矿业大学出版社有限责任公司
（江苏省徐州市解放南路　邮编 221008）
营销热线　(0516)83885370　83884103
出版服务　(0516)83995789　83884920
网　　址　http://www.cumtp.com　**E-mail**:cumtpvip@cumtp.com
印　　刷　江苏淮阴新华印务有限公司
开　　本　787 mm×1092 mm　1/16　**印张** 13.25　**字数** 259 千字
版次印次　2020 年 11 月第 1 版　2020 年 11 月第 1 次印刷
定　　价　54.00 元
（图书出现印装质量问题，本社负责调换）

前　言

煤炭是我国主体能源和基础产业，长期以来受到党和政府的高度重视。习近平总书记指出，在相当长一段时间内，甚至从长远来讲，我国还是以煤为主的能源格局，只不过比例会下降，我们对煤的注意力不要分散。然而，我国煤层开采地质条件复杂，煤与瓦斯突出、冲击地压、冒顶、突水等矿井煤岩动力灾害严重，随着矿井向深部开采，地应力和瓦斯压力增大，灾害将更加严重，势必制约着煤矿安全生产和经济效益的提高。矿井煤岩动力灾害机理复杂，对其可靠预测预报是世界性难题。为此，国内外学者一直致力于寻求可靠的连续、非接触式预测方法。煤与瓦斯突出、冲击地压等均是煤岩体在其内外物理化学及应力综合作用下快速破裂的结果，通过监测采动煤岩体能量耗散的地球物理探测方法是非常有前景的预测手段。

本书采用实验室测试、理论分析相结合的方法，研究了受载煤体变形破坏过程中微波辐射规律和热辐射机理等内容，并对这一技术应用于矿井煤岩动力灾害的预测预报进行基础理论研究。

首先，测试煤体在自然状态下、加热后降温过程中、单轴压缩和劈裂拉伸破坏过程中的微波辐射效应和变化规律，分析加载条件（加载方式、加载速率）、煤岩组构、峰值载荷等影响因素对微波辐射变化规律的影响；通过分析在受载煤岩应力-应变曲线每个阶段微波亮温曲线的变化规律，为预测预报煤岩动力灾害提供理论基础。

然后，基于断裂物理基础采用扫描电镜分析煤体中 Griffith 缺陷特征；应用宏观断裂力学和地震集结理论分析岩石的宏观破裂就是微破裂集结与扩展现象的结果；以能量理论为基础推导出在准静态情况下裂纹断裂准则；以微观断裂力学为基础，引用断裂粒子辐射的解理和位错原子模型研究断裂粒子产生热辐射的机理；分析受载煤体断裂热辐射的热力耦合效应。最后，分析微波在有耗媒质中的衰减方程，对微波的衰减方程进行离散多元非线性回归，利用电偶极子模型分析微波的辐射功率与频率的关系。讨论煤岩体电性参数的影响因素，研究电磁波在不同介质交界面的传播特性，分析微波与气体分子的相互作用。

因此，受载煤岩体变形破裂过程中能产生微波辐射效应并具有可预测性的破坏前兆规律。这说明微波遥感预测技术是一种很有前途的、值得深入研究的煤岩动力灾害预警技术。

在作者的研究过程中，得到了中国矿业大学王恩元教授、刘贞堂教授、李忠辉教授，河南理工大学魏建平教授的具体指导和热情关怀；另外还得到了中国地震应急搜救中心的邓明德研究员，中国航天科工集团二院二零七所樊正芳研究员，中国科学院东北地理与农业生态研究所赵凯主任，中国科学院国家空间科学中心张升伟研究员的帮助，在此作者表示深切的感谢！

本书由国家自然科学基金面上项目(51574112)、河南省自然科学基金项目(182300410138)、国家自然科学基金河南联合基金项目(U1704129)和河南省基础与前沿技术研究项目(14230013211)共同资助。

由于作者水平有限且时间仓促，书中难免有疏漏和欠妥之处，恳请读者批评指正，联系方式：E-mail：cumtwyg@163.com。

作　者

2020年10月

目　　录

1　绪论 ………………………………………………………………… 1
1.1　课题的提出 ………………………………………………………… 1
1.2　遥感岩石力学研究综述 ………………………………………… 5
1.3　需研究的问题 ……………………………………………………… 22
1.4　主要研究内容及创新点 ………………………………………… 23

2　热辐射的基础理论及微波遥感基本原理 ………………………… 25
2.1　热辐射的基础理论 ……………………………………………… 25
2.2　微波遥感基本原理 ……………………………………………… 36
2.3　微波辐射计 ………………………………………………………… 44
2.4　本章结论 …………………………………………………………… 47

3　煤体降温与变形破裂过程中微波辐射特性实验研究 ………… 49
3.1　煤体微波辐射实验测试系统及试样 …………………………… 49
3.2　煤体微波辐射特性实验内容及方案 …………………………… 52
3.3　煤体微波辐射特性实验结果及初步分析 ……………………… 55
3.4　实验中异常现象的解释 ………………………………………… 97
3.5　本章小结 …………………………………………………………… 100

4　受载煤体微波辐射特性影响因素的研究 ………………………… 102
4.1　受载煤体微波辐射特性影响因素 ……………………………… 102
4.2　加载条件对受载煤体破裂过程微波辐射的影响 ……………… 102
4.3　煤岩组构对受载煤体破裂过程微波辐射的影响 ……………… 111
4.4　峰值载荷对受载煤体破裂过程微波辐射的影响 ……………… 118
4.5　受载煤体微波辐射特性影响因素的理论研究 ………………… 119
4.6　煤体的应力-应变曲线及表征的力学性质 ……………………… 120
4.7　本章小结 …………………………………………………………… 122

5 受载煤体破裂过程热辐射机理分析 …… 124
5.1 电磁辐射微观产生机理 …… 124
5.2 电磁辐射与热辐射的关系 …… 126
5.3 断裂物理基础 …… 127
5.4 宏观断裂力学 …… 134
5.5 微观断裂力学 …… 137
5.6 受载煤体断裂热辐射产生机理 …… 145
5.7 受载煤体损伤统计-微波辐射耦合模型 …… 149
5.8 本章结论 …… 154

6 微波辐射在煤岩体中的传播机理及特性研究 …… 156
6.1 微波在有耗媒质中的传播机理与衰减 …… 156
6.2 煤岩变形破裂电磁辐射的功率特性 …… 163
6.3 衰减系数与电性参数的关系 …… 164
6.4 微波在两种不同介质交界面上的特性 …… 180
6.5 微波传播与气体分子的相互作用 …… 182
6.6 电磁波衰减的其他参数表示 …… 186
6.7 本章小节 …… 188

7 结论和展望 …… 189
7.1 结论 …… 189
7.2 展望 …… 191

参考文献 …… 193

1 绪　论

1.1 课题的提出

煤炭是我国的基础能源和重要原料。煤炭工业是关系国家经济命脉和能源安全的重要基础产业。在我国一次能源结构中,煤炭将长期是主体能源,在我国的能源生产与消费结构中一直占 2/3 以上。国家能源局 2019 年统计数据表明,我国 70 年来煤炭产量增长 114 倍、原油 1 575 倍、天然气 22 895 倍、发电量 1 653倍,我国已成为世界第一大能源生产国,煤炭产量已多年位居世界第一。2020 年,中国煤炭消费总量和一次能源占比将分别达到 38 亿 t 和 55.8%,能够超额实现"十三五"规划目标。2008 年至 2019 年我国能源生产总量、原煤生产总量、原油生产总量及天然气生产总量如图 1-1 所示。

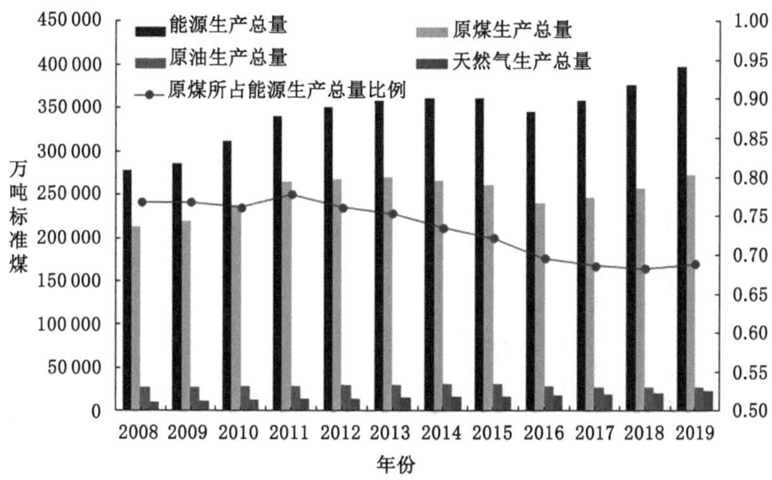

图 1-1　2008 年—2019 年我国一次能源生产情况

(数据来源:国家统计局)

由图 1-1 可知,从近 12 年能源生产数据来看,能源生产总量经历持续增长后在 2016 年转头下降,2017 年又开始上扬。2014 至 2016 年原煤产量连年下降,2017 年以后开始回升。2018 年、2019 年全国原煤产量分别为 36.8 亿 t、37.5亿 t,同比分别增长 4.5%和 4.0%。而原煤生产总量所占能源生产总量的比例尽管有所下降,由 2008 年的 77%降至 2019 年的 69%,但是一直保持在 68%以上。

根据中国工程院《中国煤炭清洁高效可持续开发利用战略研究》最新成果预测:2020 年、2030 年、2050 年,我国煤炭需求量分别为 39～44 亿 t,45～51 亿 t,38 亿 t[1]。《煤炭工业发展"十三五"规划》指出,国际能源格局发生重大调整,能源结构清洁化、低碳化趋势明显,煤炭生产向集约高效方向发展。而我国在经济发展进入新常态的条件下,能源革命加快推进,油气替代煤炭、非化石能源替代化石能源双重更替步伐加快。同时,我国仍处于工业化、城镇化加快发展的历史阶段,能源需求总量仍有增长空间。立足国内是我国能源战略的出发点,必须将国内供应作为保障能源安全的主渠道,牢牢掌握能源安全主动权。煤炭占我国化石能源资源的 90%以上,是稳定、经济、自主保障程度最高的能源。煤炭在一次能源消费中的比重将逐步降低,但在相当长时期内,主体能源地位不会变化[2]。

目前,我国煤炭生产呈现出百万吨死亡率逐年下降,煤矿安全形势总体上不断好转的态势,如图 1-2 所示。特别是在 2018 年和 2019 年,百万吨死亡率首次突破0.1,分别为 0.093 和 0.083。2019 年全国煤矿发生死亡事故 170 起、死亡 316 人,同比分别下降 24.1%和 5.1%,达到世界产煤中等发达国家水平,实现了事故总量、较大事故、重特大事故和百万吨死亡率"四个下降"。

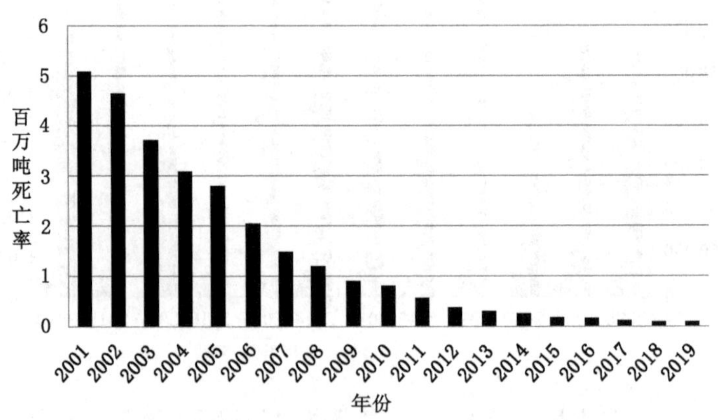

图 1-2　近 20 年我国煤炭生产百万吨死亡率统计

在全国煤矿安全生产成效明显的前提下，矿井煤岩动力灾害时有发生，煤矿安全生产仍处于爬坡过坎期。据不完全统计，2018 年我国煤矿发生 18 起较大、重大安全事故，瓦斯事故发生 8 起，死亡人数 43 人，占总死亡人数的 43%；顶板事故发生 3 起，死亡人数 27 人，占总死亡人数的 27%，其他为水害、运输和窒息事故。而在 2019 年较大以上事故反弹，事故起数和死亡人数同比分别增加 6 起、54 人。特别是 10 月下旬以来，全国煤矿安全形势急转直下，接连发生 6 起较大事故、4 起重大事故或涉险事故。

目前，我国煤矿开采以每年 10～25 m 的速度快速向深部转移，许多煤矿进入深部开采(埋深 800～1 500 m)，已有 50 对矿井深度超过 1 000 m，其中采深最大的矿井达到 1 505 m。随着采掘深度的延伸和开采强度的不断加大，井下煤岩动力灾害愈发严重，我国已成为世界上矿井煤岩动力灾害最严重国家之一，一旦发生动力灾害，将会造成群死群亡、重大财产损失和严重的社会影响。鉴于此，国家在“十三五”期间，将“煤矿深部开采煤岩动力灾害防控技术研究”列入国家重点研发计划项目，重点对煤矿深部开采条件下的冲击地压、煤与瓦斯突出和复合煤岩动力灾害的危险性探测、防控机理和防控技术开展研究。

煤岩动力灾害是煤岩体在外界应力作用下在短时间内发生的一种具有动力效应和灾害后果的现象。它具有两层含义，从广义方面讲包括地震、火山喷发、山体或边坡滑移、桥梁垮塌、隧道失稳等；从狭义方面讲主要指煤矿井下发生的动力灾害，如煤与瓦斯突出、冲击地压、顶板塌陷等。一般情况下，煤岩动力灾害主要指狭义方面的含义。实践表明，煤岩动力灾害现象的发生主体是各类不稳定煤岩体，是其在外部的物理化学及力学综合作用下快速变形破裂、迅速发展的过程，是典型的不可逆能量耗散过程。

近年来，因煤矿开采采动诱发的煤与瓦斯突出、冲击地压和冒顶、突水等事故频繁发生，死亡超过 10 人的重大瓦斯爆炸和透水事故在地方煤矿和部分国有重点煤矿中仍有发生。尤其部分国有煤矿在装备投入不足的(特别是安全检测和决策手段短缺)情况下盲目扩大生产，发生了群死群亡的重大恶性事故。国有大中型煤矿发生动力灾害事故所占的比重明显加大，“大矿大难”已显现为一种趋势，其他非煤矿山动力灾害事故也有日益增加的趋势。

煤岩动力灾害具有突发性、瞬时震动性和巨大破坏性等显现特征，而且随着采掘深度的不断延伸和开采规模的不断扩大日益严重，将会造成大量的人员伤亡和财产损失，严重威胁着矿山安全生产。对这些动力灾害现象进行预测方法和指标的有效研究既是保障安全生产和提高经济效益的重要技术手段，又是国内外矿山安全生产亟待解决的重大技术难题。

煤岩动力灾害危险性预测的主要方法有指标预测法和动态(连续)预测法。

指标预测法包括钻屑量、钻屑倍率法、钻孔瓦斯涌出初速度法、R 指标法和钻屑综合指标法；动态(连续)预测法包括声发射(AE)法、微震法、电磁辐射(EMR)法等。指标预测法都是通过钻孔来实现的，因此又称钻孔法。这种方法打钻及参数测定需占用作业时间和空间，工程量和劳动强度大，预测作业时间较长，预测所需费用也较高，严重影响着矿井的高效生产。

国内外大量研究表明，受载煤岩体在变形破坏之前能产生声发射、微震信号以及电磁辐射信号，每一个信号都包含着煤岩体内部状态变化的丰富信息，对接收到的信号进行处理、分析，可作为评价岩体稳定性的依据。因此，可以利用岩体声发射与微震的这一特点揭示煤岩体破坏机理，对工程岩体的稳定性进行监测，从而预报岩体塌方、冒顶、片帮、滑坡、岩爆和煤与瓦斯突出等煤岩动力现象。声发射、微震和电磁辐射等监测预警技术在对矿井煤岩动力灾害的预测预报过程中起着非常重要的作用。

随着科技的发展，红外遥感首先在军事上起到重要的作用。自 20 世纪 70 年代起，在民用方面也得到了广泛地应用，尤其是在地震预报和工程方面的应用也开始了研究[3-6]。20 世纪 80 年代末，微波遥感技术出现并首先在军事侦察方面得到应用。微波遥感技术的出现使遥感技术进入了一个新的发展阶段。目前，许多领域均在探索微波遥感这一新技术在本学科领域中的应用问题。微波遥感技术在地震预报方面的应用已开始研究[4,7-9]。

1985 年，Luong 首先利用热成像技术研究岩石及混凝土在破裂过程中的热红外辐射现象，对岩石及混凝土在疲劳和破坏过程中的热红外辐射进行研究[10-11]。邓明德等[12-13]进行了岩石和混凝土单轴压缩、花岗岩双轴摩擦滑移、钢板拉伸等一系列红外辐射以及微波辐射的观测实验；吴立新等[14-16]实验研究了岩石在单轴压缩、压剪、纯剪、双剪摩擦滑移、撞击以及刻划下的红外辐射规律，取得了许多非常有益的定性定量成果。上述实验表明，受载岩石或混凝土在发生灾变的过程中能够产生红外辐射和微波辐射，这对于地震、岩爆、滑坡等与岩石有关的灾害遥感预测预报具有实践指导意义。

基于煤岩微破裂的扩展是冲击地压、煤与瓦斯突出、顶板塌陷、瓦斯爆炸、突水等矿山动力灾害孕育过程中共性特征的基本认识，可以从开采应力扰动诱发微破裂导致地质环境劣化的动力灾害出发，以非接触式区域监测为手段，探索灾害孕育的内在动因和前兆规律，实现矿井煤岩动力灾害的预测预报。

鉴于前人的研究分析，在受载岩石变形破坏过程中能产生红外辐射和微波辐射信号的基础上，提出引入微波遥感监测方法预测预报矿井煤岩动力灾害这一新研究课题。此目的在于探索煤岩的微波辐射是否随煤岩的应力状态变化而变化，煤岩破裂之前其微波辐射是否显示出某种可预报煤岩破裂的前兆性变化，并进而探讨微波遥感这一新技术在煤岩动力灾害方面的应用前景。

然而,煤作为特殊的沉积岩,在其受载过程中是否具有与受载岩石一样的微波辐射效应和相同的规律,是否显示出某种可预报煤体破裂的前兆性变化?这是本课题研究的主要问题之一。关于加热煤岩的微波辐射特性以及受载煤岩在其变形破裂过程中是否产生微波辐射的报道在国内外尚属空白。基于上述思路,设计和建立加热煤岩试样和受载煤岩试样的微波辐射特性实验测试系统,对采自不同矿区的煤岩进行加热后,测试在降温过程中的微波辐射特性;测试煤体在加载过程中煤岩的微波辐射特性和规律,讨论受载煤岩微波辐射特性的影响因素及热辐射机理;分析微波辐射在煤岩体内传播机理和特性,为后期的煤岩破裂微波辐射技术预测预报矿井煤岩动力灾害提供一定的理论基础。

开展上述研究内容对进一步深入理解煤岩破裂的微观过程和电磁辐射的产生机理,促进煤岩电磁辐射技术的发展和应用具有深远的现实意义,同时对评定现场煤岩应力状态及其稳定性、监测预报煤岩动力灾害有重要的理论意义和工程实践指导意义。微波遥感技术无疑会为非接触式预测煤岩动力灾害技术提供了更广阔的视野和应用前景。

1.2 遥感岩石力学研究综述

"遥感"(Remote Sensing),顾名思义,就是"遥远感知",是由美国人 Evelyn Pruitt 于 1960 年提出的,在日本叫"远隔探知"或"远隔探查"。在 1962 年美国召开的第一次环境科学讨论会上被正式采用,以后便广为传播。遥感是指通过某种传感器装置,在与被研究对象不直接接触的情况下,获取其特征信息,并对这些信息进行提取、加工、表达和应用的一门科学和技术。

根据遥感的这一概念,人和动物都具有一定的遥感本领。例如人的眼睛识别物体的过程就是一种遥感过程,它是靠物体的色调、亮度以及物体的形状、大小等信息,来判定物体的属性。蝙蝠能发射超声波,并用接收到的回波来判断障碍物的距离、方位和属性。现代遥感技术就是模仿自然界中的遥感现象和过程而产生的。

广义的遥感泛指各种非接触的远距离探测技术,在实际工作中,重力、磁力、声波、地震波等的探测被划为物探(物理探测)的范畴,只有电磁波探测属于遥感的范畴。根据物体对电磁波的反射和辐射特性,将来可能涉及声波、引力波和地震波。从广义遥感的角度来看,中国矿业大学的煤岩动力灾害电磁辐射非接触式预警技术也属于遥感的范畴,且开辟了遥感-岩石力学在煤岩动力灾害预测预报的先河。狭义的遥感是一门新兴的科学技术,主要指从远距离、高空以及外层空间的平台上，利用可见光、红外、微波等探测仪器，通过摄影或扫描、信息感应、传输和处理，从而识别地面物质的性质和运动状态的现代化技术系统。

岩石受力变形直至破坏过程的研究是力学中的一个重要领域。几十年来，电阻应变片技术、光弹技术、脉冲技术、激光技术等相继问世并随之被引入岩石力学实验研究。每项新技术的引入都使岩石力学的研究水平提高一步。岩石力学的研究成果已经被广泛地应用到岩石工程中，但是由于岩石介质的复杂性，使得岩石工程中的一些重要问题仍未能很好地解决。

随着科学技术的发展，遥感技术的出现是一个值得重视的事实。遥感技术属于空间科学的范畴，它具有非接触、无损伤测量、费用低、效率高的特点，是传统应力测量方法和工程稳定性监测方法所不可比拟的。它测量出的应力场分布和温度异常分布是高度连续分布，可从应力和温度异常两方面对工程稳定性进行监测，进而做出失稳预测。因此，遥感技术测量不但可应用于大型混凝土工程的应力测量、稳定性监测和失稳预测，而且可用于地震预测、岩爆监测和预测以及对岩体、边坡、硐室工程等稳定监测和失稳预测，具有广泛的应用价值和前景。遥感技术的崛起和成熟不仅改善了现有应用领域的工作，也为开发新的遥感领域创造了条件。

20 世纪 90 年代初，将遥感技术引入岩石力学的条件已经成熟，开始了遥感技术与岩石力学这两个学科相结合的探索和研究。在实验基础上，提出了遥感-岩石力学（或遥感岩石物理学）的概念（耿乃光等，1992；崔承禹等，1993；邓明德等，1993），并产生了遥感岩石力学这一新的术语和研究领域，并预言："遥感-岩石力学有广阔的应用前景，随着研究的深入，有可能建立一种应用遥感技术探测岩体应力状态和岩体稳定性的新方法"。

1.2.1 受载煤岩电磁辐射研究进展

岩石电磁辐射的研究是从地震工作者发现震前电磁异常变化后开始的。苏联和我国是开展该方面研究较早的国家，美国、日本等许多国家相继也开展了这方面的研究。

20 世纪 50 年代 Воларович 等用实验方法记录和研究了花岗岩、片麻岩和脉石英试样的压电现象，并记录到了光发射[17]，这是关于岩石电磁辐射的最早报道。在 1972 至 1974 年期间，乌兹别克科学院地震研究所和托木斯克工学院的研究人员，在塔什干地区的恰尔瓦克水平坑道中进行了地球脉动电磁场变化的观测，证明地壳发射电磁脉冲，而且在震前发射强度急剧上升[18-19]。美国学者 Nitsan 也报道了实验室岩石压电效应的研究结果。此后，各国学者对地震和岩石破裂电磁辐射进行了大量的研究和报道。我国开展地震电磁辐射研究是在 1976 年唐山 7.8 级地震后开始的。国家地震局地球物理研究所、北京工业大学、安徽省地震局、北京大学和北京市第三十一中学等单位从野外爆破实验和室内模拟实验等方面进行了研究。在两次工业爆破(1980 年 150 t TNT,1981 年 500 t TNT),在两次核爆炸作业中以及煤矿顶板塌陷中观测到了伴随岩石挤压破裂产生的电磁辐射[20]。钱书清等从野外观测到大块岩石破裂过程中发射的电磁波[21-24]。李均之等[25-27]室内实验研究结果表明,岩石受力破裂时发射电磁波并发光。郭自强等[28-30]进行了岩石破裂的电子发射和电声效应,提出了电子发射的压缩原子模型。朱元清等[31]对电磁辐射的机理进行了研究。

以上研究大多限于花岗岩、大理石等坚硬岩石,关于煤及软岩的研究相对较晚。Frid 等[32-33]结合现场研究了煤的物理力学性质、受力状态、瓦斯状况对采掘工作面电磁辐射的影响。

近 30 年来,对岩石破裂电磁辐射效应的研究卓有成效。从 20 世纪 90 年代开始,中国矿业大学何学秋、王恩元课题组等对沉积岩、混凝土、含瓦斯煤岩和具有冲击倾向性的煤岩等的加载变形破裂电磁辐射进行了大量的实验研究,对煤岩电磁辐射的产生机理、特征、规律及传播特性等进行深入研究,提出电磁辐射预测煤与瓦斯突出和冲击矿压的原理及预报方法,研制出 KBD5 型和 KBD7 型煤与瓦斯突出(冲击地压)电磁辐射监测仪,应用于煤与瓦斯突出、冲击矿压危险性的预测预报,取得了卓有成效的预测预报效果。

王恩元等[34-35]成功研制出声电瓦斯突出监测系统及预警技术,并已将其应用于九里山等煤矿,他提出煤岩动力灾害声电协同监测技术,将电磁辐射和声发射进行融合,优势互补,开展了受载煤岩声电监测同步性测试及分析实验,并建立了煤矿煤巷掘进工作面声电瓦斯综合预警体系,取得了良好的预警效果。

潘一山等[36]证实煤岩体在加载破坏的过程中能产生感应电荷,认为煤岩体内大量裂纹的扩展能够增大尖端裂纹束缚电荷突变成自由电荷的概率,从而促使煤岩体发生主破裂时产生的感应电荷量大幅增加,并分析了自由电荷的运移规律。

1.2.2 红外遥感在地震预报方面的研究进展

可见光和红外光波段的遥感器一直是遥感技术中的主要遥感器,这是因为它们具有高空间分辨率,能获得与人目视一致性的图像,而且红外遥感对物质的温度十分敏感。

红外线是 19 世纪初英国物理学家赫胥尔在用热的观点来研究各种单色光的热量时偶然发现的。最初红外技术由于保密的原因只限于军用,至 20 世纪 60 年代中期才由军用技术转民用并逐渐商品化。

在 20 世纪 70 年代,美国首先发展了空间红外遥感技术。20 世纪 80 年代初,美国的红外遥感技术在国际上处于遥遥领先地位。由于红外遥感技术在军事侦察方面的突出效果，各国相继投入很大力量予以发展。到 80 年代中期，苏联、英国、法国、加拿大、瑞典、中国和日本等国也发展到相当的水平。红外遥感技术的应用范围也由军事侦察迅速扩展到地震预报、地质填图、矿藏勘探、农业产量、森林资源和病虫害调查、城市规划、环境科学、农业、林业和气象预报等许多领域[36]。在短短的 10 年中，应用了遥感技术的这些领域，其研究水平和业务功效有了明显的提高。

最早把地震监测列入空间遥感卫星计划的国家是日本。日本航空宇宙工业会提出一项世界环境和灾害观测系统（WEDOS，World Environment and Disaster Observation System）计划，并派出由 29 人组成的代表团到各国访问，宣传该计划以争取支持，该团于 1994 年 3 月到达中国。根据该团介绍，WEDOS 计划包括发射 26 颗观测卫星和 12 颗数据传输卫星，进行全球观测。WEDOS 计划包括实用、环境和灾害三个部分，而其灾害部分所列的 8 种灾害中包括地震。WEDOS 计划没有给出如何监测地震的具体做法。

遥感-岩石力学实验发现了一系列预报岩石破裂失稳的新前兆。目前，人们已使用遥感技术来预测预报地震，而且普遍认为遥感技术是一种十分优越的短临预报方法。因此，遥感岩石力学可望在煤岩体稳定性评价、煤岩体应力场测量和煤岩动力灾害预报等方面得到应用[37-38]，将遥感技术应用于固体力学的实验研究以及工程应用中势在必行[39]。

1.2.2.1 地震前的热异常

地表的热现象是反映地球内部活动的重要信息。地球表面会以红外线形式释放一部分能量。许多学者对地表热异常与地质构造的关系进行了研究。在典型的大洋区，热流-地壳年龄-海底地貌之间呈现良好的相关关系。在大陆地区，热流与构造的活动性有关。构造活动性不同的区域热流分布不同。一般言之，构造活动越强烈，热流值越高。当某一地区地壳活动增强时（例如强震前），地表的热流活动也会变得激烈。

地震前出现的地面温度异常现象早被人们察觉，历史上亦不乏记载，不少人曾对其进行过研究。我国史料中记载了许多强震前出现的热异常现象。由于当时缺少测温仪器，调查有限，记载多为人的感受情况，且记载的仅是震前数天内的情况，如 1679 年 9 月 2 日北京平谷 8 级大震前正逢“特大炎暑，热伤人畜甚重”；1920 年 12 月 16 日宁夏海原 8.6 级特大地震“未震之先数日，四面天边变黄如火焰，晴空气躁，人均感觉焦灼干燥，不知何故”；1933 年叠溪 7.3 级地震前“连日皆极晴朗炎热，震前尤甚”；1937 年 8 月 1 日山东菏泽 7 级强震前一年“天气酷热，住房墙壁如烫，麦收时节脚踩麦秆感到热死人的程度”。

上述现象多从地表定点观测得到，虽然能够较真实地反映震中局部地区的地面温度变化情况,但难以得到孕震范围内大面积的温度动态演变资料。随着遥感技术的发展,使人们可以迅速地获得大面积的热异常空间图像。连续的观测还可描绘出每一观测单元热能的变化过程。通过对卫星遥感信息的时空分析,不但可以识别地物构造,而且还可能依据热异常的变化过程分析地质构造的活动状态,发现地质灾害的前兆。

早在 20 世纪 70 年代初,李四光基于地震地质力学观点,曾立意开展我国十大强震事例前的“地热”现象调查。其后,70 年代中至 80 年代初,《气象与地震》(兰州地震大队气象地震组,1975)、《中国九大地震》(马宗晋等,1982)等专著的问世,首次鲜明地将这一现象归纳入临震物理征兆。在 90 年代初,强祖基等(1990)利用气象卫星红外遥感实时图像跟踪地面增温区的动向,并结合其他信息开展地震短临预报试验,引起国内外的普遍关注。

苏联的研究人员也发现,某些地震所在地区的热红外图像在震前都有热异常显示,加兹利地震震前 8 天出现了特别高的热红外异常;斋桑泊地震震前 7 天的 NOAA 卫星热红外图像上出现了明显的热红外异常,面积为 $200 \times 1\ 600\ km^2$。

黄广思等[40]的研究表明,强震前在震中区较大范围内出现增温异常是一种普遍现象,这种增温异常不仅表现在气温上,还表现在地表温度和地表下浅层地温上,并且有以下几个特点:① 时间长、分阶段。一般增温异常在震前数月到 1 年即有显示,一个月内明显,异常幅度随时间而增加,震前约 10 天持续增温,临震前 1～2 天增温幅度最大。② 范围广、有分区性。异常区的面积多数为数千平方千米,个别达万余平方千米,异常幅度不一。早期分散成区块状相间分布,后期多集中成片,有自外围向震中发展的趋势。③ 幅度大、累积温度高。震前数月到一个月,增温幅度可达 0.5 ℃左右,一个月内大于 1 ℃,临震前几天多为 2 ℃以上,有些超过 10 ℃。

赵刚等[41]对汶川“5·12”大地震引起全国地热前兆台网内大量观测点的响应特征分别从同震响应和震前异常两方面进行了研究。结果表明,对于汶川 MS8.0 地震,随着井震距的减小,出现同震响应和异常的台站的比例也明显增加,异常的升、降温分布与同震响应的升、降温特征基本相符。地热异常反映出震前当地力学环境发生了变化,破坏了观测点处的水动力平衡,观测点处的地下水的水流状态发生改变,从而使观测点处的深井水温曲线形态发生变化。

李治等[42]利用风云卫星热红外遥感数据,通过统计中国 151 次 MS5.0 及以上地震的热红外异常面积,定量分析震级与热红外异常面积之间的关系,并给出二者的二元一次关系式,可为地震震级预测提供一种新方法和新思路;地震发生前 3 d 左右,震源区周围会出现较大范围的增温现象。

朱传华[43]等模拟了汶川地震前由于断层应力释放引发的热异常演化特征，模拟结果支持流体热对流和应力致热是汶川地震热异常产生的重要机制的观点。汶川地震前断层应力释放导致断裂带及其上盘区域流体热对流和应力致热作用强度改变，进而发生热异常。

吴姗等[44]针对依据热红外遥感数据的断裂带内外温差分析法存在的不足，在确定断裂带内外区域时引入距断裂带两侧和两端的距离，综合考虑地形、气候、地物类型等因素对温度的影响将其进行改进，最后将该方法应用于 2 次地震进行验证。

张丽峰[45]等使用中国静止气象卫星热红外亮温数据研究 2017 年 11 月 18 日西藏米林 MS6.9 地震前的热辐射情况，表明西藏地区的强震热红外异常表现出与地热资源分布较为一致的特征及特征周期相对较长的特点。

许多震例表明，强震前浅层地温升高是一种普遍现象，且这种增温异常具有以下几个特点：① 异常范围广，异常区面积多为数千平方千米。② 异常时间长，且具有阶段性变化特点，即地震中期阶段（半年至数年）主要表现为大范围的趋势性增温特点，增温幅度一般在 0.5～1 ℃左右；短临阶段（一天至一个月左右）则主要表现为震区附近的突发性大幅度增温特点，增温幅度一般可达几度，个别可达 10 ℃以上（陈景耀，1990；李保进，1992）。③ 异常主要集中在地表浅部。

1.2.2.2 地震前卫星热红外异常

地震前卫星热红外异常最初是由前苏联 ГОРНЫЙ 等（1988）发现的，他们提出了“地球热红外辐射——地震活动性的标志”，文中讨论了在活化断裂带上记录到高的热红外辐射，有大面积的热红外正异常；在分析宇航热红外卫片时发现，1994 年在苏联的塔姆得-托克劳与塔拉斯-费尔干断裂带交汇部位，多数 4 级以上地震都伴随有热红外异常现象，异常面积达几万平方千米，异常持续时间 2～10 天，异常强度达几度。

我国科学家很快意识到这一发现的重要性，迅速开始了这方面的探索研究，并将这一方法正式应用于地震预报实践。我国学者强祖基等利用卫星遥感热红外图像等资料对 1989～1992 年的一些震例进行了研究[45]，发现临震前出现持续红外增温现象相当普遍，是一种临震前兆增温异常，这种前兆异常的时空动态，可实时地反映于卫星热红外图像[46-47]，而且还作出了不同程度的发震预测。结果表明：① 1989 年发生在我国大陆的 15 次 5 级以上地震中有 11 次临震前皆有地面增温现象。在 11 次地震中，发震的时间贯穿春夏秋冬 4 个季节，震级 5.1～6.6 级不等；震中位置从盆地、高山和高原皆有，海拔从 350～5 600 m 不等。表明中强以上地震临震时，震区出现较大面积的持续增温是一种相当普遍的现象，不同地区增温幅度不同(2.3 ℃～15.5 ℃)，可能受纬度、局部地形和季节的影响。② 1989～1992 年发生在我国及邻近地区东部 5 级及西部 6 级以上的地震有较好热红外前兆的共计 21 次(包括 1989 年 10 月大同阳高 6.1 级地震)，东部海域增温异常一般出现在震前 6～10 天，最短时间为 1～2 天，最长为 11 天，个别达到 14 天。西部地区增温异常始于震前 3～4 天。

随后，强祖基等[46-51]和赁常恭等[52]通过大量解译卫星红外图像，结合异常与地质构造的定性关系，不同构造部位，卫星红外信息的时间过程，总结了临震前兆性质的热红外异常的具体特征：异常具有时间上的突发性、形态上的孤立性、分布上的局限性、昼夜对比具有稳定性、位置具有迁移性和演变规律具有阶段性，地震震级与最大热红外异常面积存在正相关性。究其因，构造带常常是地壳软弱地带，在地震发生前，地壳为了维持其能量体系的平衡，内部的能量就比较容易从软弱地带穿透出来。地壳的软弱地带常常就是地球内部与外界进行物质和能量交换的通道。

刘德富[53]利用卫星红外通道的长波辐射(OLR，Outgoing Longwave Radiation)资料研究异常与地震的对应关系，取得了较好的结果。1976～1990 年国内 5 起 7 级以上地震月平均 OLR 值增长显著，达到历年同期最高值。

吕棋琦等[54]对 1998 年张北 6.2 级地震研究了异常图像与正常图像的差值，揭示出异常分布与断裂构造有关。

陈梅花[55]用断裂带内外温差值分析法研究了 2001 年昆仑山 8.1 级地震及 2000 年姚安 6.5 级地震的震前红外异常，发现在断裂活动的正常时期，断裂带内外亮温关系相对稳定，在断裂活动的异常时期，断裂带内的增温将大于断裂带外的增温，断裂带内外区域亮温差值能够较好地反映断裂活动的状态。

马瑾等[56-57]在前人工作的基础上，提出了利用遥感技术探测活动断层现今活动的新思路，研究了地震前后震中周围地区地温图像的动态演化。研究证实在玛尼地震前 20 d 阿尔金断裂带的东段就开始出现增温现象，然后逐渐扩展，形成了明显的条带。这条带一直持续到 11 月 8 日玛尼强震的发生。地震后该增温异常条带才逐渐消逝。而引发玛尼地震的玛尔盖茶卡断层在震前 2 天才开始出现增温异常。图像的变化过程显示，玛尼地震与阿尔金断裂带活动的明显增强过程之间有着一定的对应关系，说明两断层间存在相互作用以及变形异常-断层现今活动-地震三者间有密切关系。由此，他提出利用遥感技术探测活动断层现今活动的新思路，为红外遥感科学在地震研究中的应用研究提出了新的方向，卫星热红外信息确实可反映区域断层活动以及相互作用的时空动态演化过程。

吕国军等[58]应用相对功率谱估计方法对华北地区中强地震前静止气象卫

星热红外遥感亮温资料进行时频分析，结果表明：华北 5 级以上地震发生前存在显著的亮温热异常，震前 1 个月左右异常开始出现，高值幅值持续时间超过 20 天，功率谱幅值最高可以达到平均值的 7 倍以上，且发震区域一般位于异常区边缘或异常区域内的断层上。

邓志辉等[59]通过对龙门山断裂带应力场-渗流场-热场耦合作用的数值模拟研究，得到如下主要认识：① 地震异常背景场中（微破裂前），由于断裂带和周围块体地质结构的差异，致使其在形变量、流体流速、热通量和温度的分布情况都不同于周围块体。② 随着断裂带微破裂的发生，孔隙率增大，带内会有局部联通，流体运移加快。随着断裂带渗透率的增大：一是对流体影响区域扩大，带内渗流速度增加明显，但增速越来越小；二是对流热通量大小在断裂带内增加迅速，且在断裂带靠近上盘的位置达到最大值；三是断裂带内流体渗流、热通量变化不仅与整体的挤压速率、断裂带渗透率有关，而且受断层几何条件的影响。③ 随着挤压作用的进行，岩石会不断变形，地壳内流体渗流速度、热通量随挤压速度的增大而线性增大，说明挤压速度的变化是影响断裂带内渗流速度的重要因素。④ 断层带内产生微破裂时，渗透率突然增大，此时断层带内流速、热通量突然增加，在很短时间内达到很高的数值，在以后的数月内会保持高值。

在震源物理研究方面，热对地震的形成、发展和发生的影响和作用，越来越引起人们的关注，这方面的研究主要集中在热作为地震的驱动力、热对震源环境的影响及热对地下介质的影响和作用 3 个方面（Brun et al.，1980；Schubert et al.，1978）。

1.2.2.3 地震前热异常机理

自 20 世纪 70 年代中期以来，地震学家们开始关注大地震前出现的电磁波辐射现象，并试图通过对大地震前电磁波的观测进行临震预报。于是，对这一现象开始了相关的实验研究[26-27]。结果证明，当岩石处于应力状态下，构成岩石的原子、分子的运动状态发生了变化，原子、分子中的外层电子发生了能级跃迁。岩石波谱特性的变化，引起反射、辐射电磁波的能量变化。同时，实验表明在岩石临破裂前，如果发生的破裂是剪切破裂，则在未来断层出现处显示高温条带状热像；如果发生的破裂是张性破裂，则在未来断层出现处显示低温条带状热像。黏滑发生在已有的断层带上，当黏滑发生前在断层闭锁段上表现出高温红外热像。

根据目前对孕震过程的一般认识，地震的孕育和发生首先是一个力学过程，孕震过程中应力集中、应变能积累和断层位移等都会使岩石产生变形，发生破裂，进而辐射电磁波能量。在诸如地震、火山、大气污染等异常情况发生时，地物发射的电磁波能量要大为增加，易于温室气体的吸收与辐射，使低空大气层出现异常的增温现象，因而，为监测地物的变化提供了理论依据。卫星热红外遥感就是利用安装在卫星上的热红外扫描仪通过 8～14 μm 的“大气窗口”，遥感所能使用的透射率较高的电磁辐射波段，从高空直接监测到地面、水面及低空大气的热红外辐射值。晴空无云时某一时刻，在 8～14 μm 大气窗口内所观察的某一地区常见地物的热红外温度值称为背景值。热红外异常实际上是观测值与背景值的差值。临震前热红外异常区域的确定就是根据这个差值而定的，它能实时地在卫星红外云图上被识别出来。

根据大量的观测事实发现在大地震前，会在未来的震中附近区域上空出现卫星热红外线亮温上升现象，并有一定的区域分布。苏联 ГОРНЫЙ 等认为造成热红外异常的原因可能与孕震的机械能转变为热能直接有关，也可能是由于地壳活动构造致使高浓度气体如 H_2、CO、CO_2、CH_4、PH_3、Rn 及其他气体溢出地面，引起温室效应。

强祖基等[60-65]以气体（He、CO_2、CH_4 和 N_2）为介质，在一个放电装置中，进行电场的充放电过程实验，在一定含量的 CO_2 和 CH_4 气体中观测到增温和光子发射现象。另外，气体浓度的降低可引起暂时的降温，而当气体浓度增加时，则引起增温。分析此现象的原因认为，地球内部充满了气体（如 CH_4，CO，N_2，H_2O 等非极性分子），一般情况下，它们的电偶极矩为零。它们在临震的不均匀异常静电场和地球应力场作用下被感应极化，从而产生诱导电偶极矩，可引起局部亮温度升高，处于高能量的状态。在太阳照射或在地物长波辐射下被激发出电磁辐射，于是我们通过卫星热红外扫描仪就可观察到热红外异常现象。另外，这些气体易于吸收太阳和地面的红外波段辐射和反射，产生局部温室效应，导致孕震区地面一低层大气增温，这一解释又称“地球放气说”。

吕君等[66]研究表明，异常声重力波的产生与震前的地表缓慢活动引发的山体缓慢晃动导致的气流风速波动变化有关。基于高的气象铁塔观测的风速数据，对两层大气模型传播的声重力波进行了数值计算，得到的模型与观测数据的一致性表明该震前声重力波与地震存在关联性。

缪阿丽等[67]总结了安庆 MS4.8 地震、高邮-宝应 MS4.9 地震前出现的地下流体异常，并对其形成机理作了初步讨论。结果显示，这两次地震前地下流体异常特征比较相似。在时间进程上，都表现出中期趋势背景异常与短临异常的配套性特征。在空间分布上，中期趋势背景阶段，水位异常均表现为震中附近流体井水位呈趋势性转折上升，而震中外围流体井水位呈趋势性转折下降的特点。

目前，关于地震热红外异常的形成机理总结成以下几种观点：① 岩石破裂电磁辐射的机理研究表明，岩石的压电效应是临震热红外辐射异常的主要原因；

② 断层摩擦或岩石变形的应变能转变成辐射能，直接导致红外增温；③ 活动断层是地下流体泄露的通道，地下流体在构造变形中表现最为活跃，深部热流体流出地表将直接辐射到大气中，并导致卫星红外增温异常；④ 地壳变形沿裂隙释放大量的温室气体，吸收太阳和地面辐射，导致温室效应使区域范围增温；⑤ 地壳活动的增强导致温室气体的大量释放和电(磁)异常场的形成，在异常电场的作用下，低空大气出现异常的增温效应。这些观点都有一定的资料支持，但没有被确认，仍需对大量的实验和实际观测资料进行分析研究。

1.2.3 受载岩石破裂实验的红外辐射效应研究进展

从 1990 年起，邓明德等[68]从基础理论、模拟实验研究入手，首先开展了红外遥感用于地震预报的实验研究，在实验室对不同岩性、不同结构的岩石，先后进行了近 100 次快速加载至岩石破裂实验，在岩石加载直到破裂的过程中使用各种波段的遥感前兆和适用的波段，对岩石样品的红外辐射进行观测研究，实验得出岩石的红外辐射温度随应力的增加而增加，岩石的红外辐射波谱的幅值也随应力的增加而增加，岩石内部的温度随岩石应力状态变化而发生变化，某些岩石试件在破裂前还会出现明显的破坏前兆。

实验结果表明[38]，岩石的红外辐射温度(以下简称温度)随岩石的应力状态变化的规律和特征主要有下列六类：① 试件温度随应力增加而增加。这类变化的特征是温度随应力增加呈波动式的上升，直到试件破裂，破裂发生在温度的最高值，温度变化的范围在 0.2 ℃～0.8 ℃。② 岩石热红外图像随着应力的增长，低温区减小，高温区增大，岩石破裂前在未来断层处显示出条带状图像；随着条带、区的出现，岩石试件的主破裂沿这些高温条带、高温区或低温条带、低温区发生。这是极其有意义的岩石临破裂前的前兆信息，它预示了主破裂发生的位置。在地震预报中，这些高温条带、区，低温条带、区出现的位置，就是即将发生地震的震中位置。③ 在低应力和中等应力状态下，温度保持在一个恒定值内波动变化，当应力增至破裂应力 60%以后，温度发生较大变化，临破裂前温度急速升高。④ 在低应力状态下温度迅速升高，中等应力状态下温度保持恒定，在临破裂前温度急速上升、急速下降，又急速上升，呈现类似正弦变化，出现两个温度峰值后，岩石试件破裂。⑤ 温度随应力增加保持在一个恒定值内波动变化，没有明显的岩石破裂温度前兆信息。⑥ 岩石温度随应力增加为负增值，试件临破裂前温度急剧变化。岩石试件在临破裂时出现显著的温度脉冲，脉冲有正有负。

通过重复加载、快速加载两种方式至岩石试件破裂后[68-69]，发现前一种过程中试件的温度随试件重复加载的次数增加而增高，后一种过程中应力急剧变化时，岩石试件表面宏观温度不发生变化。通过对岩石试件辐射温度随应力的变化与试件声发射率变化的观察，得出结论：声发射率低的岩石试件，加载过程中试件的温度明显升高；声发射率较高的试件，加载过程中试件温度保持平稳或起伏变化；声发射率极高的一些试件，在加载过程中试件温度明显下降；还有一部分声发射率高的试件，在加载的前阶段温度起伏变化，试件临破裂前，声发射率极高时，试件温度显著下降。因此，岩石试件的辐射温度前兆与微破裂引起的声发射前兆是互为补充的两种前兆。当辐射温度前兆不显著时，声发射前兆显著，反之，声发射前兆不显著时，辐射温度前兆显著。

在实验中同时也使用了瞬态光谱仪，其划分了 256 个波段，观测范围覆盖了波长 0.4～1.1 μm 的电磁波，其中包括了可见光，实验中当岩石样品发生破裂的瞬间，均记录到波长在 0.55～0.60 μm 之间的脉冲信号。此波长范围相应于可见光的波长。可见光的脉冲信号宽度约占 18 个波段左右，相应于发光持续时间为 70 ms 左右[70]。

邓明德等[71]对水在岩石红外辐射中的作用进行了实验研究。实验表明岩石含水后其红外辐射能力比同种干燥岩石有所降低，不同红外波段的辐射能力降低程度不同；在岩石加载过程中，含水岩石的红外辐射能力随应力的增加大于同种干燥岩石的增加量，即水对于受力岩石红外辐射起到了推动作用，含水岩石的温度随应力的增加量高于干燥岩石，在实验的岩石试件中，无一例外，因此，在用岩石温度预报岩石破裂时，要考虑岩石含水这一重要的环境因素。

针对构造地震由地壳岩石破裂和断层黏滑失稳两种机制引起，耿乃光等[72]进行了完整岩石的破裂和岩块的摩擦滑动的岩石力学模拟实验。在实验中用红外热像仪观测岩样加载变形或滑动过程中的红外热像变化、用红外辐射温度计观测实验中岩样的红外辐射温度，发现岩石破裂前在即将出现的断层带出线条带状的红外热像，黏滑失稳前断层闭锁点出现升温现象。该次实验证实用各种方法观测到的大地震前地温升高的前兆是有其物理基础的，同时揭示红外遥感技术在地震预报和岩爆预报领域有广阔的应用前景。

邓明德等[73]针对岩石红外光谱辐射强度和岩石的辐射温度随岩石应力变化而变化的现象，提出了岩石的红外波谱特性(物质辐射电磁波能量按波长分配的规律，是物质固有的电磁辐射特性)和岩石的红外波段特性(即对于确定的波段，岩石的红外光谱面辐射强度随岩石应力状态变化的规律)这一新的物理概念和一个新的研究领域，对花岗岩等 26 种岩石的红外波段辐射特性进行了测量，每块岩石标本测量分为 86 个波段，即测量出 86 条波段辐射特性曲线，对测量出的 2 924 条波段辐射特性进行了分析和研究，并划分了 4 种类型。结果表明，对于同一物质可选出许多条波段辐射特性曲线，对于不同物质，选取满足探测需要的最佳遥感波段辐射特性，是通过实验和研究获得的，并指出研究此特性对于预报地震，监测和预报矿爆、岩爆，监视水库大坝的安全，矿山应力测量等具有重要意义，是一项十分重要的基础研究[74]。

吴立新等[75-76]对煤岩及大理岩在单轴压缩下的红外辐射效应进行研究时发现：

（1）煤岩单轴压缩屈服过程中有三类辐射热像特征和三类辐射温度异常特征，且分别对应三类屈服前兆信息：$0.79\sigma_c$ 可作为煤岩稳定性监测的应力警戒区；随压应力上升，岩石石块的红外辐射强度总体呈上升趋势；而拉应力对岩石试块的红外辐射影响不大，几乎监测不到异常前兆；试块单轴压缩破裂前，沿破裂位置出现红外辐射高温异常前兆。

（2）均匀大理岩对顶锥式（X 式）破裂中心的红外辐射升温值高达22.8 ℃，并出现粉尘辐射流现象。

（3）穿孔岩石单轴压缩破裂位置出现红外前兆，前兆能够反映破裂的位置和破裂的形式。

（4）在岩石压剪过程中沿剪切带出现热红外异常条带，剪切破断前，异常条带有平静即降温现象，这与地震前的平静前兆一致；实验探测到大理岩试块内沿剪切面的最大红外辐射温度超过 60 ℃。

（5）在对破裂型地震震前热红外异常（震兆）进行模拟实验中发现，岩石破裂前会在未来破裂位置出现不同性质的前兆，低温前兆对应张性破裂，而高温前兆对应剪性破裂。

（6）得出当岩石临近破裂时，有热像异常和 AIRT-t 曲线异常 2 种前兆形式，分并析了二者的关系。

刘善军、吴立新[77-80]对辉长岩、片麻岩、花岗闪长岩、大理岩及石灰岩等 5 种岩石在单轴加载条件下的红外辐射定性和定量规律进行了研究，主要结论如下：① 由于 5 种岩石力学性质的差异造成了加载过程中红外辐射变化规律的差异。② 对于岩石在加载过程中红外辐射参量与力学参量间的定量研究表明：强脆性、成分均一、无损伤的岩石，其平均红外辐射温度与应力和应变之间呈现线性正相关关系；而 AIRT 与机械功之间呈现三次曲线关系；红外辐射能与机械能之间呈现线性关系。加载过程中岩石平均有 0.682％的机械能转化为红外辐射能。

董玉芬等[81]对细砂岩石试件变形过程中的红外辐射进行了实验研究，结果表明，在岩石加载过程中，由于局部应力集中现象，首先诱发微破裂，微破裂不断产生的同时，伴随产生红外辐射，微破裂越强，红外辐射也越强，热辐射温度变化越明显，在红外热像仪中显示图就越明显。岩石试件在加载过程中总体为升温过程，但升温过程是不同的，有些试件具有局部升温—降温—再升温的过程。载荷达到试件强度的 2/3 时，微破裂达到宏观破裂前的最大限度，红外辐射温度也与之相对应地升到宏观破裂前的最高值。

邓明德等[82]认为红外遥感若能用于工程应力测量,必定是机械力(应力属于机械力)能够直接引起混凝土的红外辐射能量变化。理论研究表明,物体受到机械力作用,且增大到一定程度时,机械力能够直接引起物体的红外辐射能量发生变化,不需要生热的中间物理过程。通过对不同强度的混凝土试件进行等温过程的加载(从加载过程到试件破裂,试件内部和表面温度保持恒定)实验,得出红外辐射能量随压力变化而显著变化的最新结果。

2001 年吴立新[166]在总结遥感岩石力学过去 8 年研究的基础上,讨论了岩石类材料受力过程中发生电磁辐射变化现象的物理机制,并提出了 RSRM 未来发展的两个主要方向:

(1) 辐射规律与物理机制研究。

即通过实验研究,揭示各岩石类材料及其结构受不同应力以不同方式作用过程的辐射演变规律,研究解释现象与规律背后的物理机制,探索建立岩石类材料应力与灾变遥感遥测的物理基础。

(2) 定量分析与实用技术研究。

即通过广泛而深入的实验研究,逐步确立各岩石类材料及其结构受不同应力以不同方式作用过程的辐射参量时空演变的定量关系;研究确立实用技术途径及其关键参数与技术指标,并逐步付诸工程实用。

赵毅鑫等[83]对冲击倾向性煤体分别进行单向加载和循环加载破坏试验。利用自行设计的多系统、同步监测试验机构系统所具有的红外热像、声发射、应变等监测方式,分析两种加载条件下,冲击倾向性煤体破坏过程的声、热效应及破坏前的异常信息特征。

刘善军等[84-85]为研究构造活动及其失稳过程的红外异常特征,选择拐折非连通断层作为模拟对象,利用单轴加载试验系统和红外热像仪,对模型受力及失稳过程的热辐射时空演化特征进行试验研究。同时,刘善军等[84]引入分形、熵和统计学理论,提出用特征粗糙度、熵和方差作为指标定量描述岩石加载过程中红外辐射温度场的演化特征,并以含孔岩石试样加载过程热成像观测试验结果为例,对 3 种指标的定量刻画能力及特点进行对比分析。

宫伟力等[86]对试验室尺度煤岩试样进行了浸水饱和、单轴加载试验与红外热成像探测。对在试验中得到的红外热像,首先利用中值滤波去除脉冲噪声;然后利用小波多分辨分析算法去除热像中的相干噪声。

宋义敏等[87]以红外热像仪和数字散斑相关方法作为试验观测手段,对煤试件进行实验研究,观测和分析煤试件从变形到破坏过程中的变形演化、温度演化及二者的对应变化关系。

马立强等[88-90]首次利用红外测温仪实时测量单轴加载过程中煤岩体孔内

的温度,得到煤、泥岩和砂岩试件内部的温度变化特征。分析了其受压过程中红外辐射温度的时空演化特征,发现试件内部温度与时间、载荷都是正相关的,并对煤破裂时的红外辐射特征进行量化表述。

张艳博等[91-92]以美国 Therma CAM SC3000 红外热像仪为观测手段,选取含孔花岗岩进行单轴压缩实验,分析了花岗岩损伤演化过程中声发射-红外特征,并在不同水平应力下对巷道岩爆进行实验模拟,结合数值模拟,对岩爆过程中应力分布和红外辐射温度变化特征进行研究。

李忠辉等[93-94]利用煤岩破坏声电热效应多参量实验系统,测试研究了岩样变形破坏过程中声发射、表面电位和红外辐射的变化规律及特征;基于红外辐射温度的煤损伤特征演化研究,分析了单轴压缩条件下煤的 IRT 特性,建立了基于变形与最大 IRT 关系的煤损伤模型,推导出一种基于 IRT 的现场成像表面应力演化的方法。

杨桢等[95]采用自主研制的电磁辐射信号采集系统、高精度红外热成像仪分别采集由顶板岩、煤层、底板岩组成的复合煤岩体受载破裂过程中、煤岩体表面和内部的红外辐射温度的变化规律进行研究。

吴贤振等[96]在提出“红外温变场(ITVF)”概念的基础上,以高温水浸透粉砂岩加载过程的红外监测试验为例证,对岩石破裂失稳过程中红外温度场的瞬时变化特征进行深入探究。

孙晓明等[97]分析夹在极陡厚煤层之间的硬岩柱(HRP)的稳定性、声发射(AE)测试和红外辐射热成像(IRT),提出了将声发射测试与红外光谱特征相结合,利用物理实验模型预测动态和气体危害的方法。周子龙等[98]开展不同含水率砂岩的单轴压缩试验,并进行了红外辐射监测;来兴平等[99]分析了受载下裂隙煤岩体损伤直至破裂过程热红外辐射温度时域演化规律与异常区域迁移特征,对比分析预制结构面对红外辐射异化特征的影响,揭示了热红外辐射温度场与声发射耗散能量间的关系。

沈荣喜[100]为了提高含水岩石稳定性红外监测的精度,对不同含水率的砂岩样品进行了单轴压缩红外监测实验。根据临界减速理论,定量地讨论了含水岩石断裂的红外前兆信息。

总之,经过学者们多年的研究,对岩石在加载过程中产生红外辐射方面获得了一些定性的认识,积累了许多实验性的经验,为后续工作奠定了坚实的理论基础。

1.2.4 无源微波遥感预测预报地震的研究进展

1.2.4.1 微波遥感的优点

可见光遥感是利用照相机拍摄被探测物体的照片,而红外遥感是拍下物体的热图。这两种微波遥感要求必须有日照条件(热红外除外)和无云雾遮挡,否则图像获取率低,使遥感的实时动态监测等优点不能充分发挥。可见光和近红外遥感器用于检测物体对太阳光的散射量,只反映物体的表层状况,故所获得的被观测物体的特征信息不够丰富。

而微波遥感则是利用微波摄下物体的景象。与可见光遥感和红外遥感相比,微波遥感技术有许多优点:

(1) 对目标的鉴别能力强。由于物质内原子和分子的电动力学过程,任何物体都会产生自然的无线电波辐射,不同物体辐射频谱不同。地物的微波发射率的差异比红外波段大。如钢、水和混凝土,在同温度下,红外发射率分别是0.6～0.9,0.9和0.9,差别是不明显的,而相应的微波发射率则分别大0.0,0.4和0.9,根据遥感的辐射强度,就能辨认出目标究竟是导弹发射架还是高楼大厦。

(2) 穿透能力强。红外波易被大气或矿山气、液、粉尘三相介质吸收,不利于远距离探测。微波则具有较好的穿透能力,有可能实现远距离甚至从地表对矿山岩体的应力状态进行遥感探测。此外,微波对物体的穿透深度因波长和物质不同有很大差异,波长越长,穿透能力越强。例如对于同一种土壤湿度越小,穿透越深。微波对干沙可穿透几十米。

(3) 能提供不同于可见光和红外遥感所提供的信息。例如,可见光和红外获得的信息,主要由它们的表面层分子谐振所决定,而微波获得的信息与被观测物体的结构、电学特性以及表面状态有关。

(4) 实验结果表明,岩石、混凝土等试件在破裂过程中的微波辐射温度变化幅值要比红外辐射的温度变化大[101]。实验观测到的红外辐射温度的变化,岩石和混凝土受力破坏过程为0.2～0.7 K,由于微波具有穿透性,能测得试件内部的温度,实验中观测到的微波辐射亮度温度变化均在1 K以上至数K。

1.2.4.2 受载岩石破裂实验的微波辐射效应的研究进展

在受载岩石破裂过程中的热红外辐射效应实验的基础上,邓明德等开展了无源微波遥感用于地震预报的实验研究。在实验室做了对岩样进行快速加载至破裂的实验,发现岩石的微波辐射能量随压力变化而变化,不同的波段变化的幅度不同、同一波段不同极化方式的波随应力的变化量也不同;岩石试件临破裂前出现明显的微波辐射异常。研究还发现,快速加载在岩样内部产生热量积累,导致岩样温度升高,升温达3～6 K。这是继岩石的红外辐射能量随岩石压力变化的物理现象发现之后,又一新的发现。

樊正芳等[102]认为,因为物质的微波辐射能量与物质的绝对温度成正比,为了证明机械力(应力属于机械力)直接引起物质的微波辐射能量发生变化,在实验的过程中,必须保证试件的温度不随压力增加而变化,这就是等温过程加载,只有在等温过程加载条件下，得出试件的微波辐射能量随压力的变化，才能证明机械力直接引起微波辐射能量变化，这个变化与温度无关。通过不同加载速率的实验研究，得出加载速率不大于 1.5 MPa/min 时，即实现了等温过程加载。实现等温加载过程后，结果表明，C60 混凝土和闪长岩试件在 2 cm 波段和10 cm 波段辐射能量随应力增加波动式增加，直到试件破裂。C60 混凝土和闪长岩试件在 3 cm 波段微波辐射能量随应力增加波动式下降，在实验的 40 个岩石和混凝土试件中，无论是水平极化状态还是垂直极化状态，其变化规律主要为：在 2 cm和 10 cm 波段，微波辐射能量随应力增加而增加；在 3 cm 波段，微波辐射能量随应力增加而减小。当试件在临近破裂时，微波辐射亮度温度表现出不同程度的加速变化。因此，这可以看作是岩石破裂的一种新的前兆——微波遥感前兆。实验中的岩石试件大多数试件在临破裂前都出现明显的微波辐射异常前兆，不同波段异常形态不同，总的来说，异常形态主要表现为试件临破裂前亮度温度急速下降，急速上升和由变化转为恒定 3 种基本形态，在这 3 种基本形态中，下降型为多数。

实验结果表明，多数岩石标本在 10 cm 和 8 mm 两个波段，水平极化波的变化量比垂直极化波的变化量大 1～2 倍。绝大多数岩石标本在 2 cm 波段，垂直极化波的变化量比水平极化波的变化量大 1～3 倍，甚至更大。在实验的多数岩石标本中，同一岩性的岩石试件，其垂直极化波和水平极化波随试件压力的变化规律是不同的。当垂直极化波随压力变化为线性或类似线性变化时，水平极化波随压力变化呈现类似正弦波动变化。反之，当水平极化波为线性或类似线性变化时，垂直极化波则呈现类似正弦波动变化。这一特征在 10 cm 波段尤为明显。

不同极化状态的波携带的能量不同，不同波段辐射微波能量的能力也不同，在 10 cm 波段亮度温度变化量 ΔT 在 0.2～1.5 K 范围，多数标本的变化量 ΔT 在 0. 4 K 以上。2 cm 波段亮度温度的变化量 ΔT 在 0.3～6.0 K 范围，在实验的 22 块岩石标本中，ΔT 大于 0.5 K 的占 86 %。8 mm 波段亮度温度的变化量 ΔT 均在 0. 6 K 以下。在 10 cm、2 cm 和 8 mm 三个波段中，无论是垂直极化波还是水平极化波，绝大多数岩石在 2 cm 波段的变化量最大，最大变化量 ΔT 达到 5.6 K，10 cm 波段次之，8 mm 波段最小。

上述实验的重大意义在于以下 4 点：

(1) 实验证明了机械能能够直接激发固体物质分子的振动态能级之间跃迁，不需要经历生热的中间物理过程，这就把介质所处的应力状态与介质的红外辐射能量变化从物理上直接地联系了起来。这一物理现象的发现，为用卫星红外遥感观测地壳表层应力场分布、预测地震，奠定了物理基础和理论基础，提供了实验依据。

(2) 从理论上和数学方法上解决了把由温度引起的红外辐射能量变化和由应力引起的红外辐射能量变化二者分离出来的问题,进而反演温度和应力,由于这一关键问题的解决,使用红外遥感方法,既能观测出介质的应力分布状态和演变过程,又能同时观测出介质的温度异常分布状态和演变过程,并可互为佐证。能够从应力和温度异常两方面对地震进行预测,进而作出预报。

(3) 普朗克(Planck)辐射定律是红外遥感应用的理论基石,该定律揭示了物质辐射电磁波能量是绝对温度和波长的函数。实验证实,物质辐射电磁波能量还是机械力的函数,对普朗克定律是一个补充,拓宽了普朗克定律的应用。

(4) 这一物理现象的发现,还能够用于大型水库大坝、大型隧道和大型地下洞室等工程的稳定性监测和失稳预测,可用于岩爆预测预报。

Maki 等[103]发现研究发现岩石(石英岩、辉长岩、花岗岩和玄武岩)单轴压缩破裂时产生了 300 MHz、2 GHz、22 GHz 的微波信号脉冲。

Takano 等[104]在实验室观测岩石受力微波辐射的基础上,采用 AMSR-E (Advanced microwave scanning radiometer for earth-observation system) 数据将微波遥感用于地震微波辐射异常分析中,结果表明在理想条件下震前震中区域确实存在微波辐射异常的可能性。

陈昊等[105]实验发现岩石挤压破裂在特定微波频段辐射能量会增强,他得出了 RAI 异常的检测区域与地震主断裂带分布有明显的空间相关性的结论,研究成果为微波辐射检测地表岩石异常变化提供了一种可能的方法。

徐忠印等[106]利用实验的方法对岩石单轴压缩过程中红外辐射、微波辐射、应变进行了联合测试。实验结果表明,红外与微波辐射的变化特征随应力的阶段性发展,二者呈现不同的阶段性变化规律与破裂前兆特征,两种手段相结合可以更好地监测岩石的应力与灾变现象。

毛文飞等[107]在天空冷背景下,通过实验模拟卫星对地观测,研究盖层对岩石受力过程中微波辐射的影响规律及影响机理。实验结果表明:花岗岩弹性变形阶段的微波辐射变化与载荷具有很好的同步性,相关系数达 0.94,微波亮温变化量为 0.015 K/MPa。当岩石观测面铺设 2.5 cm 厚的干沙层或湿沙层时,其对受力岩石微波辐射影响存在差异:① 干沙层对岩石受力过程中的微波辐射变化量无显著影响;② 含水沙层显著削弱了微波辐射计所接收到的岩石中由力引起的微波辐射变化信号。

1.2.4.3 无源被动遥感物理机理

由原子物理学知道,物质的红外(微波)辐射是组成物质分子的振动态能级之间跃迁辐射出的电磁波。而地震的孕育到发生,是地下岩层应力逐渐积累、集中、加强，最后导致岩石突然失稳破裂的过程。红外(微波)遥感若能用于地震预测，必定是机械能(应力属于机械力)能够激发组成地下介质物质分子的振动态能级之间跃迁。进一步的研究表明，介质受到机械力作用，当机械力增大到一定程度时，机械能能够激发分子的振动态能级之间跃迁，于是红外(微波)辐射能量随机械力变化而变化。根据这一理论认识，对不同岩性的岩石进行等温过程(从开始加载到试件破裂，试件内部和表面温度保持恒定)加载实验，实验得出岩石的红外(微波)辐射能量随压力变化而显著变化的重要结果。

房宗绯等[108]通过对不同岩性的岩石在不同加载条件下进行了100多次实验，提出遥感预测地震的两种物理机理，这两种机理分别对应温度和应力两个物理量。

(1) 热能激发机理

地下介质获得热量，介质的物理温度升高(这个升高的温度，称为温度异常ΔT)，热能激发组成介质物质分子的振动态能级之间跃迁，导致介质的微波辐射能量增加，这个增加量由介质物理温度异常ΔT产生。通过温度异常可预测地震。

地下介质热量来源可分为四类：第一，形变生热。地下介质在应力作用下，产生形变，由于形变的不均匀性，组成介质物质的晶粒之间发生相对运动，晶粒之间摩擦生热，生热的速率取决于形变速率；第二，地下深部热物质、热液上涌；第三，地壳中放射性元素衰变生热；第四，其他生热。

(2) 机械能激发机理

对于不同岩性的岩石试件进行等温过程加载实验，在等温过程加载的条件下，实验得出岩石试件的辐射能量随压力变化而显著变化的重要实验结果。对不同强度的混凝土，进行同样的实验，也得出同样的实验结果。这就完全证明了机械能(应力属于机械力)能够直接激发固体物质(岩石、混凝土等)分子的振动态能级跃迁，这个能级跃迁与温度无关，完全是由机械力引起的。通过介质的辐射能量变化量，能够反演应力，这就是用遥感观测应力、预测地震的另一物理机理，即机械能激发机理。

1.3 需研究的问题

科研工作者在大量基础实验研究工作的基础上，提出了“遥感-岩石力学”这一新的科研领域和术语。目前，我国地震学者对坚硬岩石变形破裂过程中的红外遥感和微波技术研究较多，实验岩样主要为花岗岩、闪长岩、大理岩和砂岩等，目的是针对地震的短期和临震预报以及大型混凝土工程稳定性监测和失稳预测而言。而对于强度较低煤岩体的微波遥感实验以及煤岩动力灾害的微波遥感预报技术等内容亟待研究。具体如下：

(1) 对煤体变形破裂微波辐射效应和规律的研究尚无前例，在这方面的实验和理论研究目前都是空白；煤的结构及组分复杂，物理力学特性与岩石也有很大的区别，因此单独研究煤体破裂过程中微波辐射效应具有理论意义和实际应用价值。

(2) 关于受载煤岩在变形破坏过程中微波辐射效应的产生机理需要进一步研究。

(3) 微波辐射效应是在煤体变形破裂过程中产生的，但是关于微波辐射效应与煤的物理力学特性(加载方式、加载速率、峰值载荷、煤岩组构等)及与煤体破裂过程之间的关系未进行过较为系统、全面的研究。

(4) 对受载煤岩变形破坏过程中产生微波辐射效应这一特性如何应用于煤矿井下煤岩动力灾害预报技术的基础理论未开展过研究。

1.4 主要研究内容及创新点

1.4.1 主要研究内容

(1) 建立煤体在自然状态下、加热后降温过程以及受载变形破裂过程中微波辐射效应的测试系统。研究煤体在自然状态下、加热后降温过程及不同受载条件下(单轴压缩、劈裂)变形破裂过程中微波辐射效应和规律，并对实验中的现象给予合理的解释。

(2) 在实验的基础上，研究煤体加载变形破坏过程中微波辐射效应的影响因素(加载方式、加载速率、煤岩组构成分、峰值载荷等)及微波辐射效应与受载煤岩体变形破裂过程(应力-应变曲线)的关系。

(3) 从宏观断裂力学和微观断裂力学出发，对受载煤岩产生热辐射的机理进行系统全面的研究；基于统计损伤理论，推导出煤岩强度的统计损伤本构方程，讨论了参数的确定及物理意义；并建立更具有广泛意义的损伤统计-微波辐射耦合模型。

(4) 基于电磁波和电磁场传播理论，从受载煤岩体产生微波辐射预报煤岩动力灾害的实际应用角度出发，较为系统地研究将受载煤岩产生微波辐射的这一特性应用于实际工程中所遇到的基础理论问题。

1.4.2 研究思路

本书是结合(煤岩)试样与实验室测试的破坏特征，分析煤(岩)试件在不同加载条件下的微波辐射效应、规律及其影响因素的作用。在综合分析煤岩破坏过程与微波辐射传播机理及特性的条件下,从理论上证实受载煤岩的微波辐射是一种很有前途的预测预报煤岩动力灾害发生的方法。技术路线如图 1-2 所示。

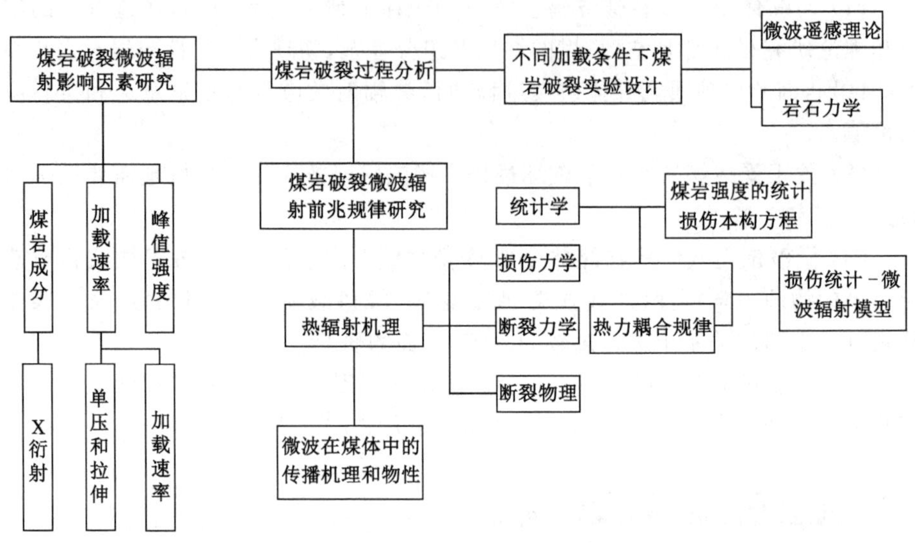

图 1-2　研究技术路线框图

1.4.3　主要创新点

(1) 建立了在 10.6 GHz 和 6.6 GHz 测试条件下煤体在自然状态下、加热后降温过程以及受载变形破裂过程中微波辐射效应的测试系统,研究了煤体在自然状态下、加热后降温过程及不同受载条件下(单轴压缩、劈裂)变形破裂过程中微波辐射特征和规律。对实验中的异常现象做了较为合理的解释。

(2) 在实验的基础上,研究了煤体加载变形破坏过程中微波辐射的影响因素(加载方式、加载速率、煤岩组构、峰值载荷等)及煤岩微波辐射效应与煤岩破裂过程(应力-应变曲线)的关系。

(3) 从宏观断裂力学和微观断裂力学出发,对受载煤岩产生热辐射的机理进行了较为系统全面的研究;基于统计损伤力学和热力耦合规律,建立了更具有广泛意义的损伤统计-微波辐射耦合模型。

(4) 基于电磁波和电磁场传播理论,从受载煤岩变成破坏过程中产生微波辐射的实际应用角度出发,系统地研究了将受载煤岩产生微波辐射在煤岩体内传播的机理和特性,并分析研究了这一特性应用于实际现场中所遇到基础问题。

2　热辐射的基础理论及微波遥感基本原理

本章首先介绍热辐射的基础理论和表征辐射性质的基本术语；系统地阐述黑体辐射的相关定律和公式，说明普朗克辐射定律和瑞利-金斯公式在有界域的积分解；叙述非黑体辐射定律的导出；然后着重讨论微波辐射观测的原理和方法，论述辐射功率与温度之间的对应关系和辐射传递方程及其一般应用。最后，介绍作为微波遥感的专用仪器——微波辐射计的优点、功率、灵敏度以及应用情况。

2.1　热辐射的基础理论

微波、红外线都是电磁波的一种形式。把它们和可见光、紫外线、X 射线、γ 射线及无线电波等按波长大小顺序排列起来，可以得到如图 2-1 的电磁波谱，从中我们可以看到具有热效应的红外波长范围为 0.76～1 000 μm；微波的波长范围为 1～1 000 mm(300 MHz～300 GHz)，一般分为毫米波、厘米波、分米波和米波。

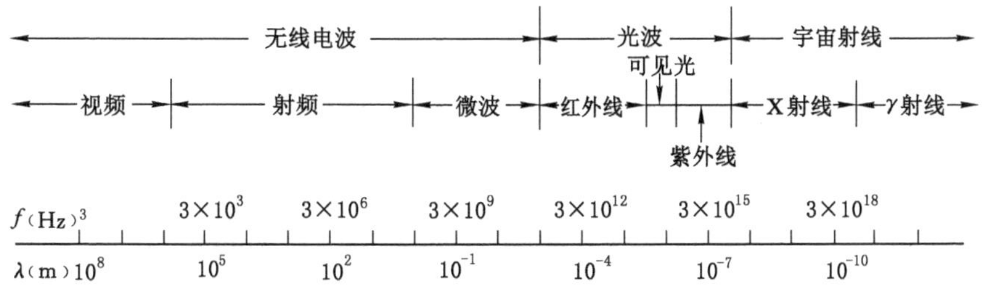

图 2-1　电磁波谱图

从理论上讲，自然界任何温度高于绝对温度 0 K(或－273 ℃)的物体都不断地向外发射电磁波，即向外辐射具有一定能量和波谱位置分布的电磁波。因热运动所引起的电磁辐射通常被称为热辐射，微波辐射和红外辐射都是热辐射，只是物质内部的运动状态不同，物质微粒运动状态的很微小的变化就能分别产生微波辐射和红外辐射。大量事实证明，处于不同温度的物体，发出的电磁辐射的出射度及波长的分布是不同的。通常这种辐射的强弱及波长的分布，都决定于物体的温度。

通过红外敏感元件，探测物体的红外辐射能量，显示目标的辐射温度或热场图像的遥感技术，统称红外遥感。按波长分为三个谱段：波长 0.72～1.5 μm 称为近红外，可用感光胶片直接感测；波长 1.5～5.6 μm 称为中红外；波长 5.6～1 000 μm 称为远红外。

利用波长 1 mm～1 m 电磁波的遥感统称为微波遥感。通过接收地面物体发射的微波辐射能量，或接受遥感仪器本身发出的电磁波束的回波信号，对物体进行探测、鉴别。前者称为“被动（无源）遥感（passive sensing）”，后者称为“主动遥感（active sensing）”。

在大气传输过程中，对于通过率高的热辐射波段被称为“大气窗口”。热红外辐射能通过 3～5 μm 和 8～14 μm 两个窗口，而微波遥感的窗口有四个，分别是：2.06～2.22 mm、3.0～3.75 mm、7.5～11.5 mm 和 20 mm 以上的波段。

2.1.1 表征辐射性质的基本术语[109]

电磁辐射源（电磁振源）以电磁波的形式向外传送能量。任何物体都可以是辐射源。它既可能自身发射能量（即发射辐射，又称热辐射）；又可能被外部能源激发而辐射能量（即反射辐射），另外还有微波辐射等。这就是说，不同辐射源可以向外辐射不同强度和不同波长的辐射能量。利用遥感手段探测物体，实际上是对物体辐射能量的测定与分析，它涉及一系列复杂的过程。这里首先对一些常用的基本概念与术语的物理意义做一说明。

辐射功率，指单位时间内，通过某一表面的辐射能量，常用 P 表示，单位为瓦（W），即焦/秒（$J \cdot s^{-1}$），表达为

$$P = \mathrm{d}Q/\mathrm{d}t$$

辐射出射度，又称辐射通量密度，指面辐射源在单位时间内，从单位面积上辐射出的辐射能量，即物体单位面积上发出的辐射通量，常用 E 表示，单位为瓦/米^2（$W \cdot m^{-2}$），表达为

$$E = \mathrm{d}P/\mathrm{d}A$$

辐射强度，指点辐射源在单位立体角、单位时间内，向某一方向发出的辐射能量，即点辐射源在单位立体角内发出的辐射功率，常用 $F(\theta, P)$ 表示，单位为瓦/球面度（$W \cdot sr^{-1}$），表达为

$$F = \mathrm{d}P/\mathrm{d}\omega$$

亮度，指面辐射源在某一方向上的单位投影面积在单位立体角内的辐射功率，它是描述面辐射源特性的辐射量。常用 $B(\theta, P)$ 表示，单位为瓦/（米^2 · 球

面度)(W · m^{-2} · sr^{-1}),表达为

$$B = \mathrm{d}^2 P / \mathrm{d}\omega \cdot \mathrm{d}A \cos\theta$$

亮温是“亮度温度”的简称,用 T_B 表示,指辐射出与观测物体相等的辐射能量的黑体温度,即用一个比自然物体的真实温度低的等效黑体温度来表征此物体的温度。它是衡量物体温度的一个指标,而不是物体的真实温度。

表观温度,指这样一个等效的黑体辐射温度,即当它置于遥感接收器孔径之前时,它在接收器工作谱段内发射给接收器的热辐射通量正好等于接收器从被测物体所接收的辐射通量,用 T_{ap} 表示。因此,物体的表观温度并不等于物体的实际温度,它不仅取决于物体的实际温度,而且还取决于物体材料的发射率、物体与遥感器之间影响因素及接收器的工作波段。

亮温与表观温度都是等效的黑体辐射温度,但其内涵并不完全一样。通常在讨论表面或体积的自发辐射时用亮温,在讨论关于入射到天线上的电磁能量时用表观温度。

2.1.2 黑体辐射

所有物质都辐射电磁能量。辐射是材料中原子与分子之间互相作用的结果。材料可吸收或反射或同时吸收和反射投射其上的能量。当材料与其所在环境处于热力学平衡时,其吸收和辐射能量的速率是相同的。

所谓黑体,就是能够全部吸收外来的一切频率的电磁辐射而毫无反射和透射的理想吸收体,它也是在热力学允许的范围内能够最大限度地将其热能转变为电磁辐射能,即在一切温度下发射出最大电磁辐射的理想发射体。黑体的热辐射仅仅由它的温度决定,而与材料的性质无关。黑体产生的热辐射,称为“黑体辐射”。黑体是朗伯源,其辐射各向同性。

实际上,黑体在自然界是不存在的,但在理论上有重要的地位。理想的黑体或所谓“绝对黑体”可用人工方法制造出来,如图 2-2 所示。

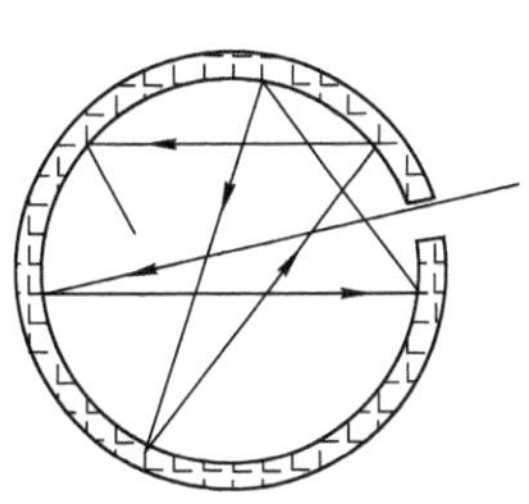

图 2-2 绝对黑体

图 2-2 是一个绝对黑体的示意图,它是一个中空的圆球,上开一个小孔,内壁涂成黑色。如将电磁辐射通量由小孔射入球内,经过内壁三次反复后,它能吸收入射通量的 0.999,即这种黑体的吸收本领非常接近于 1。这种黑体的内壁不仅能吸收电磁辐射能量,而且当它被加热到某一绝对温度时,也可以把小孔看成一个理想的热辐射器,向外发射电磁辐射。因此,黑体也是一个最有效的发射体,可用它作为一个比较标准。它是任何其他辐射源可以与之进行比较的最佳发射体。这正是研究黑体的重要之处。

微波辐射和红外辐射都是热辐射，只是物质内部的运动状态不同，详见第5章表5-1所示，黑体辐射的基本定理对这两种辐射都是适用的。

2.1.2.1 基尔霍夫辐射定律

在一定的温度下，任何物体的辐射出射度 E_e 与其吸收率 α 的比值是一个普适函数黑体的辐射出射度 E_b，这就是基尔霍夫定律。E_b 只是温度、波长的函数，与物体的性质无关，即

$$E_b = \frac{E_e}{\alpha} \tag{2-1}$$

上式表明：① 吸收能力强的物体其发射能力也强。黑体的吸收率为1，其发射能力也最大。只要知道一物体的吸收光谱，其辐射光谱就得以确定。② 一定温度下，物体的辐射出射度总是小于同一温度下黑体的辐射出射度。

2.1.2.2 普朗克辐射定律及其在有界域的积分解

(1) 普朗克辐射定律(Planck's radiation law)

描述了黑体辐射的辐射出射度(E)是温度(T)和波长(λ 或 f)的函数，普朗克辐射定律可表示为：

$$E(\lambda,T) = \frac{2\pi hc^2}{\lambda^5} \cdot \frac{1}{e^{\frac{hc}{\lambda kT}} - 1} \tag{2-2}$$

$$E(f,T) = \frac{2\pi hf^3}{c^2} \cdot \frac{1}{e^{\frac{hc}{\lambda kT}} - 1} \tag{2-3}$$

式中，h 为普朗克常数，6.626×10^{-34}；c 为光速，3×10^{-8} m/s；k 为玻耳兹曼常数，$1.380\ 622\times10^{-23}$ J/K；T 为绝对温度，其值为 273.15 K±℃。

根据普朗克定律，在不同绝对温度下绘制的黑体光谱辐射率如图2-3所示，它和实际获得的结果符合得很好。

图2-3中的曲线形式表明：① 在任何温度下，黑体的光谱辐射出射度都随波长连续变化，每条曲线只有一个最大值；② 各条曲线互不相交，并且曲线随黑体温度的提高而整体提高，即同一波长处较高温度的辐射出射度也较高；③ 随着温度的提高，与光谱辐射出射度极大值对应的波长减少，即随着温度的升高，黑体辐射中包含的短波部分所占的比例增大；④ 上述黑体的辐射特性与构成黑体的材料无关，只决定于黑体的绝对温度。

(2) 普朗克辐射公式在有界域 $\lambda_1-\lambda_2$ 的积分解

对式(2-2)进行0到∞积分，可以得到斯蒂芬-玻耳兹曼辐射定律。本节对式(2-2)在有界域 $\lambda_1-\lambda_2$ 上进行积分。

$$E(\lambda,T) = \int_{\lambda_1}^{\lambda_2} \frac{2\pi hc^2}{\lambda^5} \cdot \frac{1}{e^{\frac{hc}{\lambda kT}} - 1} d\lambda \qquad 0 < \lambda_1 < \lambda_2 < +\infty \tag{2-4}$$

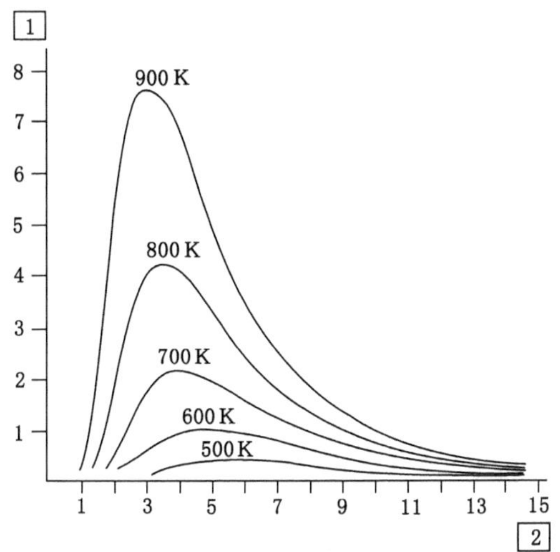

1—光谱辐射率(W/m² · μm);2—波长(μm)。

图 2-3 不同温度下的黑体辐射

由于式(2-4)上下积分限是有界的,所以解这个积分方程是有一定难度的。其主要步骤如下:

令 $c_1=2\pi hc^2, c_2=hc/k$,则有

$$E(\lambda,T)=\int_{\lambda_1}^{\lambda_2}\frac{c_1}{\lambda^5}\cdot\frac{1}{e^{\frac{c_2}{\lambda T}}-1}d\lambda$$

再令 $x=c_2/\lambda T$,上式变为

$$E(\lambda,T)=\int_{\frac{c_2}{\lambda_1 T}}^{\frac{c_2}{\lambda_2 T}}\frac{c_1 T^5}{c_2^5}\cdot x^5\cdot\frac{1}{e^x-1}\cdot\frac{c_2}{T}\frac{1}{x^2}dx=\frac{c_1 T^4}{c_2^4}\int_{\frac{c_2}{\lambda_2 T}}^{\frac{c_2}{\lambda_1 T}}\frac{x^3}{e^x-1}dx$$

记 $W(x_1,x_2)=\int_{x_1}^{x_2}x^3 e^{-x}dx$,则有

$$W(x_1,x_2)=(x_1^3+3x_1^2+6x_1+6)e^{-x_1}-(x_2^3+3x_2^3+6x_2+6)e^{-x_2}$$

计算 $I=\int_{\frac{c_2}{\lambda_2 T}}^{\frac{c_2}{\lambda_1 T}}\frac{x^3}{e^x-1}dx$

$$I=\int_{\frac{c_2}{\lambda_2 T}}^{\frac{c_2}{\lambda_1 T}}x^3 e^{-x}\frac{e^x}{e^x-1}dx=W(\frac{c_2}{\lambda_2 T},\frac{c_2}{\lambda_1 T})+\int_{\frac{c_2}{\lambda_2 T}}^{\frac{c_2}{\lambda_1 T}}x^3 e^{-x}\frac{1}{e^x-1}dx$$

$$\equiv W(\frac{c_2}{\lambda_2 T},\frac{c_2}{\lambda_1 T})+I_1$$

而 $I_1=\int_{\frac{c_2}{\lambda_2 T}}^{\frac{c_2}{\lambda_1 T}} x^3 e^{-x} \dfrac{e^x}{e^x-1}dx=\int_{\frac{c_2}{\lambda_2 T}}^{\frac{c_2}{\lambda_1 T}} x^3 e^{-2x} \dfrac{e^x}{e^x-1}dx$

令 $t=2x$，则

$$I_1=\frac{1}{2^4}\int_{\frac{2c_2}{\lambda_2 T}}^{\frac{2c_2}{\lambda_1 T}} t^3 e^{-t}\cdot\frac{e^{t/2}}{e^{t/2}-1}dt=\frac{1}{2^4}\int_{\frac{2c_2}{\lambda_2 T}}^{\frac{2c_2}{\lambda_1 T}} t^3 e^{-t}\cdot\frac{e^{t/2}}{e^{t/2}-1}dt+\frac{1}{2^4}\int_{\frac{2c_2}{\lambda_2 T}}^{\frac{2c_2}{\lambda_1 T}} t^3 e^{-t}dt$$

$$\equiv\frac{1}{2^4}W(\frac{2c_2}{\lambda_2 T},\frac{2c_2}{\lambda_1 T})+I_2$$

依此类推，得出

$$I_{n-1}=\frac{1}{n^4}W(\frac{nc_2}{\lambda_2 T},\frac{nc_2}{\lambda_1 T})+I_n \qquad n\geqslant 2$$

当 $n\rightarrow+\infty$ 时，$I_n\rightarrow 0$ 得出

$$E(\lambda,T)=\frac{c_1 T^4}{c_2^4}[W(\frac{c_2}{\lambda_2 T},\frac{c_2}{\lambda_1 T})]+\frac{1}{2^4}W(\frac{2c_2}{\lambda_2 T},\frac{2c_2}{\lambda_1 T})+\cdots+\frac{1}{n^4}W(\frac{nc_2}{\lambda_2 T},\frac{nc_2}{\lambda_1 T})+\cdots]$$

$$=\sum_{n=1}^{+\infty}\frac{c_1 T^4}{c_2^4 n^4}[(\frac{nc_2}{\lambda_2 T})^3+3(\frac{nc_2}{\lambda_2 T})^2+6(\frac{nc_2}{\lambda_2 T})+6]e^{-\frac{nc_2}{\lambda_2 T}}-$$

$$\sum_{n=1}^{+\infty}\frac{c_1 T^4}{c_2^4 n^4}[(\frac{nc_2}{\lambda_1 T})^3+3(\frac{nc_2}{\lambda_1 T})^2+6(\frac{nc_2}{\lambda_1 T})+6]e^{-\frac{nc_2}{\lambda_1 T}}$$

$$=\sum_{n=1}^{+\infty}(\frac{c_1}{nc_2\lambda_2^3}T+\frac{3c_1}{n^2c_2^2\lambda_2^2}T^2+\frac{6c_1}{n^3c_2^3\lambda_2^2}T^3+\frac{6c_1}{n^4c_2^4}T^4)e^{-\frac{nc_2}{\lambda_2 T}}-$$

$$\sum_{n=1}^{+\infty}(\frac{c_1}{nc_2\lambda_1^3}T+\frac{3c_1}{n^2c_2^2\lambda_1^2}T^2+\frac{6c_1}{n^3c_2^3\lambda_1}T^3+\frac{6c_1}{n^4c_2^4}T^4)e^{-\frac{nc_2}{\lambda_1 T}} \tag{2-5}$$

式(2-5)为单位面积黑体在波长间隔为 $\Delta\lambda=\lambda_2-\lambda_1$ 向 2π 空间辐射的功率。黑体是朗伯体，其辐射功率 E 与辐射亮度 B 关系为

$$E=\pi B \tag{2-6}$$

将(2-5)式除以 π，并令 $a_1=2hc^2$，$a_2=c_2=hc/k$，再经过单位换算后，得出黑体分谱辐射亮度

$$B(\lambda,T)=a_1\times10^{16}\sum_{n=1}^{+\infty}(\frac{1}{na_2\lambda_2^3}T+\frac{3}{n^2a_2^2\lambda_2^2}T^2+\frac{6}{n^3a_2^3\lambda_2}T^3+\frac{6}{n^4a_2^4}T^4)e^{-\frac{na_2}{\lambda_2 T}}-$$

$$a_1\times10^{16}\sum_{n=1}^{+\infty}(\frac{1}{na_2\lambda_1^3}T+\frac{3}{n^2a_2^2\lambda_1^2}T^2+\frac{6}{n^3a_2^3\lambda_1}T^3+\frac{6}{n^4a_2^4}T^4)e^{-\frac{na_2}{\lambda_1 T}} \tag{2-7}$$

在上式中常数 $a_1=2hc^2=1.191\ 066\times10^{-12}$ W·cm^2，$T=273.15$ K±℃，波长 λ 取 μm 为单位，$a_2=c_2=hc/k=1.438\ 833\times10^4$ μm·K，辐射亮度 B 的单位为 W·cm^2·sr^{-1}，表示 1 cm^2 黑体在波长间隔(宽度)$\Delta\lambda=\lambda_2-\lambda_1$ 内单位立体

角辐射的功率。

式(2-5)和式(2-7)就是普朗克积分方程在有界域$\lambda_2-\lambda_1$内的通解，其中式(2-5)是分谱辐射功率，式(2-7)是分谱辐射亮度。黑体在有界域的辐射功率与温度、波长的关系是一个复杂的无穷级数。有了式(2-5)和式(2-7)的解析式之后，E、B与λ、T之间的函数关系就清楚了，这在理论分析、讨论和辐射量计算中都很重要。

2.1.2.3 斯蒂芬-玻耳兹曼辐射定律

式(2-2)给出了某一波长为λ的黑体辐射率，对于整个波长范围的黑体辐射，需对波长从0→∞进行积分，且令$x=hc/k\lambda T$，则

$$E_{\mathrm{T}}=\frac{2k^4T^4}{h^3c^2}\int_0^{\infty}\frac{x^3}{(\mathrm{e}^x-1)}\mathrm{d}x=\frac{2\pi^4k^4}{15c^2h^3}T^4 \tag{2-8}$$

由此可得

$$E=\sigma T^4 \tag{2-9}$$

在式(2-9)中

$$\sigma=\frac{2\pi^4k^4}{15c^2h^3}=5.670\ 5\times10^{-8}\quad(\mathrm{W\cdot m^{-2}\cdot K^{-4}})$$

σ称为斯-玻常数。式(2-9)即是著名的斯蒂芬-玻耳兹曼定理，它表示了黑体的全波长辐射本领与温度的四次方成正比，即相当小的温度变化都会引起辐射出射度很大变化，是红外装置测试温度的理论依据。

2.1.2.4 维恩位移定律

1893年维恩从热力学理论推导出黑体光谱辐射的极大值对应的波长为

$$\lambda_{\max}=\frac{A}{T}$$

式中，$\lambda_{\max}$为最大辐射强度所对应的波长，μm；A为常数，取2 897.8 μm/K；T为绝对温度，K。此定律描述了物体辐射的峰值波长与温度的定量关系，其物理意义是：黑体在一定温度下所发射的热辐射中，含有辐射能大小不同的各种波长，其中一个波长$\lambda_{\max}$的能量最大，而随着温度的升高，峰值波长要向波谱中的短波方向移动。在100～1 000 K半对数范围下绘制的普朗克曲线如图2-4所示，其中虚线表示由维恩位移定律描述的各种温度下的最大辐射率轨迹。

例如：若把太阳看成黑体，则从实验测得太阳热辐射的峰值波长 。由此可以估计太阳的表面温度约为6 160 K。实际上太阳并不是黑体，所以它的表面真实温度比这数值还要高。在暖和的白天，地球表面的温度约为300 K，因此，对应的$\lambda_{\max}=9.6$ μm。由此可见，来自太阳的最大辐射的波长属于可见光范围，人们感受到的主要是光，而来自地球的最大辐射的波长则属于红外线范围，人们

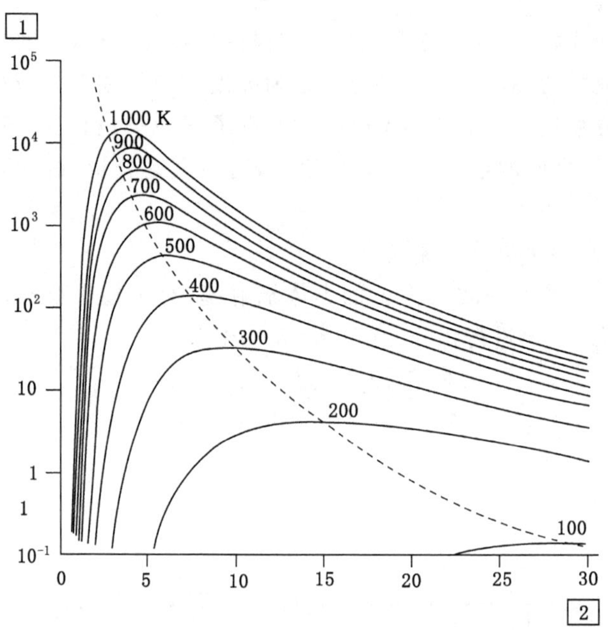

1—光谱辐射率(W/(m^2·μm));2—波长(μm)。

图 2-4　100～1 000 K 半对数范围之间黑体热辐射率

感受到的主要是热。

对于 $T=6\ 000$ K 的黑体,$\lambda_{max}=0.483\ \mu$m(蓝色光);对于 $T=300$ K 的黑体,$\lambda_{max}=9.66\ \mu$m(远红外)。

2.1.2.5　瑞利-金斯辐射公式以及其积分解

当波长为大于 1 mm 的微波区域,当式(2-2)中的 $hc \ll k\lambda T$ 时,式中的项 $e^{hc/k\lambda T}$ 可按 e^x 的级数展开,即

$$e^x = 1 + x + \frac{x^2}{2!} + \cdots + \frac{x^n}{n!} + \cdots$$

$$e^{hc/k\lambda T} = 1 + \frac{hc}{k\lambda T} + \frac{1}{2!}\left[\frac{hc}{k\lambda T}\right]^2 + \frac{1}{3!}\left[\frac{hc}{k\lambda T}\right]^3 + \cdots$$

当 $hc/k\lambda T \ll 1$ 时,取展开式的前两项代入式(2-2)则得以波长为变量的瑞利-金斯辐射公式

$$E(\lambda, T) = \frac{2\pi hc^2}{\lambda^5} \cdot \frac{1}{e^{hc/k\lambda T} - 1} \approx \frac{2\pi hc^2}{c^2} \cdot \frac{1}{\left(1 + \frac{hc}{k\lambda T} - 1\right)} \frac{2\pi hc}{\lambda^4} \cdot T$$

$$B(\lambda, T) = 2kT/\lambda^2 \tag{2-10}$$

当式(2-3)中的 $hf \ll kT$，式中的 $e^{hf/kT}$ 项仍按 e^x 的级数展开，取展开式的前两项代入式(2-3)，则有

$$e^{hf/kT}=1+\frac{hf}{kT}+\frac{(\frac{hf}{kT})}{2!}+\cdots \approx 1+\frac{hf}{kT}$$

则得以频率为变量的瑞利-金斯辐射公式

$$E(f,T)=\frac{2\pi hf^3}{c^2}\cdot\frac{1}{e^{hf/kT}-1}\approx\frac{2\pi hf^3}{c^2}\cdot\frac{1}{(1+\frac{hf}{kT}-1)}=\frac{2\pi hf^2}{c^2}T$$

$$B(f,T)=2f^2kT/c^2 \tag{2-11}$$

计算表明，当 $hc/\lambda kT<0.019$ 时，用瑞利-金斯辐射公式代替普朗克公式，其误差小于1%。式(2-10)和式(2-11)称为瑞利-金斯公式。由该公式知，无论是以波长为变量的表达式还是以频率 f 为变量的表达式，黑体的微波辐射功率与绝对温度 T 的1次方成正比。同时可以看到，辐射与温度呈线性关系，瑞利-金斯辐射公式适用于波长相当长的情况，因而在微波遥感中十分有用。

根据式(2-6)的关系，分别对式(2-10)和式(2-11)除以 π，得出黑体微波辐射亮度 $B_{\rm m}$。式(2-7)在 f_1-f_2 区间的黑体微波辐射亮度 $B_{\rm mf}$ 为

$$B_{\rm mf}=\frac{1}{\pi}\int_{f_1}^{f_2}\frac{2\pi kT}{c^2}f^2{\rm d}f=\frac{2kT}{c^2}\int_{f_1}^{f_2}f^2{\rm d}f=\frac{2k}{3c^2}(f_2^3-f_1^3)T=b_2(f_2^3-f_1^3)T$$

$$b_1=\frac{2k}{3c^2}=10.24\ 099\times10^{-44}(\rm W\cdot s^3\cdot cm^{-2}\cdot sr^{-1}\cdot k^{-1}) \tag{2-12}$$

在式中频率 f 取 Hz($\rm s^{-1}$)为单位，$T=273.15$ K±℃，$B_{\rm mf}$ 的单位为 $\rm W\cdot cm^{-2}\cdot sr^{-1}$，表示1 $\rm cm^2$ 黑体在频率间隔(宽度)$\Delta f=f_2-f_1$ 内单位立体角辐射的微波功率。

同理，可得式(2-8)除以 π，在 $\lambda_1-\lambda_2$ 区间的积分为

$$B_{\rm m\lambda}=\frac{1}{\pi}\int_{\lambda_1}^{\lambda_2}2\pi kcT\cdot\frac{1}{\lambda^4}{\rm d}\lambda \qquad (1\ {\rm mm}<\lambda_1<\lambda_2<\infty)$$

$$B_{\rm m\lambda}=\frac{1}{\pi}\int_{\lambda_1}^{\lambda_2}2\pi kcT\cdot\frac{1}{\lambda^4}{\rm d}\lambda=2\pi kcT\int_{\lambda_1}^{\lambda_2}\frac{1}{\lambda^4}{\rm d}\lambda=\frac{2kc}{3}\left[\frac{1}{\lambda_1^3}-\frac{1}{\lambda_2^3}\right]T=b_1\left[\frac{1}{\lambda_1^3}-\frac{1}{\lambda_2^3}\right]T$$

$$b_2=\frac{2kc}{3}=2\ 759\ 334\times10^{-13}(\rm W\cdot cm\cdot sr^{-1}\cdot k^{-1}) \tag{2-13}$$

式中波长 λ 取 cm 为单位，$T=273.15$ K±℃，$B_{\rm m\lambda}$ 的单位为 $\rm W\cdot cm^{-2}\cdot sr^{-1}$，表示1 $\rm cm^2$ 黑体在波长间隔(宽度)$\Delta\lambda=\lambda_2-\lambda_1$ 内单位立体角辐射的微波功率。

式(2-12)和式(2-13)分别是以波长 λ 频率 f 为变量的瑞利-金斯公式在有界域 $\lambda_1-\lambda_2$ 或 f_2-f_1 的积分解，在微波辐射理论分析和定量计算中十分有用。

2.1.3 非黑体辐射

具有理想特性的黑体在自然界是不存在的。我们遇到的都是其辐射特性或多或少不同于黑体的物体。我们把一切能发射电磁能的真实物体统称为非黑体。

如果某一物体的吸收率小于 1,且不随波长而变,则称为灰体(gray body)。自然界的物体,一般都可以近似看成灰体。通常将物体的辐射出射度与相同温度下黑体辐射出射度的比值,称为物体的发射率,又称比辐射率,用 $\varepsilon(T,\lambda)$ 表示。发射率被定义为物体在温度 T、波长 λ 处的辐射出射度 $E_S(T,\lambda)$ 与同温度、同波长下的黑体辐射出射度 $E_B(T,\lambda)$ 的比值。即

$$\varepsilon(T,\lambda)=\frac{E_S(T,\lambda)}{E_B(T,\lambda)} \tag{2-14}$$

发射率是一个无量纲的量,介于 0~1 之间。

物体的发射率是物体发射本领的表征。它不仅依赖于物质的组成成分,而且与物体的表面状态、物理性质及所测定的辐射能的波长有关。通常考虑到发射率的大小及其与波长的关系把物体的热辐射分为三类:① 接近于黑体的物体,发射率近于 1。许多物质在某个特定波长范围内的辐射近似黑体,如水在 6~14 μm 的辐射特征很接近黑体,ε 为 0.98~0.99;② 灰体(发射率与波长无关),发射率小于 1,自然界大多数物体为接近黑体的灰体;③ 发射率随波长变化的物体,即称为选择性辐射体,如氙灯、水银灯等。

三种辐射源类型的光谱辐射率和光谱辐射比如图 2-5 和图 2-6 所示。

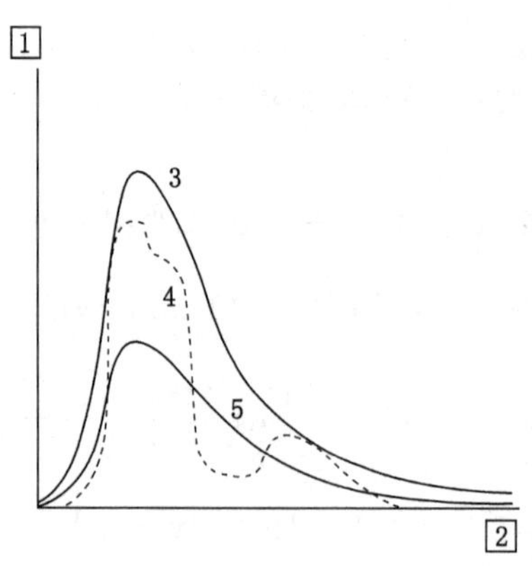

1—光谱辐射率;2—波长;3—黑体;4—选择性辐射体;5—灰体。

图 2-5 三种辐射源类型的光谱辐射率

考虑到发射率的存在,当计算真实物体的总辐射出射度时,把斯蒂芬-玻耳

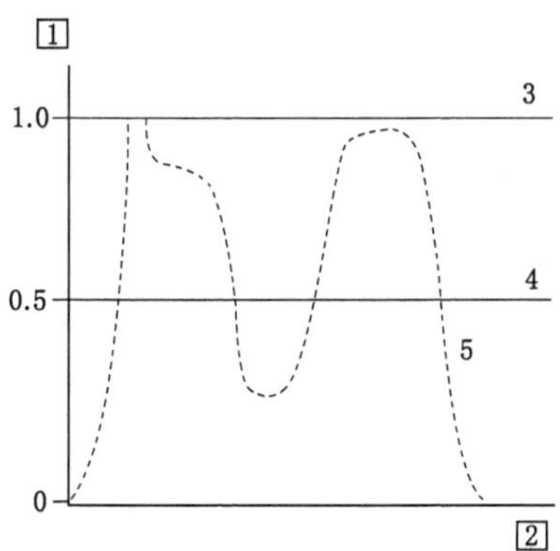

1—光谱辐射比；2—波长；3—黑体；4—选择性辐射体；5—灰体。

图 2-6 三种辐射类型的光谱辐射比

兹曼辐射定律修正为：

$$E = \varepsilon\sigma T^4 \tag{2-15}$$

式中 ε 为系数，称为平均发射率或平均发射本领，它与物质的性质、温度及表面状况有关。上式说明，物体辐射电磁波能量的强度与物体的发射率及表面温度有关。

当辐射能投射到任何物体表面时，一般包括三种过程：一部分被吸收，一部分被发射，一部分被透过。根据能量守恒定律，它们的吸收率、反射率和透射率遵守下列关系：

$$\alpha + \Gamma + \tau = 1 \tag{2-16}$$

由基尔霍夫定律以及黑体和灰体的斯蒂芬-玻耳兹曼辐射定律可知

$$\frac{\varepsilon\sigma T^4}{\alpha} = \sigma T^4$$

即：

$$\alpha = \varepsilon \tag{2-17}$$

式(2-17)说明，在一定温度下，任何灰体材料的发射率等于它的吸收率，即：一个好的辐射体也一定是一个好的吸收体，反之亦然。

根据式(2-17)可将式(2-16)改写成

$$\varepsilon + \Gamma + \tau = 1 \tag{2-18}$$

对于平滑的非透明材料，$\tau = 0$，所以由式(2-17)和式(2-18)可得

$$\varepsilon = 1 - \Gamma \tag{2-19}$$

2.2 微波遥感基本原理

如前所述,微波遥感有两种观测方式。主动方式可以用雷达方式定量表示,被动方式是以瑞利-金斯辐射定律为基础,可以用辐射传递的理论来说明。本论文中的实验是以被动方式为基础。被动方式可以根据各频带的接受功率和观测目标的物理特性(衰减特性、辐射特性)等了解观测目标的特性。

2.2.1 微波辐射测量原理[109]

对于空间微波遥感而言,入射太阳能的一部分被地球的大气散射和吸收,其余部分传输到地面。到达地面的电磁辐射中,一部分向外散射,其余部分被地体吸收。按照热力学原理,媒质吸收的电磁能要转换为热能并随之使媒质温度升高。相反的过程是媒质发射电磁辐射,以使地面和大气吸收的太阳辐射和它们发射的辐射之间建立平衡。这些传输过程,可由辐射传递理论来说明。

这里,着重讨论微波辐射测量的原理和方法,它是被动微波遥感的基础。首先要建立辐射功率与温度之间的对应关系,然后讨论辐射传递方程及其一般应用。

2.2.1.1 功率-温度的对应关系

将一个无耗微波天线置于一个保持恒温 T 的黑体容器内,如图 2-7(a)所示。按照接收天线在带宽 Δf 内接收入射在其孔径面上的总功率的一半计算,则天线所接收的由黑体容器发射的功率为

$$P_b = \frac{1}{2}A_e\int_f^{f+\Delta f}\iint_{4\pi} B_f(\theta,\varphi)F_n(\theta,\varphi)\mathrm{d}\Omega\mathrm{d}f \tag{2-20}$$

式中 $F_n(\theta,\varphi)$ 为天线的归一化方向图;A_e 为天线的有效孔径面积;B_f 为天线孔径上的频谱亮度分布,在微波范围内,按瑞利-金斯公式,其值为

$$B_f = 2kT/\lambda^2 \tag{2-21}$$

如果天线检测的功率限制在 B_f 近似为一常数的窄带 Δf 内,即 $\Delta f \ll f^2$,则式(2-20)可简化为

$$P_b = KT\Delta f\,\frac{A_e}{\lambda^2}\iint_{4\pi} F_n(\theta,\varphi)\mathrm{d}\Omega \tag{2-22}$$

因为 $\iint_{4\pi} F_n(\theta,\varphi)\mathrm{d}\Omega = \Omega_p$ 是天线方向图的立体角,且与天线的有效孔径面积有关,即 $\Omega_p = \lambda^2/A_e$,所以上式变为

$$P_b = KT\Delta f \tag{2-23}$$

Nyquist 证明如图 2-7(b)所示温度为 T 的电阻 R 产生的噪声功率为

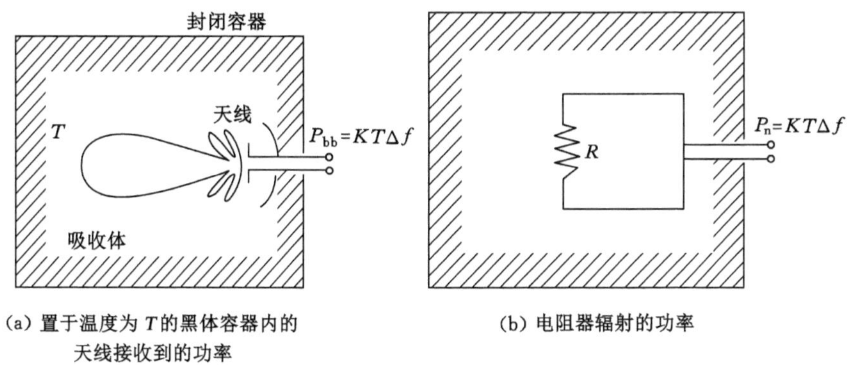

(a) 置于温度为 T 的黑体容器内的天线接收到的功率　　(b) 电阻器辐射的功率

图 2-7　功率与温度的关系

$$P_n = KT\Delta f \tag{2-24}$$

这与式(2-23)在形式上完全相同。因此,按照带宽为 Δf 的理想接收机的观点,可以把与接收机输入端相连接的天线等效成一个温度为 T 的辐射电阻 R_r。

在微波区域,按照瑞利-金斯公式,温度为 T 的黑体在窄带 Δf 内的亮度为

$$B_b = B_f\Delta f = \frac{2kT}{\lambda^2}\Delta f \tag{2-25}$$

由于一般物体都不是黑体而是灰体,其辐射亮度与方向有关。对于一个实际温度为 T 的无限小灰体而言,其辐射亮度与方向有关,其亮度与一个等效温度 $T_B(\theta,\varphi)$有关,表示为

$$B(\theta,\varphi) = \frac{2k}{\lambda^2}T_B(\theta,\varphi)\Delta f \tag{2-26}$$

式中　$T_B(\theta,\varphi)$——灰体亮温,K。

由材料的辐射特性可知,灰体的亮温与同一温度下黑体的亮温之比为其谱发射率,即

$$e(\theta,\varphi) = \frac{B(\theta,\varphi)}{B_b} = \frac{T_B(\theta,\varphi)}{T}$$

因为 $0 \leqslant e(\theta,\varphi) \leqslant 1$,所以灰体的亮度总小于同样温度下黑体的亮度;同样,灰体的亮温也总小于其实际温度。

式(2-23)和式(2-24)表示辐射功率与辐射温度的对应关系,这在温度的尺度上建立起功率的度量。因此,辐射功率的测量就归结为温度的测量。

2.2.1.2　天线的辐射温度及其接收到的能量组成

为了讨论与来自天线观测区域的辐射有关的天线输出端的功率,我们把问

题的处理分为两步。首先，建立天线输出功率与表观辐射温度分布 $T_{AP}(\theta,\varphi)$的关系；然后，再建立表观温度 $T_{AP}(\theta,\varphi)$与辐射源的关系。

对于非黑体微波辐射，其在天线孔径上的亮度分布与天线孔径上的表观温度分布 $T_{AP}(\theta,\varphi)$有关，并与式(2-26)有相同的形式，即

$$B_i(\theta,\varphi)=\frac{2k}{\lambda^2}T_{AP}(\theta,\varphi)\Delta f \tag{2-27}$$

按照式(2-20)，天线接收到的辐射功率为

$$P=\frac{1}{2}A_e\iint_{4\pi}\frac{2k}{\lambda^2}T_{AP}(\theta,\varphi)\Delta f F_n(\theta,\varphi)\mathrm{d}\Omega \tag{2-28}$$

我们可以把与匹配接收机输入端连接的天线看成一个等效辐射温度为 T_A 的辐射电阻，由式(2-24)可得相应的辐射功率为

$$P=KT_A\Delta f \tag{2-29}$$

式中 T_A 叫作天线辐射温度，简称天线温度，由式(2-28)、(2-29)以及

$$\Omega_p=\frac{\lambda^2}{A_e}\iint_{4\pi}F_n(\theta,\varphi)\mathrm{d}\Omega$$

可得

$$T_A=\frac{\iint_{4\pi}T_{AP}(\theta,\varphi)F_n(\theta,\varphi)\mathrm{d}\Omega}{\iint_{4\pi}F_n(\theta,\varphi)\mathrm{d}\Omega} \tag{2-30}$$

天线辐射温度 T_A 包括主瓣和旁瓣两部分的贡献，所以将上式分成两部分的贡献，即

$$T_A=\frac{\iint_{\Omega_m}T_{AP}(\theta,\varphi)F_n(\theta,\varphi)\mathrm{d}\Omega}{\iint_{4\pi}F_n(\theta,\varphi)\mathrm{d}\Omega}+\frac{\iint_{\Omega_s}T_{AP}(\theta,\varphi)F_n(\theta,\varphi)\mathrm{d}\Omega}{\iint_{4\pi}F(\theta,\varphi)\mathrm{d}\Omega} \tag{2-31}$$

式中 Ω_m 是天线辐射方向图 $F_n(\theta,\varphi)$的主瓣所张得立体角；$\Omega_s=4\pi-\Omega_m$ 是天线旁瓣的立体角。

为便于处理，我们将天线主瓣和旁瓣(假定无明显的后瓣)贡献的有效表观温度分别定义为 $\overline{T}_{ml}$和 $\overline{T}_{sl}$，即

$$\overline{T}_{ml}=\frac{\iint_{\Omega_m}T_{AP}(\theta,\varphi)F_n(\theta,\varphi)\mathrm{d}\Omega}{\iint_{\Omega_m}F_n(\theta,\varphi)\mathrm{d}\Omega}\qquad \overline{T}_{sl}=\frac{\iint_{\Omega_s}T_{AP}(\theta,\varphi)F_n(\theta,\varphi)\mathrm{d}\Omega}{\iint_{\Omega_s}F_n(\theta,\varphi)\mathrm{d}\Omega}$$

而天线主瓣效率 η_m 和杂散因子 η_s 则分别为

$$\eta_m = \frac{\iint_{\Omega_m} F_n(\theta,\varphi)\mathrm{d}\Omega}{\iint_{4\pi} F_n(\theta,\varphi)\mathrm{d}\Omega} \qquad \eta_s = \frac{\iint_{\Omega_s} F_n(\theta,\varphi)\mathrm{d}\Omega}{\iint_{4\pi} F_n(\theta,\varphi)\mathrm{d}\Omega} = 1 - \eta_m$$

因此,天线温度式(2-31)可改写成

$$T_A = \eta_m \overline{T}_{ml} + (1-\eta_m)\overline{T}_{sl} \tag{2-32}$$

以上讨论是对无损天线而言的,T_A 代表了无损耗接收天线输出端的功率。实际上,天线总是有耗的,它所发射或接收到的一部分能量以热损耗的形式被天线材料所吸收。因此,天线具有一定的辐射效率 η_l。考虑到天线欧姆损耗对接收功率的影响,我们把 T_A' 定义为有耗天线的天线温度,它是由接收机接收到的。它与无耗天线的辐射温度 T_A 的关系是

$$T_A' = \eta_l T_A$$

一个无源有耗器件也是一个辐射器,它会发射噪声功率,并由噪声温度 T_N 表征,即

$$T_N = (1-\eta_l)T_1 \equiv (1-1/L)T_0 \tag{2-33}$$

在式(2-33)中,L 是有耗器件的损耗因子,即功率传输系数的倒数;T_0 是有耗器件的实际温度。

对于一个辐射效率(即功率传输系数)为 η_l 的天线,其噪声温度可由式(2-33)表示。式中的 $L=1/\eta_l$ 为天线的损耗因子,T_0 为天线的实际温度。因此有耗天线接收到的辐射温度包括两部分:一部分是通过天线传输的辐射;另一部分是天线自身发射的辐射,即

$$T_A' = \eta_l T_A + (1-\eta_l)T_0 \tag{2-34}$$

将式(2-32)代入上式,则得

$$T_A' = \eta_l \eta_m \overline{T}_{ml} + \eta_l(1-\eta_m)\overline{T}_{sl} + (1-\eta_l)T_0 \tag{2-35}$$

从上式可见,天线接收到的总辐射由三部分组成:第一部分 $\overline{T}_{ml}$ 是通过天线主瓣"看到"的目标表观温度;第二部分 $\overline{T}_{sl}$ 是天线旁瓣的贡献;第三部分 T_0 是天线本身的实际温度。其中第二、三两部分都是背景噪声。

2.2.1.3 辐射传递方程及其通解

辐射与物质之间的相互作用可用衰减和发射两个过程来说明。如果辐射通过一种媒质后强度减弱,这就是衰减作用;如果加上媒质自身辐射的能量,这就是发射作用。通常,相互作用同时发生这两个过程。

图 2-8(a)所示为密度为 ρ、厚度为 $\mathrm{d}r$、横截面为 $\mathrm{d}A$ 的小圆柱体材料的情况。亮度 $B(r)$ 法向入射到小圆柱的下表面。由于辐射通过 $\mathrm{d}r$ 引起的衰减所产生微小亮度(代表能量)损耗为

$$dB(衰减)=k_e B dr \tag{2-36}$$

式中 B——亮度($W \cdot m^{-2} \cdot sr^{-1}$);

k_e——媒质的衰减系数($Np \cdot m^{-1}$),也叫功率衰减系数。

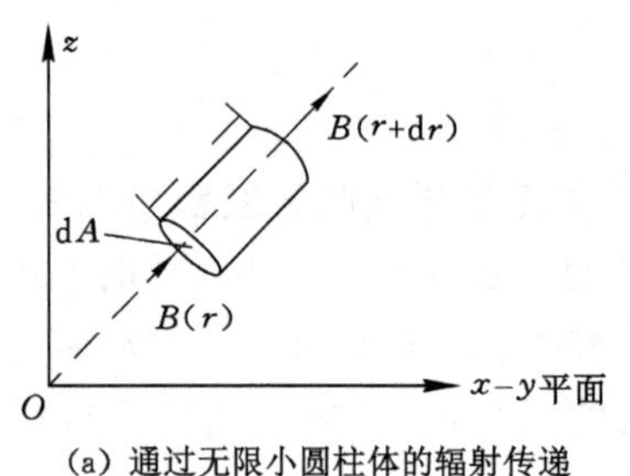

(a) 通过无限小圆柱体的辐射传递

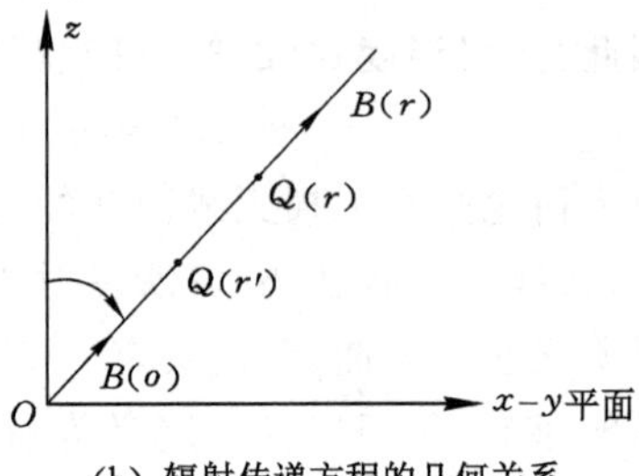

(b) 辐射传递方程的几何关系

图 2-8 辐射传递方程示意图

入射辐射的能量损耗可以是媒质材料的吸收损耗或耗散损耗,或两者兼而有之。所谓吸收损耗是指辐射能量转变为其他形式的能量,如热能;所谓散射损耗是指辐射能量在除入射方向以外的其他方向上传播。吸收和散射都是线性过程。因此,衰减系数 k_a 可以表示为吸收系数 k_s 和散射系数 k_a 之和,即

$$k_e = k_a + k_s \tag{2-37}$$

有时,用媒质的物理性质(如密度 ρ)来表示衰减系数 k_e(同样地,k_a 和 k_s)则更方便。在这种情况下

$$k_e = \rho k_{em} = \rho(k_{am} + k_{sm}) \tag{2-38}$$

式中 ρ——材料密度($kg \cdot m^{-3}$);

k_{em}——质量衰减系数($Np \cdot kg^{-1} \cdot m^{-2}$);

k_{am}——质量吸收系数($Np \cdot kg^{-1} \cdot m^{-2}$);

k_{sm}——质量散射系数($Np \cdot kg^{-1} \cdot m^{-2}$)。

小圆柱体自垂直于其上表面 $r+dr$ 发射出去的亮度(代表能量)的增量为

$$dB(发射)=(k_a J_a + k_s J_s)dr \tag{2-39}$$

式中,J_a 和 J_s 分别是 r 方向上热发射和热散射的源函数。因为在局部的热力学平衡条件下,热发射必须等于热吸收,所以 J_a 叫作吸收源函数。

为了进一步讨论,我们引入单次散射的漫反射系数 a,即

$$a = k_s / k_e \tag{2-40}$$

并由式(2-36)得到

$$1 - a^{\theta} = k_a / k_e \tag{2-41}$$

根据式(2-40)和式(2-41),可将式(2-39)写成

$$dB(发射) = k_e(\frac{k_a}{k_e}J_a + \frac{k_s}{k_e}J_s)dr = k_e[(1-a)J_a + aJ_s]dr \tag{2-42}$$

我们把式中括号内的部分叫作总有效源函数 J，并令

$$J \equiv (1-a)J_a + aJ_s \tag{2-43}$$

于是，式(2-42)可写成下列简化形式

$$dB(发射) = k_e J\, dr \tag{2-44}$$

由以上讨论可知，自圆柱体上表面垂直方向发出的亮度 $B(r+dr)$ 和垂直入射到圆柱体下表面上的亮度 $B(r)$ 之差应等于发射超过衰减的余量，即

$$dB = B(r+dr) - B(r) = dB(发射) - dB(衰减) \tag{2-45}$$

也就是

$$dB = k_e dr(J - B) \tag{2-46}$$

在式(2-46)中的无量纲乘积 $k_e dr$ 通常被简写成

$$d\tau = k_e dr \tag{2-47}$$

$d\tau$ 叫作光学厚度增量，单位为 Np。

将式(2-47)代入(2-46)即得微分方程

$$\frac{dB}{d\tau} + B = J \tag{2-48a}$$

这就是辐射传递方程的普遍形式。

辐射传递方程的几何关系如图 2-8(b)所示，式中的 B 和 J 分别是传播方向上 r 上的点 $Q(r,\theta,\varphi)$ 的亮度和源函数。

辐射传递方程(2-48a)是辐射测量中的一个极其重要的关系式，表明辐射在媒质中传播时亮度 B 的变化依赖于媒质的特性，即依赖于光学厚度 τ 和总有效源函数。通过它我们原则上可以求解各种情况下辐射能量传递的结果。

而图 2-8(b)是辐射在衰减系数为 k_e、源函数为 J 的半无限媒质中传播的示意图。假定辐射沿 $\hat{r}$ 方向传播，在 $Z=0$ 界面上沿 $\hat{r}$ 方向的亮度为 $B(0)$。由式(2-47)可知，传播路径上任意一点 $Q(r')$ 的传递方程为

$$\frac{dB(r')}{d\tau} + B(r') = J(r') \tag{2-48b}$$

由式(2-46)可求得 r_1 到 r_2 的光学厚度为

$$\tau(r_1, r_2) = \int_{r_1}^{r_2} k_e dr \tag{2-49}$$

若用 $e^{\tau(0,r')}$ 乘以(2-48b)的两边，则得

$$\frac{dB(r')}{d\tau}e^{\tau(0,r')} + B(r')e^{\tau(0,r')} = J(r')e^{\tau(0,r')} \tag{2-50}$$

式中 $\tau(0,r')$ 是 $r=0$ 的界面沿 $\hat{r}$ 方向到距离为 r' 的点之间媒质的光学厚度。

因为

$$\frac{d}{d\tau}[B(r')e^{\tau(0,r')}]=\frac{dB(r')}{d\tau}e^{\tau(0,r')}+B(r')e^{\tau(0,r')} \tag{2-51}$$

所以，式(2-50)可写成

$$\frac{d}{d\tau}[B(r')e^{\tau(0,r')}]=J(r')e^{\tau(0,r')} \tag{2-52}$$

将式(2-52)从 0 到 r 积分，然后对其左端积分后得其解为

$$B(r')e^{\tau(0,r')}\ |_1^{\tau(0,r')}=B(r)e^{\tau(0,r)}-B(0) \tag{2-53}$$

将式(2-53)代入积分式中得

$$B(r)e^{\tau(0,r)}-B(0)=\int_1^{\tau(0,r')_1}J(r')e^{\tau(0,r')}d\tau \tag{2-54}$$

用 $k_e dr'$ 代替式(2-54)右边积分中的 $d\tau$，再用 $e^{\tau(0,r')}$ 除以等式两边并重新整理后，得到传递方程的解析解为

$$B(r)=-B(0)e^{-\tau(0,r)}+\int_0^r ke(r')J(r')e^{-\tau(r',r)}dr' \tag{2-55}$$

此式的物理意义很清楚，表示点 $Q(r)$ 处的亮度由两部分组成：一部分是等式右边的第一项，代表起始亮度 $B(0)$ 经过 0 至 r 的传播距离后受到媒质的衰减作用而降到原值的 $e^{-\tau(0,r)}$，另一部分是等式右边的第二项，它与起始亮度无关而是由媒质中的总有效源函数 σ 引起的，即媒质的热发射和散射在 $\hat{r}$ 方向上的贡献。

式(2-55)在解决实际问题时必须知道与媒质特性有关的衰减系数 k_e 和源函数 J 才行。由于辐射传递方程的解析解由亮度表示，而实际问题中要知道的往往是表观温度的变化。所以，需对它做些变化后才能付诸使用。

由基尔霍夫定律和斯蒂芬-玻耳兹曼定律可知，在热力学平衡条件下，任何物质的热发射等于它的吸收，即发射率等于吸收率。由此导致这样的结论：媒质的吸收源函数 J_a 是各向同性的，它可由普朗克辐射定律决定。因此，假定瑞利-金斯近似式对它也是适用的，即

$$J_a(r)=\frac{2k}{\lambda^2}T(r)\Delta f \tag{2-56}$$

在式(2-56)中 $T(r)$ 是 $Q(r)$ 处媒质的实际温度。

应当指出，媒质的热发射等于吸收的结论是在严格的热力学平衡条件下得出的。在此条件下，媒质吸收的辐射能才能会全部转化成发射的辐射能。而实际情况并非如此。所以，上述结论有一定局限性，并不是普遍适用的。但是，只要媒质内温度的空间分布梯度不大时，应用上述结论还是能得到很好的结果。

同样，按照瑞利-金斯近似式，我们还可以得到媒质的散射源函数为

$$J_s(r)=\frac{2k}{\lambda^2}T_{SC}(r)\Delta f \tag{2-57}$$

式中，$T_{SC}(r)$是媒质在 $Q(r)$处的散射辐射温度(简称散射辐射温度)；r 为矢量，它的单位矢量 $\hat{r}$ 代表入射辐射的方向。

可以认为，散射源函数是由来自任意方向 $\hat{r}_i$ 的入射辐射亮度 $B(r_i)$经媒质散射后在 $\hat{r}$ 方向上的散射辐射分量所构成。因此，凡来自 4π 空间内各个方向的入射辐射都可能有 $\hat{r}$ 方向的散射分量。从每个方向来的入射辐射对 $\hat{r}$ 方向散射的贡献都是 $\hat{r}$ 方向入射辐射的一部分。我们引入相位函数 $\psi(r,r_i)$表示来自 $\hat{r}_i$ 的入射辐射在 $\hat{r}$ 方向的散射辐射能，于是，散射源函数又可表示为

$$J_s(r)=\frac{1}{4\pi}\iint_{4\pi}\psi(r,r_i)B(r_i)\mathrm{d}\Omega_i \tag{2-58}$$

将式(2-26)和(2-57)代入式(2-58)，则得

$$J_{SC}(r)=\frac{1}{4\pi}\iint_{4\pi}\psi(r,r_i)T_{AP}(r_i)\mathrm{d}\Omega_i \tag{2-59}$$

再把前面得到 $J_a(r)$和 $J_s(r)$代入式(2-43)，就可得到总有效源函数为

$$J(r)=\frac{2k}{\lambda^2}[(1-a)T(r)+aT_{SC}(r)]\Delta f \tag{2-60}$$

可以看出，此式在形式上与瑞利-金斯近似式是一致的。

最后，将式(2-27)和式(2-60)代入式(2-55)，得辐射传递方程的通解为

$$T_{AP}(r)=T_{AP}(0)\mathrm{e}^{-\tau(0,r)}+\int_0^r k_e(r')[(1-a)T(r')+aT_{SC}(r)']\mathrm{e}^{-\tau(r',r)}\mathrm{d}r' \tag{2-61}$$

式中，$T_{AP}(0)$是媒质界面沿 $\hat{r}$ 方向表观温度。

式(2-61)中各项理解成在 $\hat{r}$ 方向上传播的量，此式适用于既有吸收又有散射的情况下求媒质中的 $T_{AP}(r)$。

一般情况下，媒质的衰减包括吸收和散射两部分。如只吸收而无散射，称之为完全吸收；反之，只有散射而无吸收，称之为完全散射。在晴空条件下，大气的组成成分主要是 N_2、O_2 和 Ar 等气体分子和水汽分子，其颗粒半径远小于电磁辐射的波长，这样可近似看成完全吸收。此时，$k_s=0$，$k_e=k_a$，这样式(2-61)就变得十分容易，为

$$T_{AP}(r)=T_{AP}(0)\mathrm{e}^{-\tau(0,r)}+\int_0^r k_a(r')T(r')\mathrm{e}^{-\tau(r',r)}\mathrm{d}r' \tag{2-62}$$

式中 $\tau(0,r)=\int_0^r k_a(r')\mathrm{d}r'$，$\tau(r',r)=\int_{r'}^r k_a(r')\mathrm{d}r$ 。

2.3 微波辐射计[109]

任何物质都存在着大量的带电粒子，它们之间不断地碰撞，引起了带电粒子运动状态的变化，这种变化使物质辐射出电磁波、辐射的电磁波由不同频率的非相关波组成，它们是随机的，并具有很宽的频谱和不同的极化方向，我们把这种电磁波辐射称为噪声辐射。在微波频段内的噪声辐射称为微波噪声辐射。微波噪声辐射功率是很微弱的，一般在 $10^{-20}\sim10^{-9}$ W/m^2 量级。应用专门的设备能检出这种微弱的微波噪声辐射。微波辐射计用于接收、记录和测量由定向天线接收到的微弱的微波噪声辐射的变化，依据测得的微波噪声辐射的变化，经过分析、处理和判读，能认识目标的性质及其变化规律。另外，被测目标自身所辐射的微波频段的电磁能量是非相干的极其微弱的信号，这种信号的功率比辐射计本身的噪声功率还要小得多。因此，微波辐射计实质上是一种用来接收和记录微弱随机微波噪声的高灵敏度接收机。

无源微波遥感技术是微波遥感技术的重要组成部分，微波辐射计则是工作在微波波段的无源微波遥感的传感器，是微波遥感中最基本的遥感器之一。与有源微波传感器相比，微波辐射计还具有体积小、重量轻、功耗省、成本低、信息丰富等优点，而且由于微波辐射计不发射信号，因此易于隐蔽。微波辐射计本身不发射微波能量，而是通过被动地接收目标及环境辐射的微波能量来探测目标的特性。当微波辐射计的天线主波束指向目标时，天线接收到目标辐射、目标散射和传播介质辐射等辐射能量，引起天线视在温度的变化。天线接收的信号经过放大、滤波、检波和再放大后，以电压的形式给出。对微波辐射计的输出电压进行温度绝对定标，即建立输出电压与天线视在温度的关系之后，就可确定天线视在温度，也就可以确定所观测目标的亮温度。该温度值就包含了辐射体和传播介质的一些物理信息，通过反演就可以了解被探测目标的一些物理特性。

微波辐射计实际上是一台工作在微波波段内的宽频带噪声接收机，一般由三部分组成，即天线系统、超外差式高灵敏度接收机、数据储存和处理系统。第一台实用的微波辐射计是 Dicke 在 1946 年首先制成的，称为 Dicke 型接收机。至今使用的各种类型微波辐射计，基本上都是 Dicke 型接收机的不同改型。

2.3.1 微波辐射计优点

微波辐射计具有以下优点：① 极不容易被发现，保密性好；② 功率和体积都很小；② 由于单程接收，灵敏度依赖于 k^{-2} 而不是 k^{-4}，可大大提高作用距离；

④ 对目标特性具有高鉴别力，在微波段不同物体的发射率有很大差别，而在红外波段则差别不大；⑤有一定探测浅表层特性的能力，微波能穿透一定深度的目标。

当然，微波辐射计也存在本身固有的缺点：① 目标所发射的电磁波是非相干的和不可控制的；② 所接收的目标信号极其微弱，典型值为 10^{-12} W/m^2。

2.3.2 微波辐射计功率

辐射计系统的等效输入噪声功率是由天线发送的噪声功率和传输线-接收机组合的等效输入噪声功率两部分组成的，如图 2-9 所示。

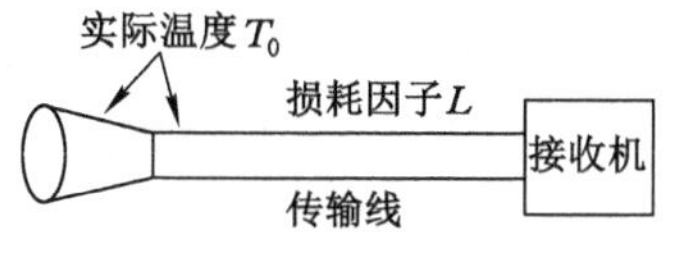

(a) 辐射效率为η_e的有噪声的天线

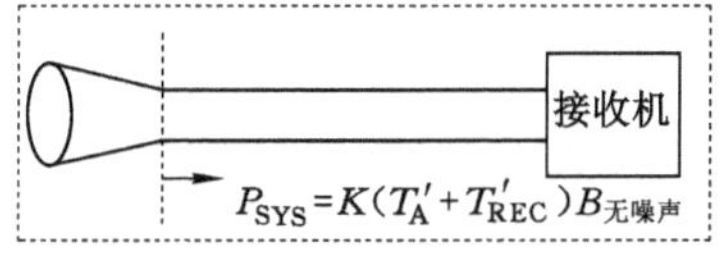

(b) 等效输入系统噪声功率为P_{sys}的无噪声等效结构

图 2-9 微波辐射计功率示意图

由式(2-34)可知，辐射效率为 η_1、实际温度为 T_0 的天线，其噪声温度 T_A'为

$$T_A' = \eta_1 T_A + (1-\eta_1)T_0 \tag{2-63}$$

式中，T_A 是无耗天线观测区域的天线辐射温度。

根据功率-温度对应关系，由式(2-63)可得天线的噪声功率为

$$P_A' = kT_A'B = k[\eta_1 T_A + (1-\eta_1)T_0]B \tag{2-64}$$

式中 B 为系统带宽，通常是中频放大器的有效带宽。

如果把传输线和接收机组合看成一个二级噪声网络，则等效输入噪声温度为

$$T_{REC}' = LT_{REC} + (L-1)T_0 \tag{2-65}$$

式中 L——传输线的损耗因子；

T_0——传输线的实际温度；

T_{REC}——接收机的等效输入噪声温度。

同样，按功率-温度对应关系，由式(2-65)可得传输线-接收机组合的等效输入噪声功率为

$$P_{REC}' = kT_{REC}'B = k[(L-1)T_0 + LT_{REC}]B \tag{2-66}$$

由式(2-64)和(2-66)可得辐射计系统的等效输入噪声功率 P_{sys} 为

$$\begin{aligned} P_{sys} &= P_A' + P_{REC}' = k(T_A' + T_{REC}')B \\ &= k[\eta_1 T_A + (1-\eta_1)T_0 + (L-1)T_0 + LT_{REC}]B \end{aligned} \tag{2-67}$$

若令

$$T_{sys}=T_A'+T_{REC}'=\eta_1 T_A+(1-\eta_1)T_0+(L-1)T_0+LT_{REC} \tag{2-68}$$

则式(2-67)变为

$$P_{sys}=kT_{sys}B \tag{2-69}$$

式中 T_{sys}称为辐射计系统的输入噪声温度，它包括天线噪声温度和接收机噪声温度。

2.3.3 微波辐射计灵敏度

微波辐射计的主要技术指标是温度分辨力和空间分辨力，其中又以温度分辨率为最重要。温度分辨力也称灵敏度。由于微波辐射计具有较高的温度分辨力，在某些实际应用中，可以弥补其空间分辨力低的缺点。微波辐射计接收的噪声信号与 R^2 成反比，而有源微波传感器接收的信号与 R^4 成反比，因此，微波辐射计探测的距离变化动态范围比有源微波传感器大。

在距离一定目标工作时，空间分辨率主要取决于工作波长和天线孔径大小，即

$$W=k\cdot\frac{\lambda}{D}R \tag{2-70}$$

式中 k——与天线类型有关的常数，其值在 0.88 至 2 之间，一般取 $k=1.3$；

λ——工作波长；

D——天线的有效孔径；

R——观测距离。

由上式可知：波长愈短或天线有效孔径愈大，则空间分辨率愈好；反之亦然。由于波长 λ 不能很小，天线口径又不能做得太大，所以限制了空间分辨力的提高。

所谓温度分辨率，是指对两个不同辐射源的亮度温度的分辨能力，有时也叫热分辨率或可检的最小温度差。它是辐射计灵敏度的一种度量，与噪声起伏和接收机增益变化有关，一般形式是

$$\Delta T_{min}=\frac{aT_{sys}}{\sqrt{B_{RF}\tau_I}} \tag{2-71}$$

式中 a——辐射计常数，与辐射计类型有关，$a=1\sim3$；

T_{sys}——系统的噪声温度，包括天线和接收机的噪声；

B_{RF}——输入的射频噪声带宽，由中放带宽决定；

τ_I——积分器的有效积分时间。

上式表明：系统噪声愈大，ΔT_{min}也愈大，即温度分辨率愈差；接收机带宽愈宽，积分时间愈长，ΔT_{min}也愈小，即温度分辨率愈好。

式(2-60)可用来估计辐射计的理论灵敏度或极限灵敏度。为了参考比较,习惯上取 $\tau_1=1$ s 来确定 ΔT_{min}。目前,厘米波段辐射计的温度分辨率一般可做到 0.1 K,毫米波段则要差一个数量级。

2.3.4 微波辐射计的应用

自 1946 年迪克提出第一个实用的开关式辐射计以来,其发展速度是迅速的,现在所用的微波辐射计基本上都是在迪克式辐射计的基础上加以改进的。从最初的迪克开关辐射计发展到噪声注入控制零平衡反馈辐射计、双参考温度自动增益控制辐射计和成像辐射计等;从单频段的简单辐射计发展到两频段、四频段、五频段乃至更多频段的多频段辐射计;从单一用途的微波辐射计发展到当代的多用途辐射计。从天线类型来看,从一般固定的抛物面天线发展到目前先进的扫描式相控阵天线。就接收机系统而言,由于新器件的研制成功,原来体积相重量都很大的电子管辐射计发展到目前的微型化集成式辐射计。采用大容量、高速度计算机使数据处理数字化、模式化,辐射计探测目标的精度也不断地提高,温度分辨力从开始的几 K 发展到目前的 0.02 K。

微波辐射计在射电天文、环境监测、气象、海洋、水文、农业、林业等学科以及军事侦察中正在或将要获得广泛的应用。在实际应用中,微波辐射计是在一定的距离上测量被观测目标本身发射(或反射)的非相关电磁技能量,目标本身发射的辐射强度和波长特性与目标的物理和化学特性、温度及表面状态有关,如果我们事先知道这种关系,就可以从微波辐射计所搜集到的数据资料反演出目标的有关信息,最终获得所需的目标辐射特性,进而识别不同类型的目标。

肖金凯研究表明[109],帕尔岗地区的岩石平均介电常数和微波辐射曲线以及岩性、构造的关系,大理石介电常数实部高,亮度温度低,辐射曲线上为一低谷,而泥盆系的砂岩、粉砂岩、板岩介电常数实部小,亮度温度高,辐射曲线为高峰。铁矿体的介电常数实部特别大,虚部也大,发射率为 0.577,尽管地面出露宽度只有 4～20 m,远小于仪器地面分辨率 150 m,亮度温度还是明显的低,在 241 K以下。依据各类地物的微波特征,就能从微波遥感图像中区分岩石类型,识别地质构造和某些地表矿体,区分水陆界线,判断土壤温度。经过前人的大量工作,已取得了矿山各类常见材料的发射率 ε,比如井下煤壁 $\varepsilon=0.95$,大巷喷浆壁与岩巷壁 $\varepsilon=0.92\sim0.94$,顶板一般为 $\varepsilon=0.93\sim0.95$。

2.4 本章结论

总结归纳了关于热辐射的基础理论和微波遥感基本原理,现叙述如下:

(1) 介绍了电磁波谱中的微波和红外波谱频段和表征辐射性质的基本术语;系统地阐述黑体辐射的相关定律和公式,详细说明了普朗克辐射定律和瑞利-金斯公式在有界域的积分解;叙述了非黑体辐射定律的推导,为以后章节的微波遥感提供了坚实的理论基础。

(2) 着重讨论了微波辐射观测的原理和方法,叙述了辐射功率与温度之间的对应关系和辐射传递方程及其通解求解过程,并推导了无散射时的传递方程。

(3) 详细介绍了作为微波遥感的专用仪器——微波辐射计的优点、功率、灵敏度以及应用情况。

3 煤体降温与变形破裂过程中微波辐射特性实验研究

本章建立煤体在自然状态下、加热后降温过程以及在单轴压缩、劈裂拉伸过程中微波辐射特性的实验系统，分别测试煤体在自然状态下、降温过程、单轴压缩、劈裂拉伸条件下的微波辐射特性和变化规律，总结在单轴压缩和劈裂拉伸条件下煤体发生变形、破裂过程中的微波辐射前兆类型规律。对受载煤体在实验中的3个异常现象做出相应的合理解释。

3.1 煤体微波辐射实验测试系统及试样

国内外学者已经证实了岩石和煤体宏观破裂及微观破裂过程中产生电磁信号，而且是频段很宽的信号。而对于受载煤体的微波辐射特性的实验，首先要从建立实验测试系统和准备试样着手。

3.1.1 煤体微波辐射实验测试系统

从1990年起，邓明德等科研人员对不同岩性、不同结构的岩石进行了加载破裂的红外辐射、可见光、微波辐射特性的观测实验。而后，吴立新等对多种加载方式下的煤岩进行了红外辐射特性观测实验。那么煤作为一种特殊的沉积岩，其强度较花岗岩、石英岩等岩石低，在自然状态下，加热降温过程以及受载破裂过程中是否具有微波辐射特性且符合什么规律？到目前为止，这方面的实验研究在国内外尚属空白。本章将对上述内容进行实验研究。

煤体微波辐射特性测试系统是本研究的核心实验系统，主要包括微波辐射计、微波暗室、屏蔽室、加载系统、低温实验箱、测温系统、液氮箱等。

3.1.1.1 微波辐射计

实验采用中科院空间中心遥感所的6.6 GHz和10.6 GHz双频段的微波辐射计，其参数分别为带宽200 MHz，线性度0.999 032，灵敏度0.7 K和带宽200 MHz，线性度0.999 899，灵敏度0.4 K，其实物图如图3-1所示。在进行采集数据前，需在电脑中安装Labview采集数据软件，使用数据线把电脑和微波辐射计连接起来，并进行调试。辐射计在接收到微波辐射信号后是以亮温脉冲的形式显示的。

图 3-1　微波辐射计实物图

3.1.1.2　微波暗室

微波暗室,是指角锥型无线电吸波材料铺设内壁,以减少墙壁反射,在其中某一部分形成一个接近“自由空间”的无回波区的房间,所以又叫无回波暗室。吸波材料是由聚氨酯类泡沫塑料在碳胶溶液中渗透而成。它的反射率与尖劈长度和使用频率有关,尖劈愈长,频率愈高,反射率愈小。这种材料具有较好的阻燃特性,能减小前向散射并提供良好的后向散射性能,所以它适合用在暗室的所有位置。在微波暗室里,几乎可以进行所有类型的无线电测试。微波暗室的静区(暗室内受各种杂波干扰最小的区域)衰减为－50～－60 dB。微波暗室带有电磁屏蔽层,方法是将铝(铜)箔或铜丝网直接胶合于吸波材料的背后,而块与块之间用导电胶胶合。实验采用的微波暗室隶属于中科院空间中心遥感所。

3.1.1.3　电磁屏蔽室

受载煤体在变形破裂过程中产生的微波辐射信号强度很微弱,因此加载实验在 AFGP-Ⅱ型电磁屏蔽室(图 3-2)内进行,该屏蔽室屏蔽效果在 85 dB 以上,减少了工业用电、电台广播、GSM/CDMA 通信网络、电动机械等比较强的外界环境电磁干扰。电磁屏蔽的作用原理是利用金属结构的屏蔽反射并引导场源所产生的电磁能流使它不进入空间防护区。

3.1.1.4　加载系统

加载系统采用的是 WAWP 型电液比例万能实验机控制系统,如图 3-3 所示。该系统由压力机、加载控制器、MaxTest 控制程序组成。该系统有以下特点:① 可以实时记录载荷-时间、变形-时间、力-变形和力-位移实验曲线,采样速

图 3-2　AFGP-Ⅱ型电磁屏蔽室

率高；② 采用人机交互方式分析计算测试材料的力学性能指标，可自动计算弹性模量、屈服强度、非比例伸长应力等，也可人工干预分析过程，提高分析的准确度；③ 支持多种控制方式，常用的有力控制、位移控制、应变控制等，其中单步程控包括等速应力、等速应变、等速位移、位移保持和力保持等多种闭环控制方式；④ 最多可以配置 4 组力传感器和变形传感器，可根据需要随时切换。

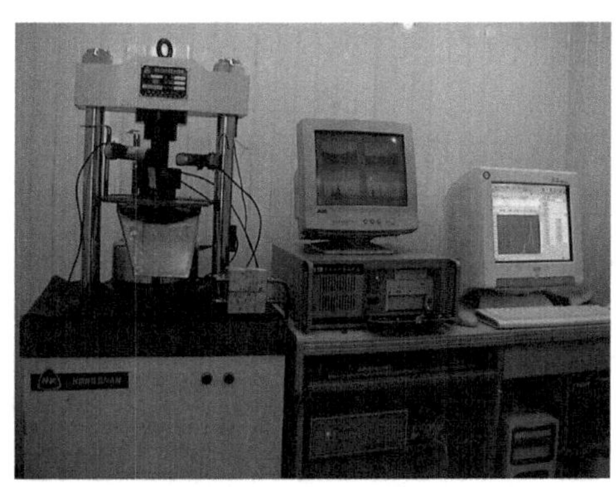

图 3-3　WAWP 型电液比例万能实验机控制系统

低温实验箱和测温系统实物图分别如图 3-4 和 3-5 所示。

3.1.2　试样及其制备方法

实验所需煤体取自大同忻州窑矿、同家梁矿、煤峪口矿、甘肃华亭砚北煤矿和黑龙江鹤岗南山煤矿。由井下取出的大块煤体用体芯管取样，加工制成 $\phi 50 \times 100$ mm、$\phi 50 \times 50$ mm、$\phi 50 \times 25$ mm 的圆柱体，或切割成 50 mm×50 mm×100 mm 的长方体形试样，并将两端磨平备用，分别用于单轴压

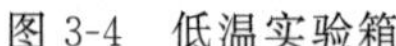
图 3-4　低温实验箱

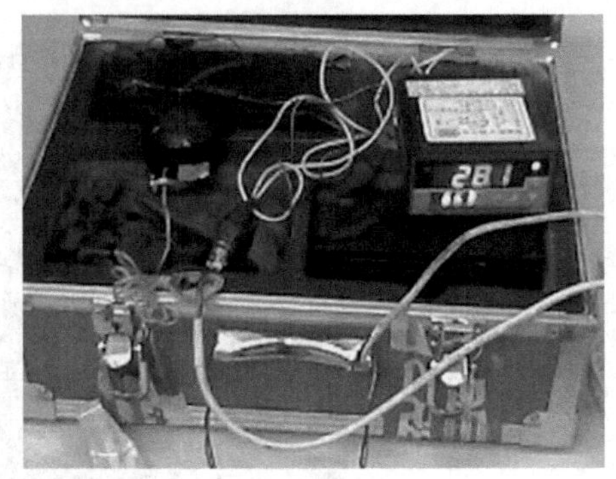

图 3-5　测温系统

缩、拉伸实验。所取试样的煤矿是受冲击地压灾害威胁的矿井,有些煤矿曾经发生过冲击地压事故,故所采煤层和实验煤体都具有冲击倾向性。例如:砚北煤矿二水平 2502 采区煤体平均弹性能指数为 0.86,平均冲击能指数为 5.41,因此,该工作面煤体具有强冲击倾向性,该采区煤层属于强冲击倾向性煤层。

3.2　煤体微波辐射特性实验内容及方案

3.2.1　煤体微波辐射特性实验内容及步骤

(1) 实验研究煤体在自然状态下的微波辐射特性,实验地点选在中科院空间中心遥感所的微波暗室。其实验步骤为:① 预先使微波辐射计天线与将要放置的煤体中部以及冷源(液氮箱的白色圆形区域的圆心)在一条直线上;② 使微波辐射计对着冷源采集数据 5 min,然后把冷源取走,对着暗室中的吸波材料采集数据 5 min;③ 在煤体下面垫上绝热板,放置在微波辐射计天线前进行采集数据 5 min 即可。

(2) 实验研究加热煤体在其降温过程中的微波辐射特性,实验地点选在中科院空间中心遥感所的微波暗室。其实验步骤为:① 把煤体放置在低温实验箱内,分别加热到 30 ℃、40 ℃和 50 ℃;② 用绝热毛巾裹好加热的煤体,拿到微波暗室内,用胶带把温度传感器黏结于煤体中部;③ 放置煤体于微波辐射计天线前,在读取温度数值的同时,采集加热煤体降温过程中微波辐射数据,直至降温到室温即可。

(3) 实验研究煤体在不同加载方式下(单轴压缩、拉伸)变形破裂过程中微波辐射规律,实验地点选在中国矿业大学安全实验室屏蔽室内。其实验步骤为:

① 观察煤体的节理和裂隙发育状况，在进行实验时使其面对微波辐射计天线方向；② 将煤体放置在实验机的压力头上，煤体与实验机的上、下压头间用绝缘纸绝缘，然后将微波辐射计天线对准煤体中部；③ 启动微波辐射计数据采集系统，配置好系统参数后，开始采集数据并实时显示；④ 采集一段时间（大约数分钟）待实时显示的数据线平稳时，准备开始实验；⑤ 开启加载系统进行实验，同时记录微波辐射数据与压力数据；⑥ 待试件破坏后，同时停止实验机加载及数据采集。

（4）实验研究煤体在不同加载速率下微波辐射规律特征，实验地点选在中国矿业大学安全实验室屏蔽室内。其实验步骤类同步骤(3)，不同之处在于加载系统的加载速率设置。

3.2.2 受载煤体微波辐射特性实验方案

对于受载煤体微波辐射特性的实验，分别记录其载荷及微波辐射亮温参数，用以研究煤体在不同条件下微波辐射特性的特征和规律。

3.2.2.1 煤体单轴压缩实验方案

单轴抗压强度是煤岩体最基本也是最重要的一个力学指标。单轴压缩实验的试件尺寸为 $\phi 50 \times 100$ mm，在实验机上连续加载，直到试样破坏。受载煤体微波辐射测试系统示意图如图 3-6 所示。

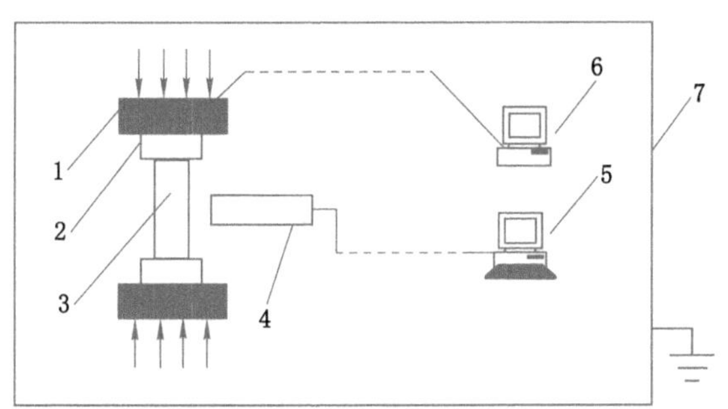

1—实验机；2—绝缘垫块；3—试样；4—微波辐射计；
5—微波辐射采集系统；6—载荷控制系统；7—电磁屏蔽室。

图 3-6 受载煤体微波辐射测试系统示意图

3.2.2.2 煤体拉伸实验方案

由于煤岩体中存在节理裂隙等缺陷，即使不存在拉性载荷也将诱发拉伸应力，有时拉伸应力区还比较大。而且，煤岩体在拉伸应力条件下更容易发生破坏。因此，对煤岩体拉伸实验的研究十分必要。

岩石的单轴抗拉实验方法有直接拉伸法和间接拉伸法。直接拉伸法实验的难点主要在于如何夹持和保证拉伸载荷平行于试件轴向。另外,直接拉伸法试件的加工也比较困难而且实验机的夹头可能会损伤试件表面,实验的可操作性差。考虑到实验的可行性和便捷性,对煤体的拉伸实验采用间接拉伸法,间接拉伸法有劈裂法、弯曲法、水压致裂法和点载荷法等多种,本书采用劈裂法。

劈裂法又叫巴西实验(Brazilian test),起源于南美。将煤体加工成厚度为直径 0.5～1.0 倍的圆盘形试件,沿试件轴面平行粘贴两根合金钢丝。然后将试件置于实验机上平行该轴面加压,借助合金钢丝将集中载荷转变为线载荷,从而产生垂直于该轴面的拉应力,使试件发生拉伸破坏,见图 3-7。

对于圆盘形试件按如下公式计算抗拉强度:

$$\sigma = \frac{2P}{\pi dh} \times 10, \text{MPa} \tag{3-1}$$

式中 P——集中载荷,kN;

d——试件直径,cm;

h——试件厚度,cm。

根据弹性理论,垂直于 AB 轴面的拉应力均匀分布。然而,由于集中线载荷的作用,在岩石较软的情况下,A、B 点附近很快进入屈服状态,线性载荷变成条形载荷。因而在 A、B 附近有一局部压缩区。

本书中考虑到试件制备的便捷性和实验操作的方便性,采用圆柱体试样进行拉伸实验,并使用特制的模具进行拉伸实验的加载,加载方式见图 3-8。实验前将微波辐射计的天线对准圆柱体煤体的一端。

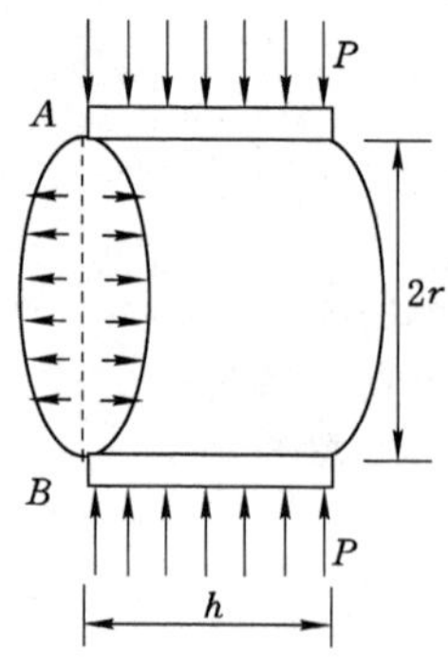

图 3-7 圆盘形试件劈裂法

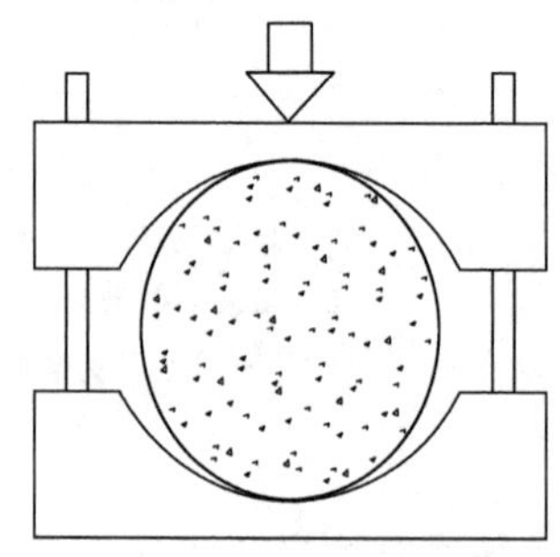

图 3-8 特制模具劈裂加载示意图

3.2.2.3 加载速率对受载煤体破裂中微波辐射特性影响的实验方案

煤体的单轴抗压强度主要受两方面因素影响和控制：一为岩石本身性质方面，如岩石组构等；二为实验条件方面，如加载速率、端面特性等。实验时的加载速率越大，岩块的抗压强度越高。主要是因为随着加载速率的增加，试件内部的微裂纹和微裂隙来不及充分扩展，出现变形滞后应力的现象，增加了岩块的强度。

实验中分别采用 0.5 mm/min、1 mm/min、1.5 mm/min、2 mm/min 的加载速率对煤体进行了加载实验，进而分析不同加载速率对煤体破裂过程中微波辐射特性规律的影响。

3.3 煤体微波辐射特性实验结果及初步分析

根据本章介绍的实验方案及步骤，对煤体进行了大量实验。在中科院空间中心遥感所微波暗室内分别测试了 21 块试件在自然状态下和加热后降温过程中的微波辐射特性，总共测试了 120 余块试样在加载过程中的微波辐射特性和规律，获得了大量的实验数据。本节主要介绍煤体在自然状态下和加热后降温过程中的微波辐射特性。对于受载煤体在单轴压缩条件下和拉伸劈裂条件下变形破裂过程中的微波辐射规律(其中包括试样组成和加载速率对其的影响)将在第 4 章进行分析。由于实验中得到的数据量较大，这里仅介绍其中的部分典型结果。

3.3.1 煤体在自然状态下的微波辐射特性实验结果

微波辐射计同其他传感器一样，为地质勘探提供了新的手段。应用遥感方法能对大面积资料进行分析研究，然后确定对局部地区进行勘探，继而对关键地区进行更详尽的研究。微波辐射计已经在识别地貌、探测地质结构、区分岩石类型、分析岩石成分、探测地热资源和地下水源、地震预报、寻找矿藏、发现石油等方面开始应用。利用微波辐射计探测岩体寻找矿藏的物理基础是由各种成分组成的岩体矿藏等本身具有性质各异的微波辐射特性。目前，微波辐射计在地形地貌、地质勘探及矿山开发等方面的应用还不成熟，有待于今后日臻完善。因此，利用微波辐射计开展这一方面的工作具有重要的意义。

根据 3.2.1 中的煤体微波辐射特性实验内容及步骤对 21 块试样进行了微波辐射特性的初步测试实验，实验实物如图 3-9 所示。在 6.6 GHz 频段测试条件下，煤体的自然微波辐射特性实验结果见表 3-1，实验结果如图 3-10～图 3-27。在 10.6 GHz 频段测试条件下，煤体的自然微波辐射特性实验结果见表 3-2，实验结果如图 3-28～图 3-44。试样的编号为 1～18 号，对应的煤样名称分别为同家梁 307 长方体煤样 1 号、2 号、3 号、4 号、5 号，忻州窑东三盘区长方体煤样 1 号、2 号，忻州窑西二盘区圆柱体煤样，忻州窑东三盘区圆柱体煤样，砚北 250205 圆柱体煤样 1 号、2 号，同家梁 311 盘区圆柱体煤样 1 号、2 号，忻州窑 238 圆柱体岩样 1 号、2 号、3 号，忻州窑东三盘区圆柱体岩样 1 号、2 号，长方体煤样的尺寸为 50 mm×50 mm×100 mm，圆柱体煤样的尺寸为 ϕ50×100 mm。

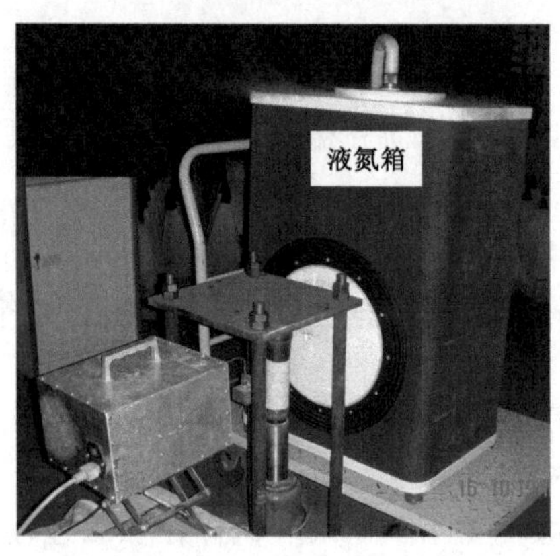

图 3-9 自然状态下煤岩微波辐射测试实物图

表 3-1 6.6 GHz 频段煤体自然微波辐射特性 单位：K

试样编号	1	2	3	4	5	6	7	8	9
亮温	201.5	196.7	219.5	205.8	204.7	228.4	229.8	221.5	210.5
试样编号	10	11	12	13	14	15	16	17	18
亮温	276.5	276.5	239.8	226.9	221.9	224.5	253.5	245.7	198.1

表 3-2 10.6 GHz 频段煤体自然微波辐射特性 单位：K

试样编号	1	2	3	4	5	6	7	8	9
亮温	235.1	230.3	244.6	253.3	243.8	253.2	253.5.	249.7	261.2
试样编号	11	12	13	14	15	16	17	18	
亮温	292.0	259.4	238.5	235.8	238.1	256.1	258.4	229.4	

6.6 GHz 频段煤体自然微波辐射特性如图 3-10 至图 3-27 所示。测试方法如图 3-10 所标，其他试样测试方法相同。

10.6 GHz 频段煤体自然微波辐射特性如图 3-28 至图 3-44 所示。测试方法与 6.6 GHz 频段相同。

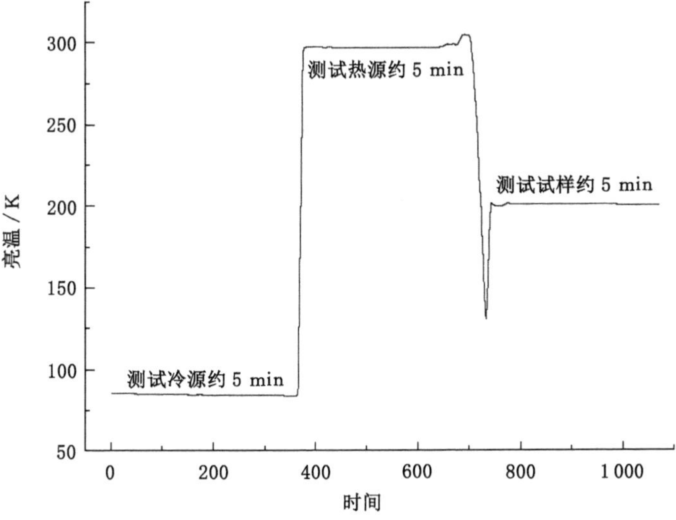

图 3-10　1 号试样

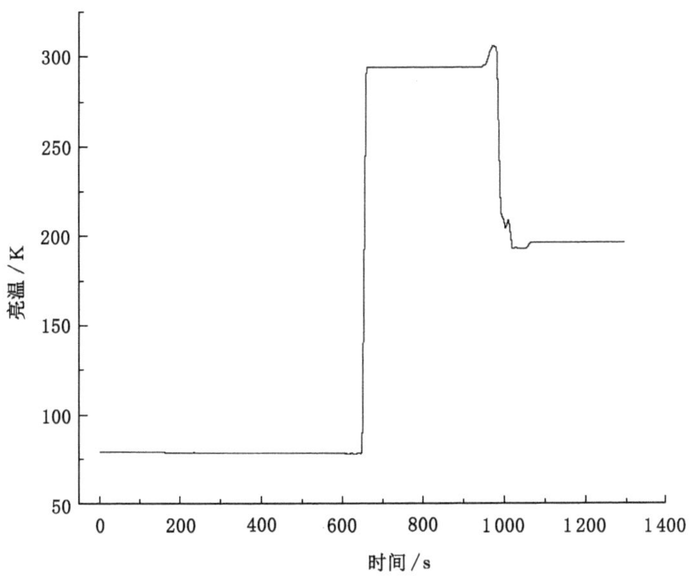

图 3-11　2 号试样

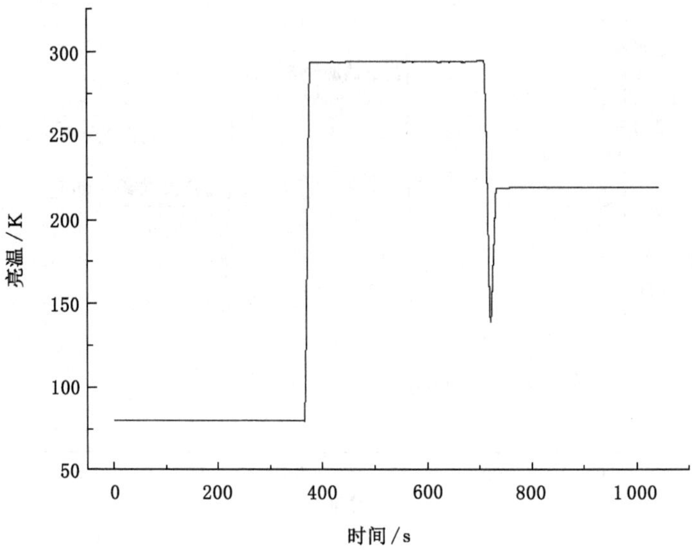

图 3-12　3 号试样

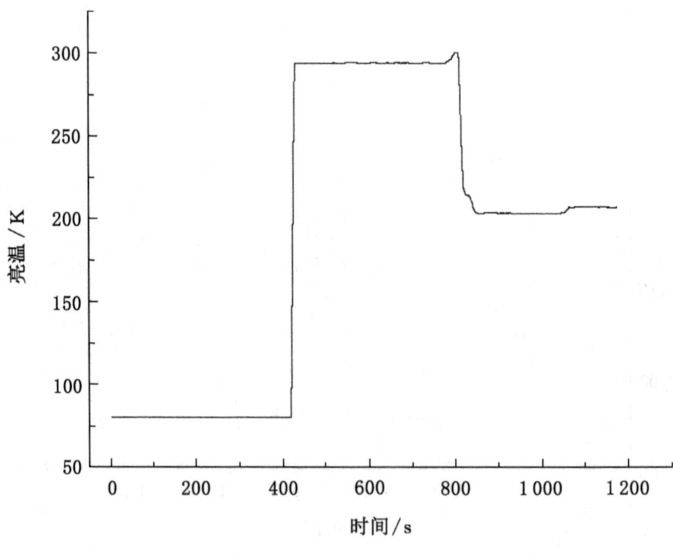

图 3-13　4 号试样

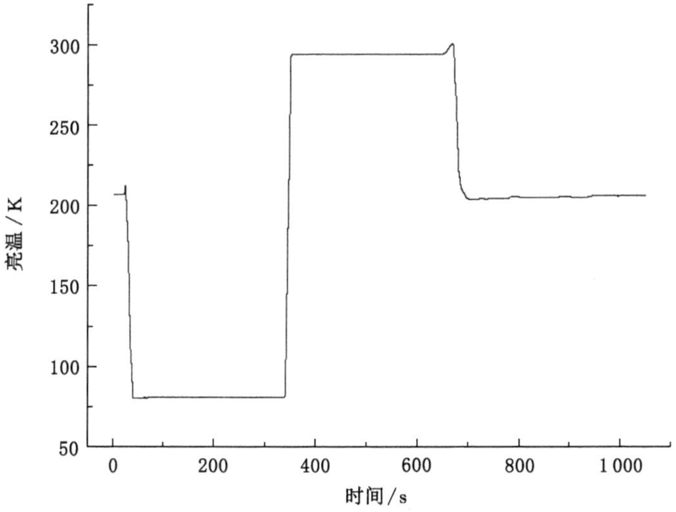

图 3-14 5号试样

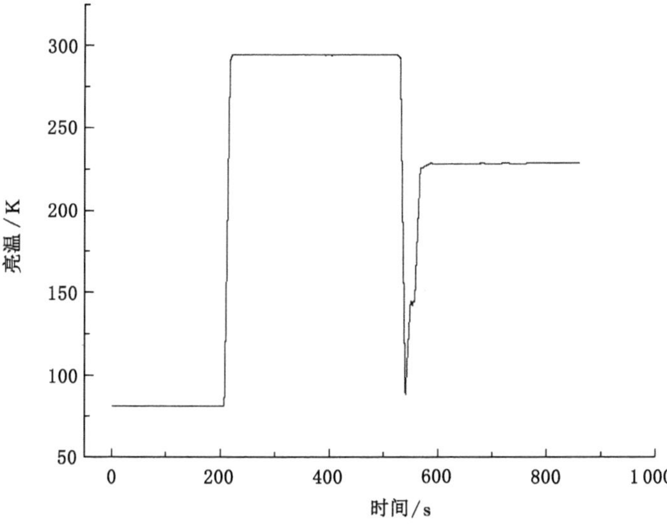

图 3-15 6号试样

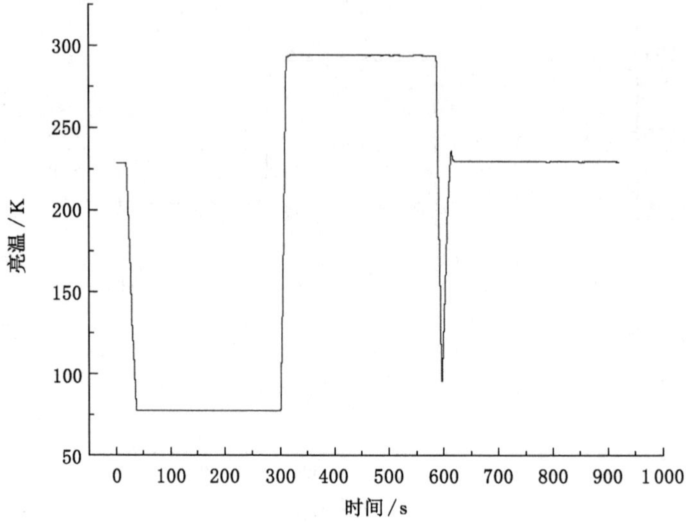

图 3-16　7 号试样

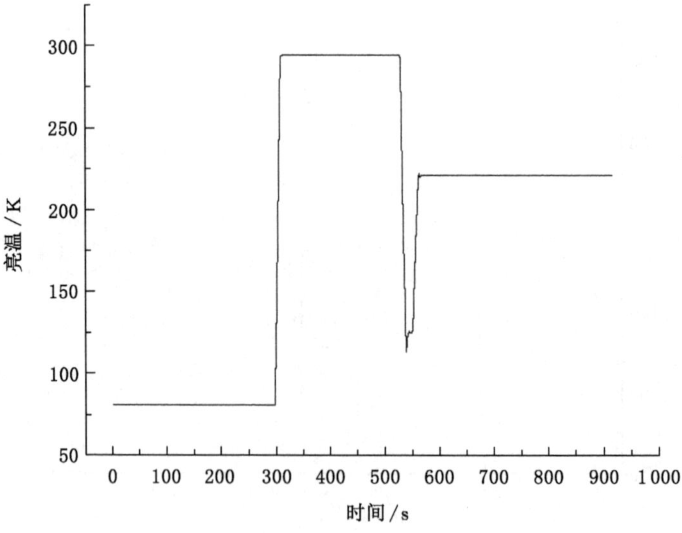

图 3-17　8 号试样

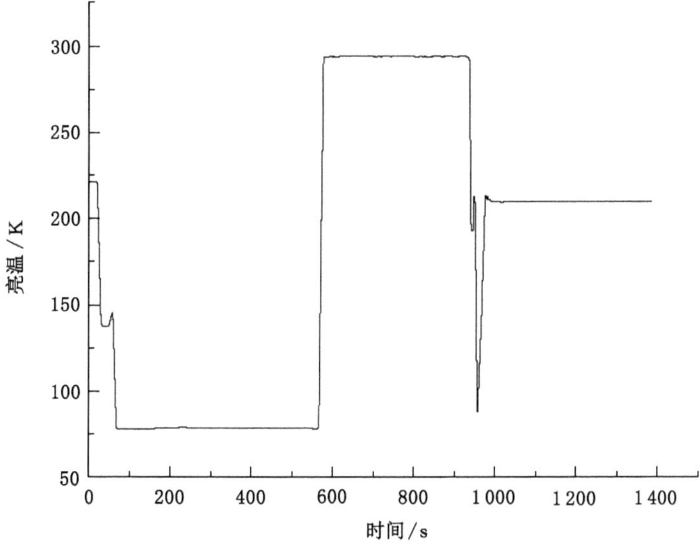

图 3-18　9 号试样

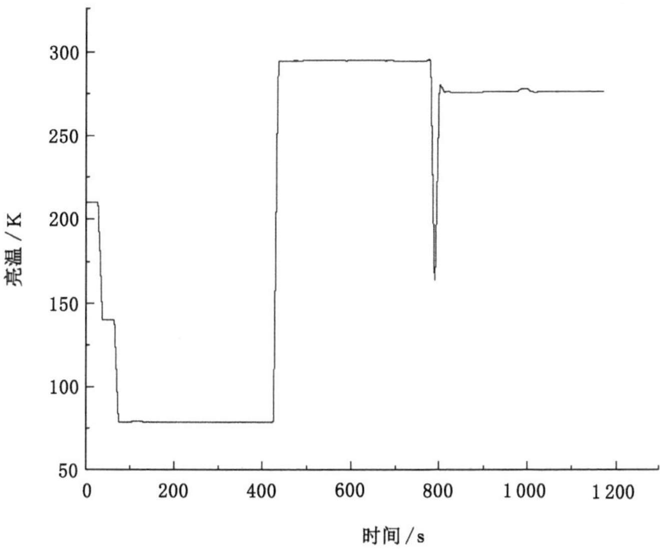

图 3-19　10 号试样

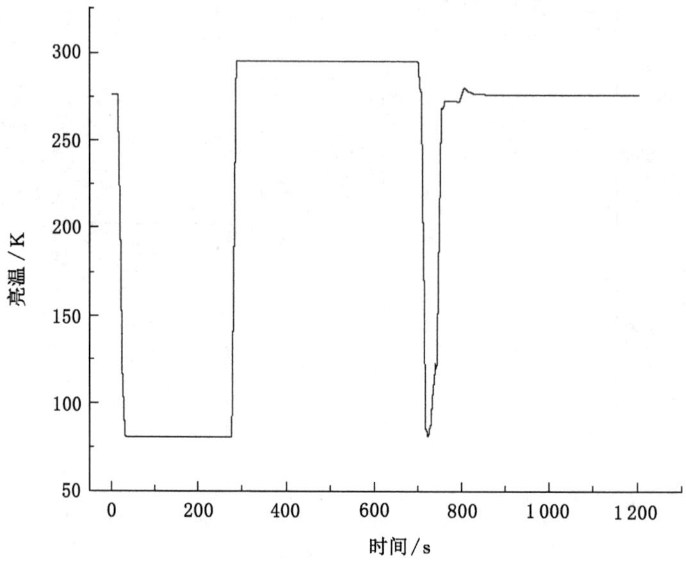

图 3-20　11 号试样

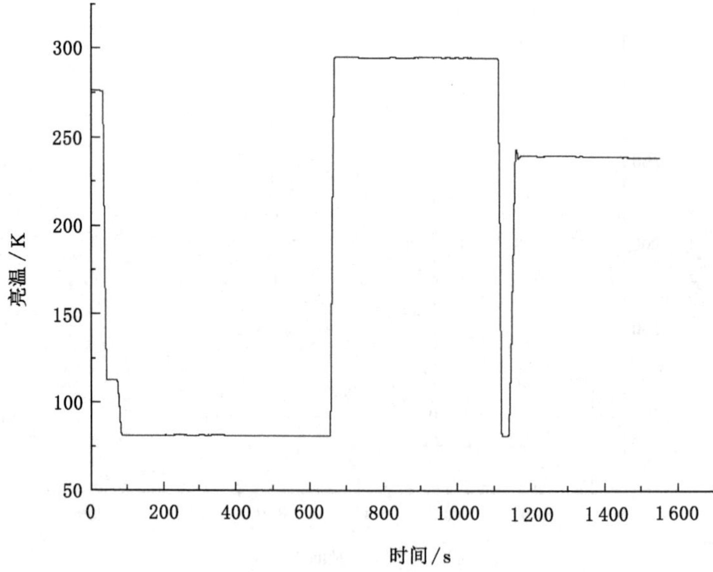

图 3-21　12 号试样

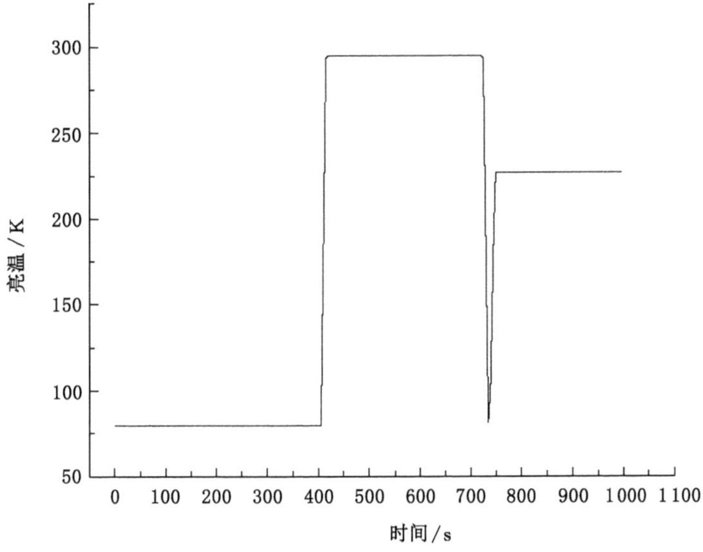

图 3-22　13 号试样

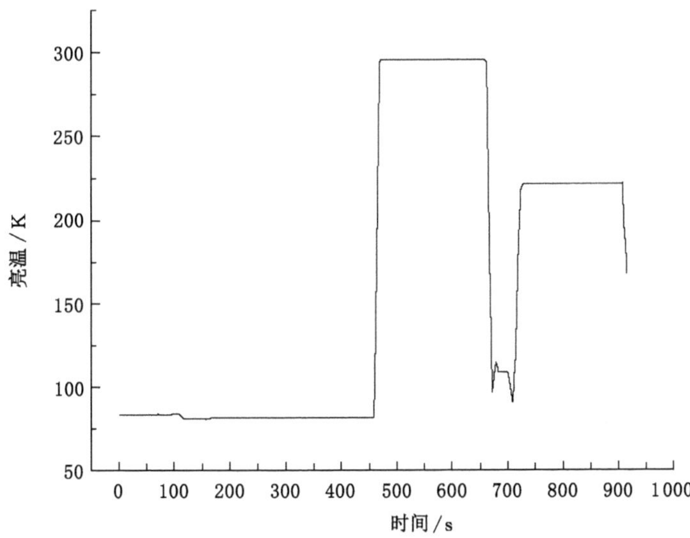

图 3-23　14 号试样

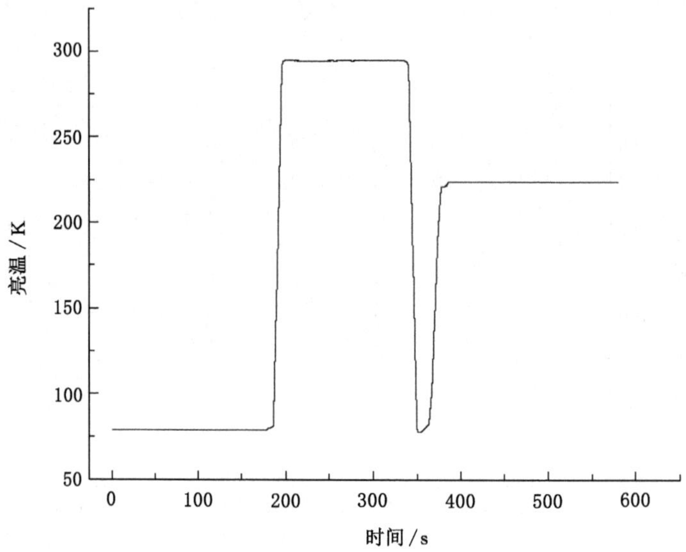

图 3-24　15 号试样

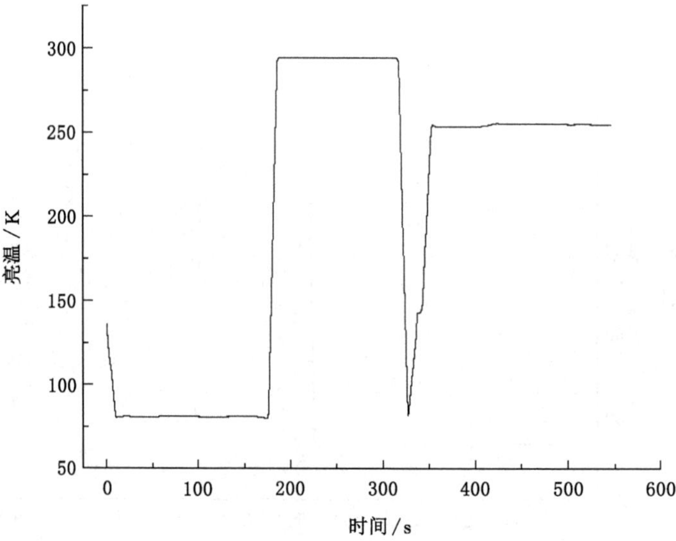

图 3-25　16 号试样

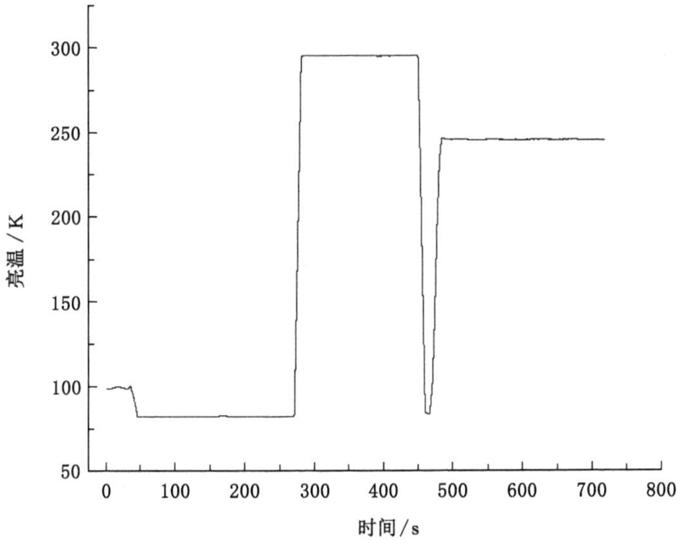

图 3-26　17 号试样

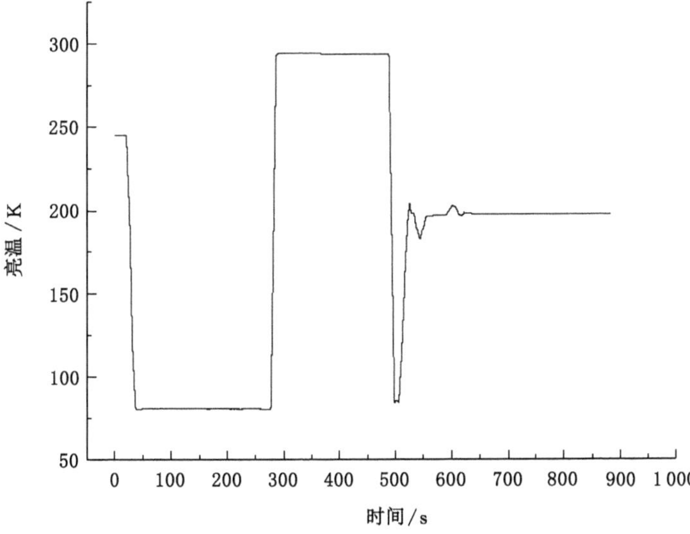

图 3-27　18 号试样

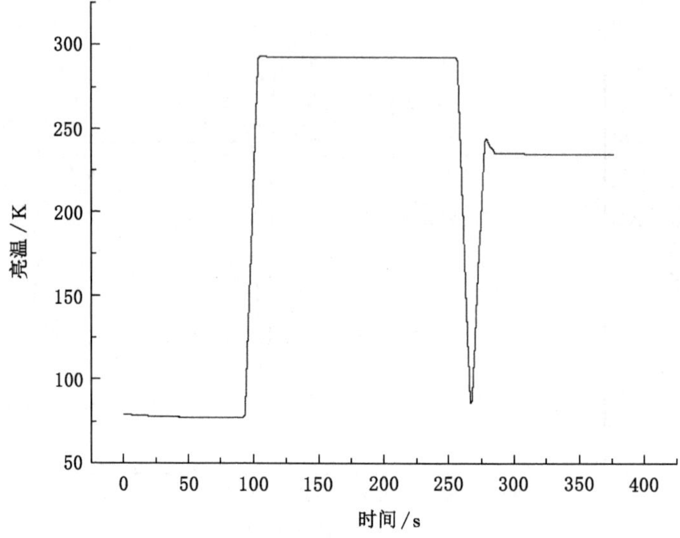

图 3-28　1 号试样

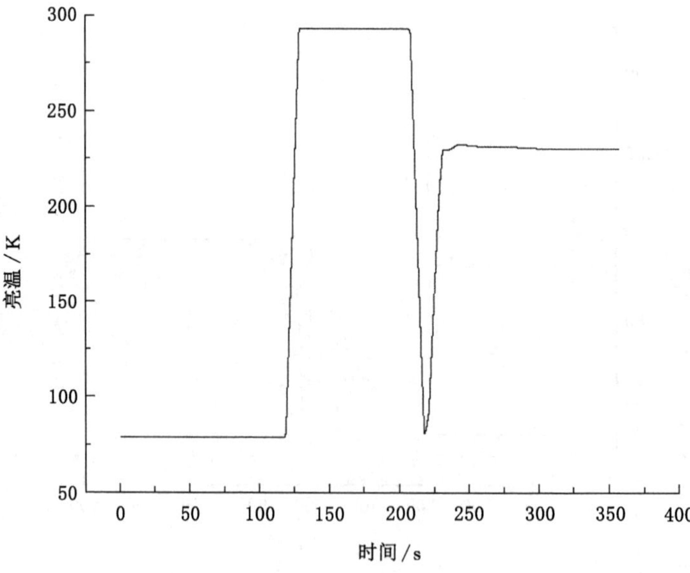

图 3-29　2 号试样

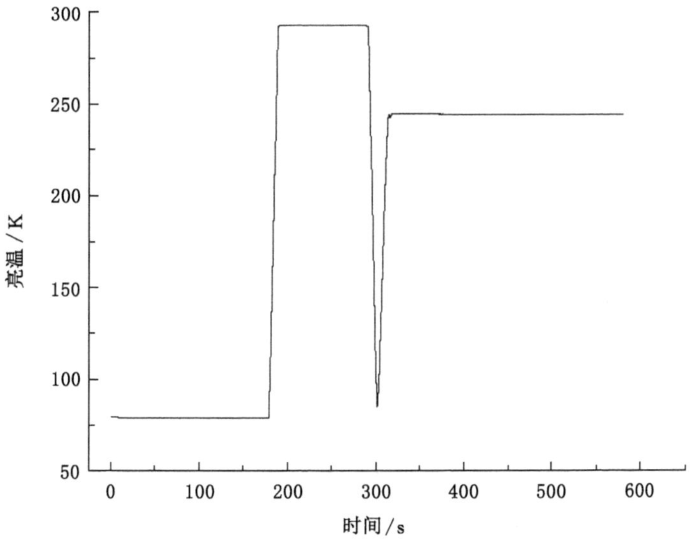

图 3-30 3 号试样

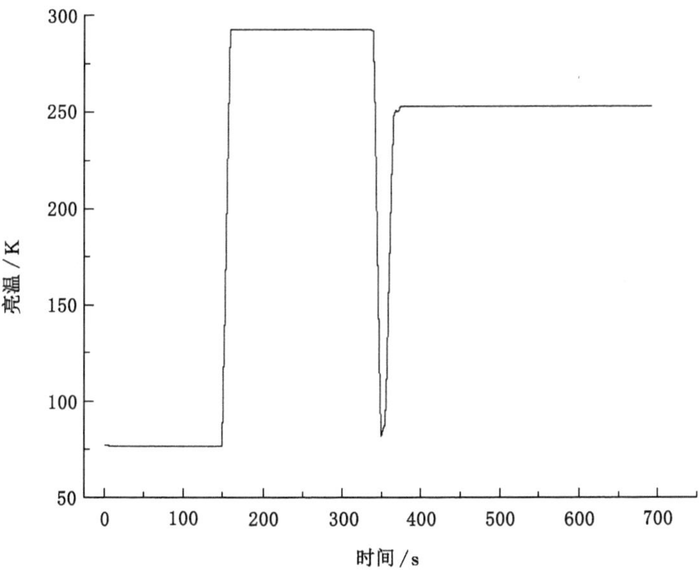

图 3-31 4 号试样

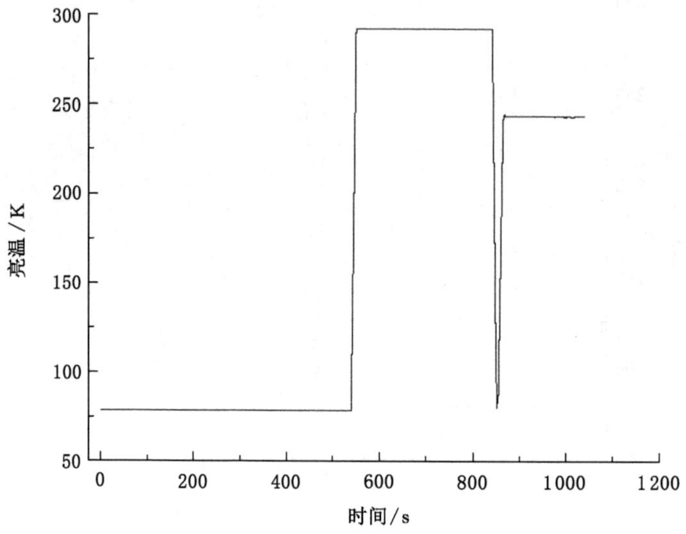

图 3-32　5 号试样

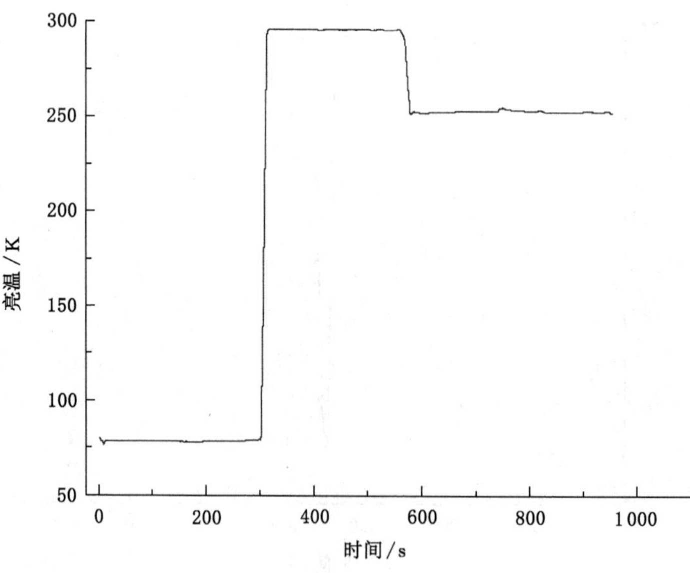

图 3-33　6 号试样

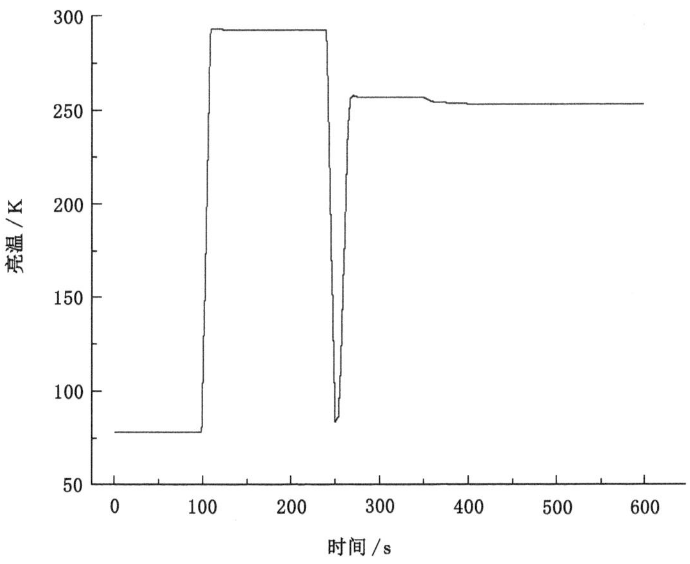

图 3-34　7 号试样

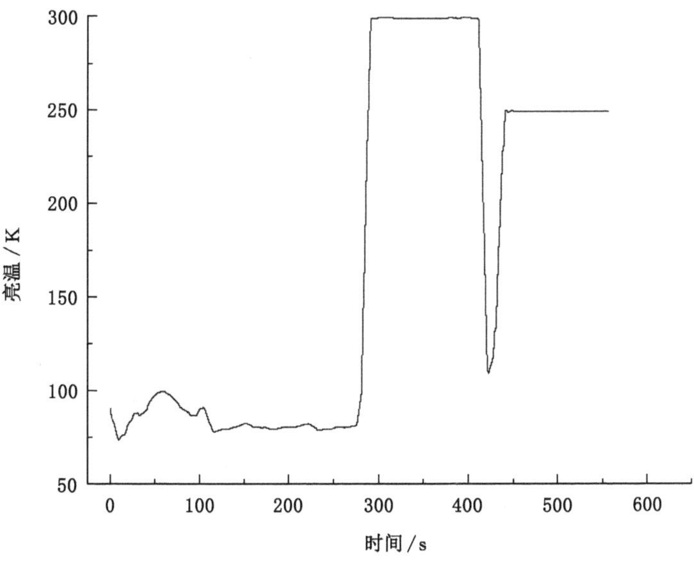

图 3-35　8 号试样

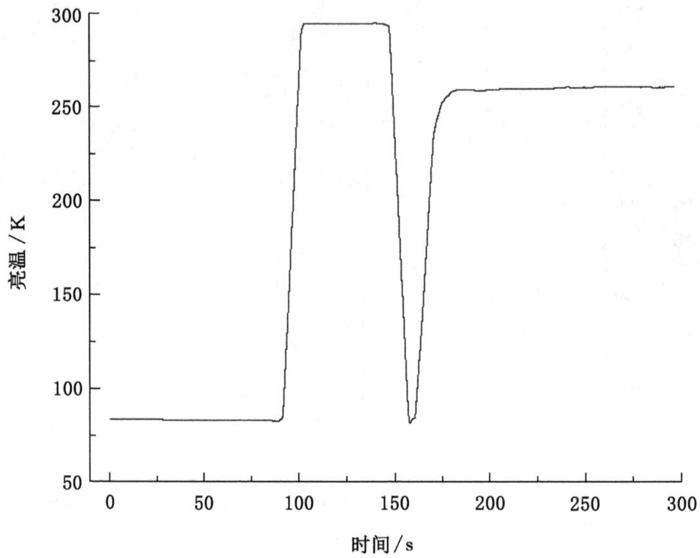

图 3-36　9 号试样

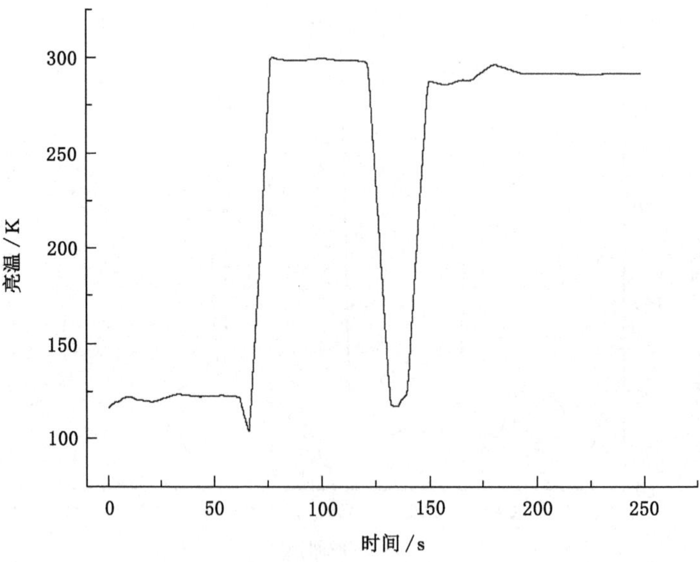

图 3-37　11 号试样

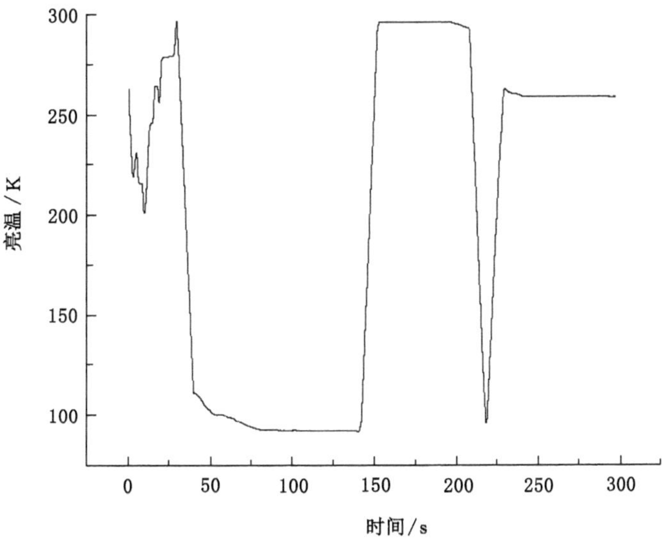

图 3-38　12 号试样

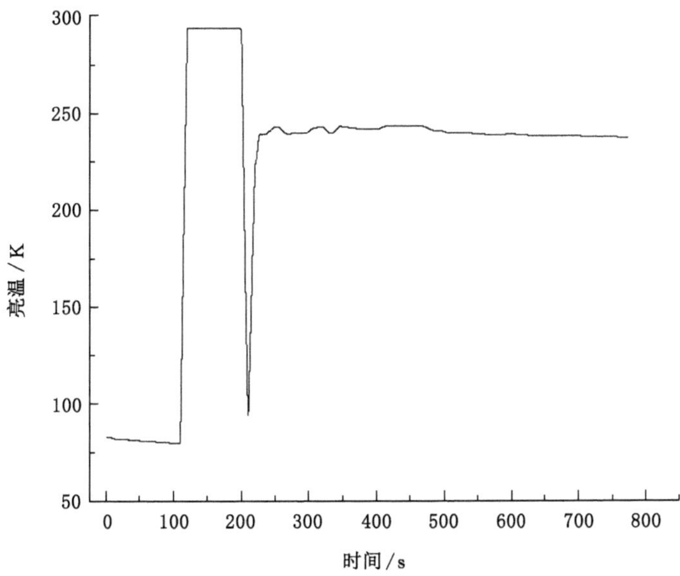

图 3-39　13 号试样

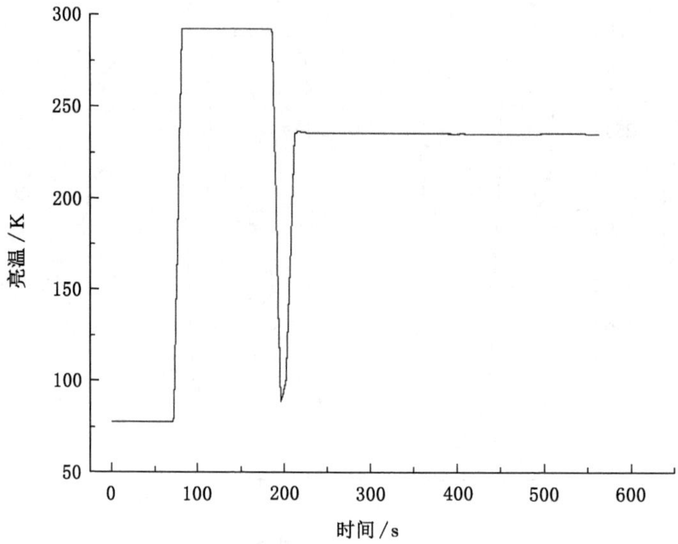

图 3-40　14 号试样

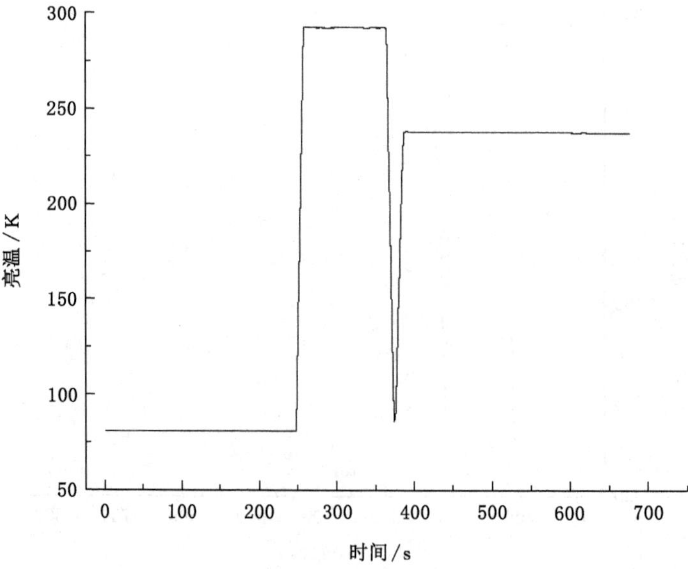

图 3-41　15 号试样

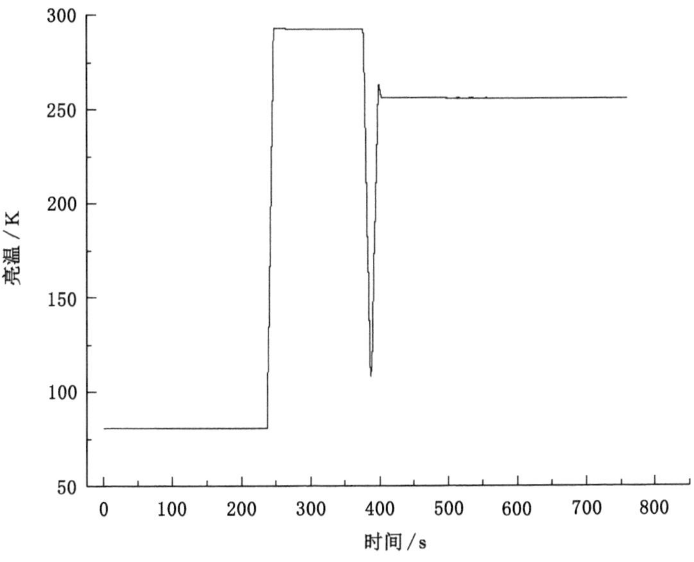

图 3-42 16 号试样

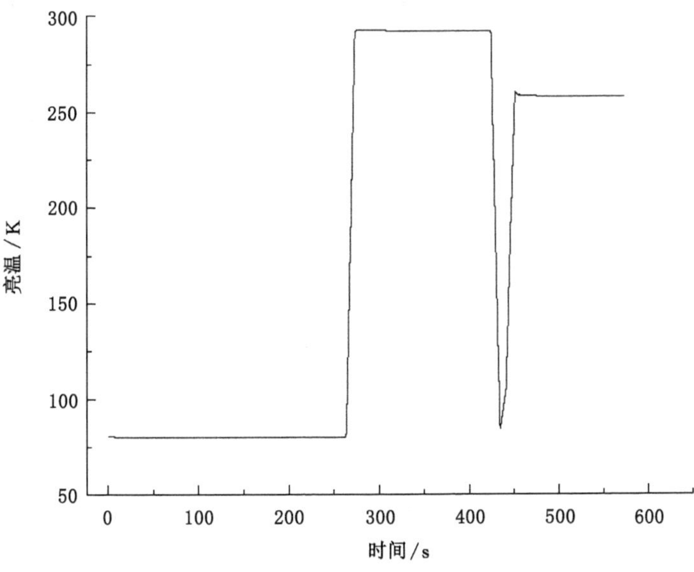

图 3-43 17 号试样

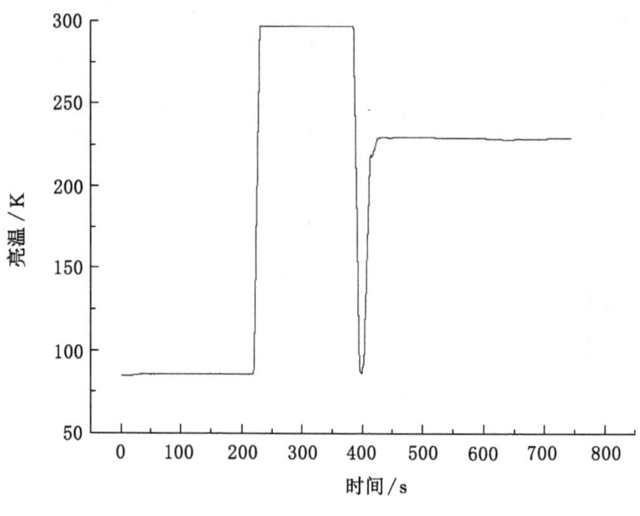

图 3-44　18 号试样

根据在自然状态下煤体的微波辐射数据图表可知，在 6.6 GHz 测试频段条件下，同一地点所取煤样的微波辐射特性相差不一致，有的煤样微波辐射相差较大，有的煤样相差较小。在 10.6 GHz 测试频段条件下，同一地点所取煤样的微波辐射特性相差较小。这与森林资源和植被覆盖密度遥感探测选用较高频率的微波辐射计较好的结果是一致的。此外，在自然状态下，煤体微波辐射特性与其发射率有关，而发射率与煤体表面的粗糙度、煤体形状有关。研究表明，由于实际上煤岩类型的复杂性，要得到普遍的定量关系，还需要做深入细致的理论和实际观测工作。

通过不断增加测试样本的数量和品种可以逐步建立一个关于煤岩微波辐射特性的数据库，为微波辐射计在矿山方面的应用提供一个良好的方向。此外，本实验不仅提供了不同煤体的微波辐射特性数据，还为微波辐射计的定标工作和分析加热煤体降温过程中的微波辐射特性以及研究受载煤体的微波辐射规律奠定了基础。

3.3.2 煤体加热后降温过程中的微波辐射特性

3.3.2.1 测试加热煤体降温过程微波辐射特性的意义

研究表明，测试受热煤岩降温过程中微波辐射特性的实验意义在于两点：

(1) 地温原因

一般情况下，地温(指井下岩层的温度)随深度增加而呈线性增加。地温决定着井下采掘工作面的环境温度，即矿井温度。随着矿井向深部开采，井下作业环境条件恶化，岩层温度将达到摄氏几十度的高温。如俄罗斯千米平均地温为30 ℃～40 ℃，个别达52 ℃；南非某金矿3 000 m时地温达70 ℃。我国不少矿井高温热害威胁严重，随着采深的增加，原岩温度不断升高，工作面温度普遍达到34 ℃以上，相对湿度达到95%以上，在这种条件下，温度对煤岩特性的影响主要包括两方面：一是温度对煤岩物理力学性质（弹模、单轴抗压强度等）的影响会产生独特的岩石力学问题；二是由于温度变化引起的热应力使煤岩遭受破坏，造成支护困难。迄今为止，国内外研究者在温度作用对岩石力学特性的影响方面进行了大量的研究。在温度作用下花岗岩的力学特性、高温作用下岩石的脆-延性转变行为、岩石断裂韧度的高温特性等研究领域积累了许多有价值的经验。温度对岩石力学的影响问题已逐渐为学者们所重视（Lebedev，Khitaror，Simpson）。这些科学难题用传统的方法无法解决。

（2）矿山井下动力灾害

矿山实践表明，凡具有一定规模动力现象发生的矿井，往往造成温度场异常。如早在1986年山东陶庄井下应力集中，频繁发生冲击地压，环境温度场高达34 ℃；1970年大同二矿980大巷靠近倒转褶皱的工作面常出现不明原因的高温度。国内外不少学者采用测定煤岩体的温度变化，预测瓦斯突出危险程度。波兰和苏联自20世纪60年代起就采用钻孔中的温度与工作面煤壁温度差值作为预测指标进行煤与瓦斯突出的预测。

基于以上原因，研究在高温状态下的煤岩微波辐射特性是十分必要的，具有重大的理论与工程实践意义。

3.3.2.2 加热煤体降温过程微波辐射特性实验

根据3.2.1中的加热煤体降温过程中微波辐射特性实验内容及步骤对21块受热煤体进行了微波辐射特性的测试实验，6.6 GHz频段的典型实验结果及拟合情况如图3-45至3-46所示，10.6 GHz频段如图3-47至3-48所示。微波辐射计的采样率设置为100 Hz，即在1 s中采集100个数据，因此亮温-时间曲线的横坐标除以100就是实验所用时间（min），而温度-时间曲线横坐标为在此时间间隔内所读取的温度个数。

对图3-45中的亮温-时间和温度-时间进行拟合，拟合结果如表3-3所示。

表3-3 拟合结果表

	拟合公式	R^2
亮温-时间	$B=301.1+17.1\times\exp(-(t+271.8)/2\ 137.4)$	0.999 57
温度-时间	$T=27.7+14.4\times\exp(-2(t+0.08))$	0.999 35

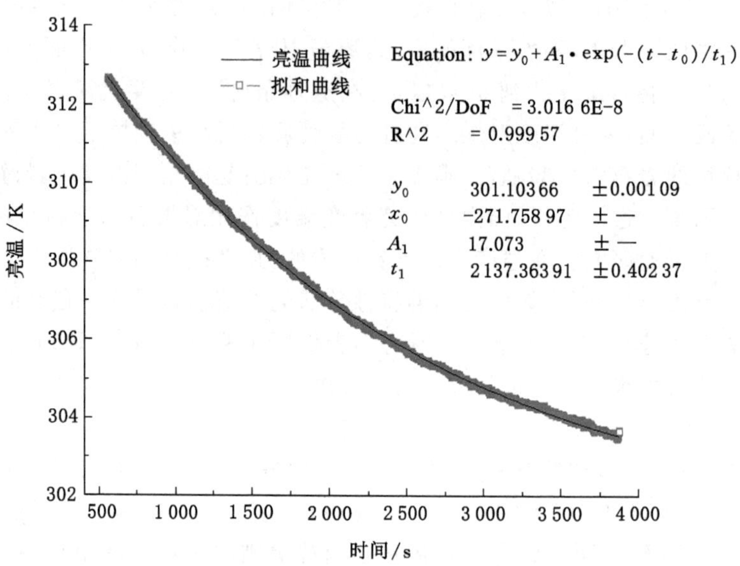

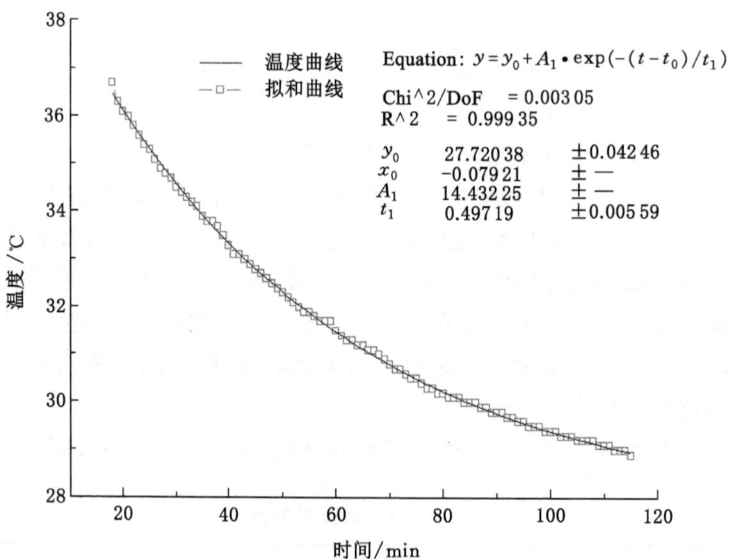

图 3-45 同家梁煤样降温过程亮温变化趋势

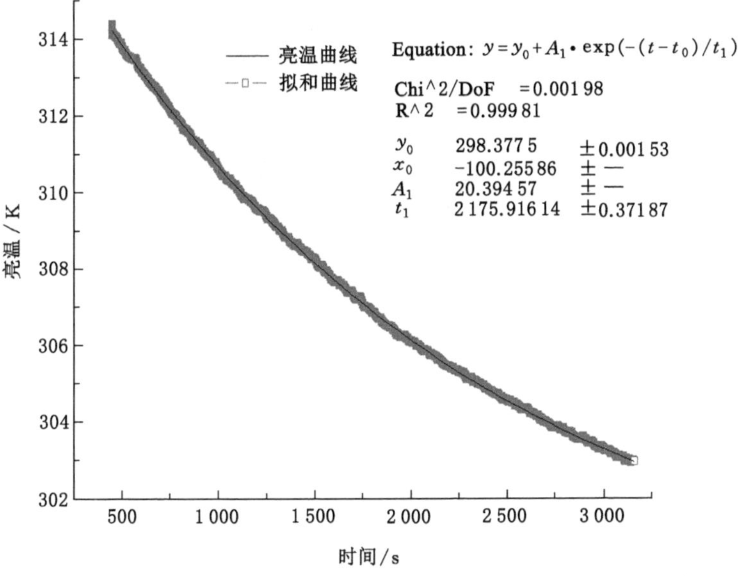

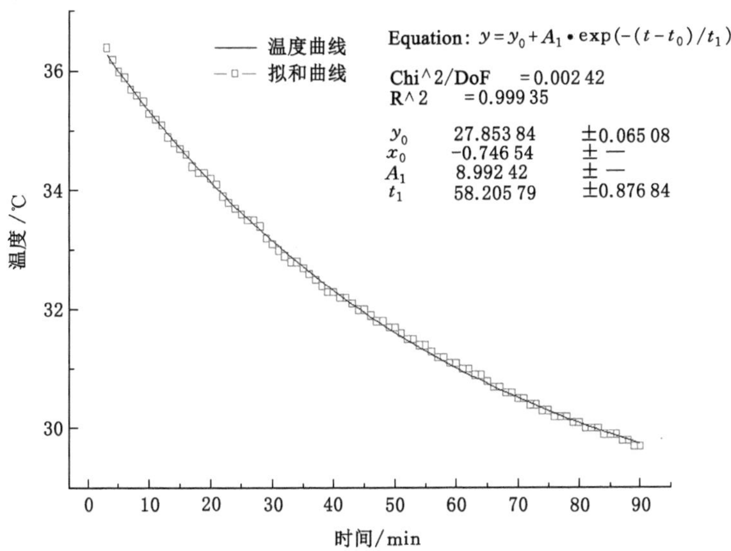

图 3-46 砚北煤样降温过程亮温变化趋势

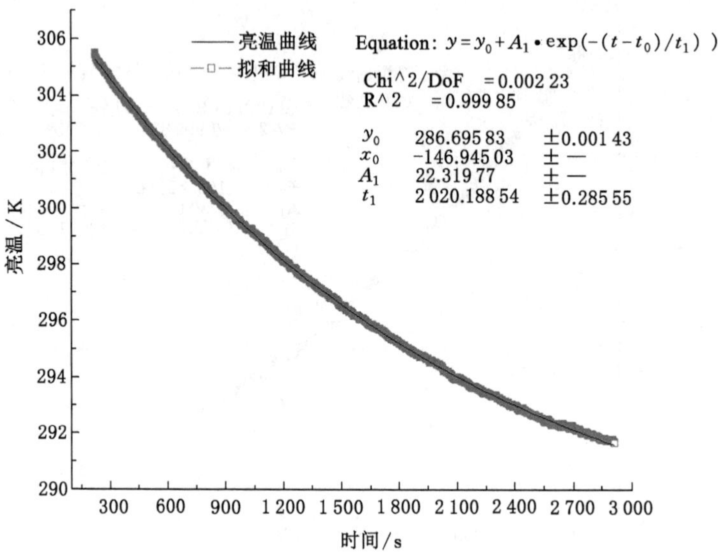

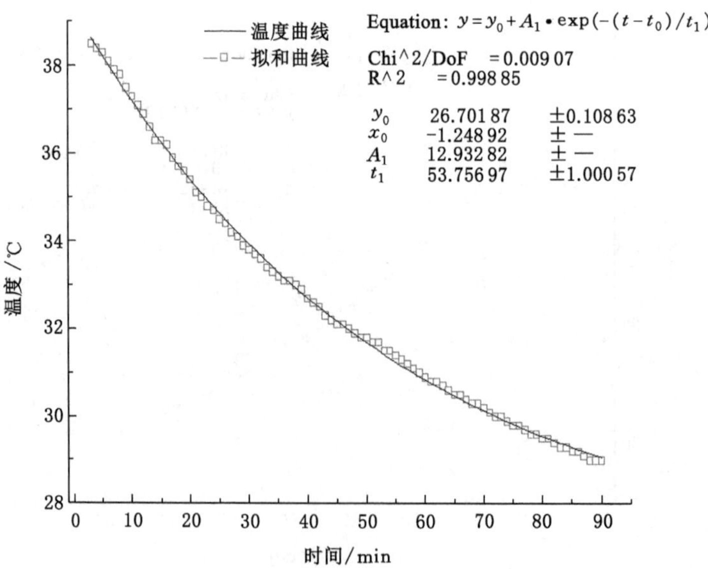

图 3-47 同家梁煤样降温过程亮温变化趋势

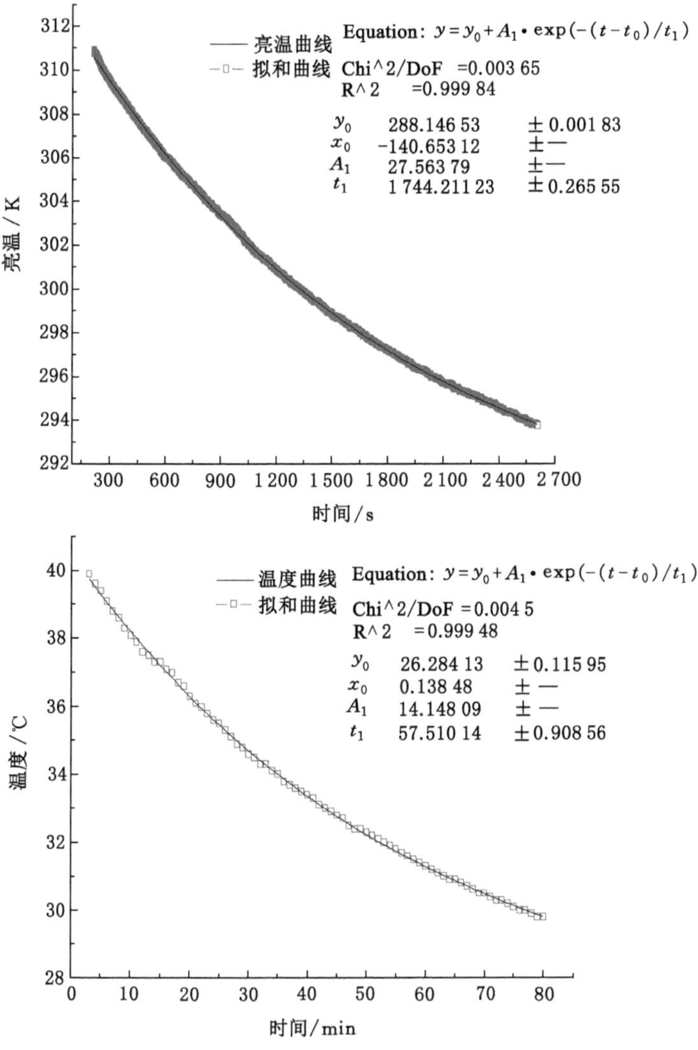

图 3-48　忻州窑煤样降温过程亮温变化趋势

对图 3-46 中的亮温-时间和温度-时间进行拟合，拟合结果如表 3-4 所示。

表 3-4　拟合结果表

	拟合公式	R^2
亮温-时间	$B=298.3+20.4\times\exp(-(t+100.3)/2\,175.9)$	0.999 81
温度-时间	$T=27.8+9.0\times\exp(-(t+0.02)/0.6)$	0.999 35

对图 3-47 中的亮温-时间和温度-时间进行拟合，拟合结果如表 3-5 所示。

表 3-5　拟合结果表

	拟合公式	R^2
亮温-时间	$B=286.7+22.3\times\exp(-(t+146.9)/2\,020.2)$	0.999 85
温度-时间	$T=26.7+12.9\times\exp(-2\times(t+0.02))$	0.998 85

对图 3-48 中的亮温-时间和温度-时间进行拟合，拟合结果如表 3-6 所示。

表 3-6　拟合结果表

	拟合公式	R^2
亮温-时间	$B=288.1+27.5\times\exp(-(t+140.7)/1\,744.2)$	0.999 84
温度-时间	$T=26.3+14.1\times\exp(-(t+0.01)/0.6)$	0.999 48

由实验结果和拟合结果可知，针对 5 个矿区的 18 块试样，无论是 6.6 GHz 或 10.6 GHz 的微波辐射计，还是亮温-时间或温度-时间，其曲线都符合负指数关系，无一例外，且拟合精度较高。

由第 2 章的瑞利-金斯公式可知，黑体的微波辐射功率与其温度的 1 次方成正比。而对于此公式来说，一般物体的辐射亮度只要在黑体的相应公式中加上发射率即可，但是发射率是随温度变化的，一定温度对应相应的发射率。这样的话公式中就存在两个变量即：发射率和温度，二者具体影响物体微波辐射的关系不明确。因此，本书通过上述拟合公式推理，推导出亮温-温度的关系为

$$B=k_1(k_2T-b)^a+c \tag{3-2}$$

式中，B 表示亮温，T 表示温度，k_1、k_2、b、a、c 为常数。由此可以看出微波辐射与温度的关系为幂指数关系。

3.3.3　受载煤体破坏过程中微波辐射前兆规律实验

以邓明德、耿乃光和崔承禹为首的一批学者对花岗岩、砂岩和大理岩等 26 种地壳岩石以及 4 种标号的混凝土在单轴加载过程中的红外辐射和微波辐射规律进行了实验研究，做了一些非常有意义的工作。吴立新等对煤岩、大理岩和石灰岩等 6 种岩石在单轴压缩、压剪和摩擦滑动加载过程中的红外辐射进行了实验研究，得出了一些有益的结果。那么对于煤这种特殊的沉积岩而言，在受载破坏过程中是不是也会产生微波辐射？首先要进行可行性实验，如果实验证明这一想法确实可行，那么接下来就要做大量的实验来找出受载煤岩微波辐射特性

的规律。

3.3.3.1 受载煤体破裂过程产生微波辐射可行性实验

受载煤体单轴压缩产生微波辐射的可行性实验地点选在中科院空间中心遥感所微波暗室内进行，实验仪器分别采用自制铁架、带有压力表的千斤顶、6.6 GHz的微波辐射计和液氮箱，以液氮箱作为受载煤体的背景，使用微机对微波辐射数据进行实时采集。实验实物图如图 3-49 所示。通过对 10 块煤样和 9 块岩样进行人工加载的单轴压缩破坏实验，充分证明了受载煤岩试样在其变形破裂的过程中能产生微波辐射效应。

图 3-49 受载煤岩微波辐射可行性实验实物图

单轴实验试样参数如表 3-7 所示，其受载过程微波辐射特性曲线如图 3-50 和图 3-51 所示。实验结果表明，在煤岩试样单轴压缩过程中，随着载荷的增加，其微波辐射特性曲线主要有两种类型：一种是随载荷增加上升类型的；一种是随载荷增加下降类型的。

表 3-7 单轴压缩实验参数

图号	取样地点	试件尺寸	频段/GHz
3-50	忻州窑矿 8506 工作面	48 mm×50 mm×98 mm	6.6
3-51	砚北矿 250205上	ϕ50 mm×100 mm	6.6

由图 3-50 和图 3-51 可知，煤岩体在加载过程中，由于发生了变形、破裂直

至破坏而产生了微波辐射特性，且微波辐射变化幅度较大。在图 3-50 中，煤体从加载初期的 253.67 K 上升到 266.93 K，上升幅度高达 13.26 K；破坏后由于天线直接朝向液氮，所以微波辐射急剧下降。在图 3-51 中，煤体从加载开始的 272.89 K 下降到 265.47 K，微波辐射变化幅度高达 7.42 K。因此，可以确定煤岩体在受载发生变形破坏过程中确实能产生微波辐射效应。

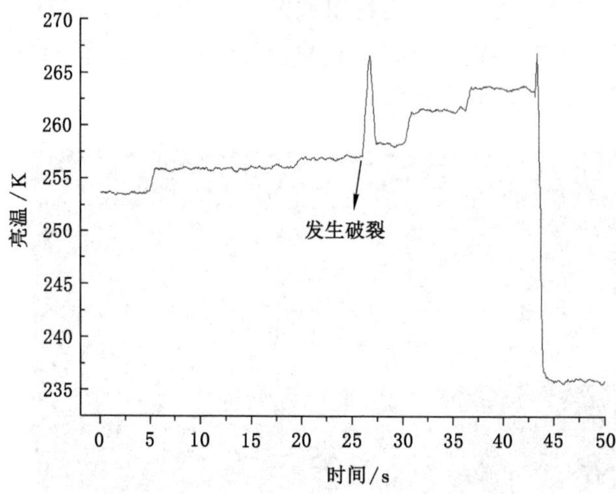

图 3-50　忻州窑矿 8506 工作面煤样单轴压缩过程的微波辐射前兆规律

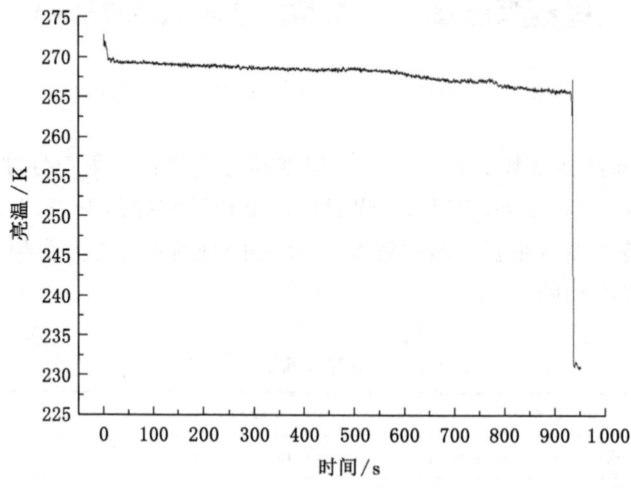

图 3-51　砚北矿 250205 上煤样单轴压缩过程的微波辐射前兆规律

3.3.3.2 煤体单轴压缩微波辐射规律实验结果

煤体单轴压缩产生微波辐射规律的实验地点选在中国矿业大学煤岩电磁辐射课题组的电磁屏蔽室内进行。实验仪器分别采用 3.1.1.4 中的加载系统，6.6 GHz和 10.6 GHz 的微波辐射计以及采集微机。通过对 47 块自然煤体进行单轴压缩破坏过程中微波辐射规律的测试实验，证实了煤体在单轴压缩破坏过程中能产生微波辐射特性，且随应力的变化具有不同的规律和不同的破裂前兆类型。

(1) 单轴压缩受载煤体在 6.6 GHz 频段时的微波辐射规律

在单轴压缩条件下，受载煤体在 6.6 GHz 频段时的微波辐射特性及出现预示煤体破坏的前兆主要表现为下面三种类型。

第一种类型：从总体来看，受载煤体破坏前亮温曲线呈不对称的“凸”型。在加载初期，受载煤体的亮温曲线呈现上升趋势；随着压力增大煤体的亮温曲线会从“凸”型曲线的最高点开始下降，直至受载煤体发生破坏失稳。实验参数见表 3-8，典型的实验结果见图 3-52。

表 3-8 单轴压缩实验参数

图号	煤样地点	试件尺寸/mm	频段/GHz	加载速率/(mm/min)
3-52	大同煤峪口矿 8907 工作面	$\phi 50\times 100$	6.6	1.5

图 3-52 为大同煤峪口矿煤体单轴压缩微波辐射特性实验结果，表明了煤体在破坏过程中能产生微波辐射。由图可知，在加载初期，随着压力的增加，亮温以较小的波动形式增加，在 30 s 左右有一个小幅度的降低；随后就以波动形式开始上升，在 77 s 达到亮温最大值 291.2 K，在此期间，受载煤体发出轻微的破裂声；之后亮温就开始下降，下降期间，微破裂声不断，但煤体表面没有碎块崩出；在 95 s 左右亮温值有一个突降，由压力-时间图上可知，此时是弹性阶段与裂纹稳定扩展阶段的过渡阶段；在 105 s 到 180 s 之间，虽然压力在不断增加，但是亮温值保持在 290 K 左右波动；在 180 s 后，煤体的中部一小区域不断崩出碎块，同时亮温有了 2.1 K 的突降，紧接着突升后又突降，在 254 s 时亮温达到了最低值 288.4 K 的；在 259 s 时发生了一个应力跌落，煤体侧面由于“压杆失稳”有一块煤条折断，完全失去承载能力，亮温值也升到 289.4 K。随着压力继续增加，煤体失稳破坏，亮温值有一个 0.8 K 的降幅。这一类型在煤体单轴压缩条件下出现的概率较多。

从总体上来看，在煤体破坏过程中，亮温曲线随时间呈现先上升后下降趋势，并且变化幅度较大，把对于载荷曲线反应灵敏的亮温曲线段称为监测的“灵

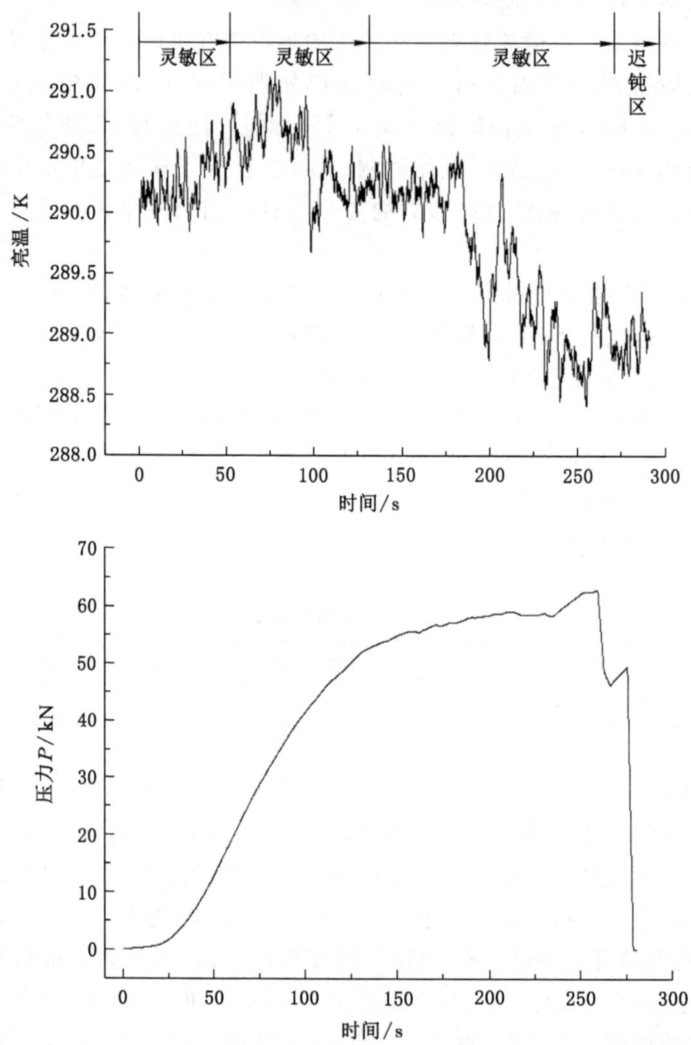

图 3-52　8907 工作面煤样单轴压缩过程的微波辐射前兆规律

敏区”,灵敏区的亮温变化值一般情况下要大于 0.5 K;亮温曲线变化不大的区段称为监测的“迟钝区”,迟钝区的亮温变化值一般要小于 0.5 K,并且在图中标出,以便在第 4.5 节中进行分析。

第二种类型:随着加载压力的增加,煤体的亮温呈现下降趋势;在加载后期,亮温曲线形成比加载初期较大的起伏波动,煤体发生破坏时,亮温曲线发生突升。实验参数见表 3-9,典型的实验结果见图 3-53。

表 3-9　单轴压缩实验参数

图号	煤样地点	试件尺寸/mm	频段/GHz	加载速率/(mm/min)
3-53	大同忻州窑 8506 工作面	ϕ50×100	6.6	2

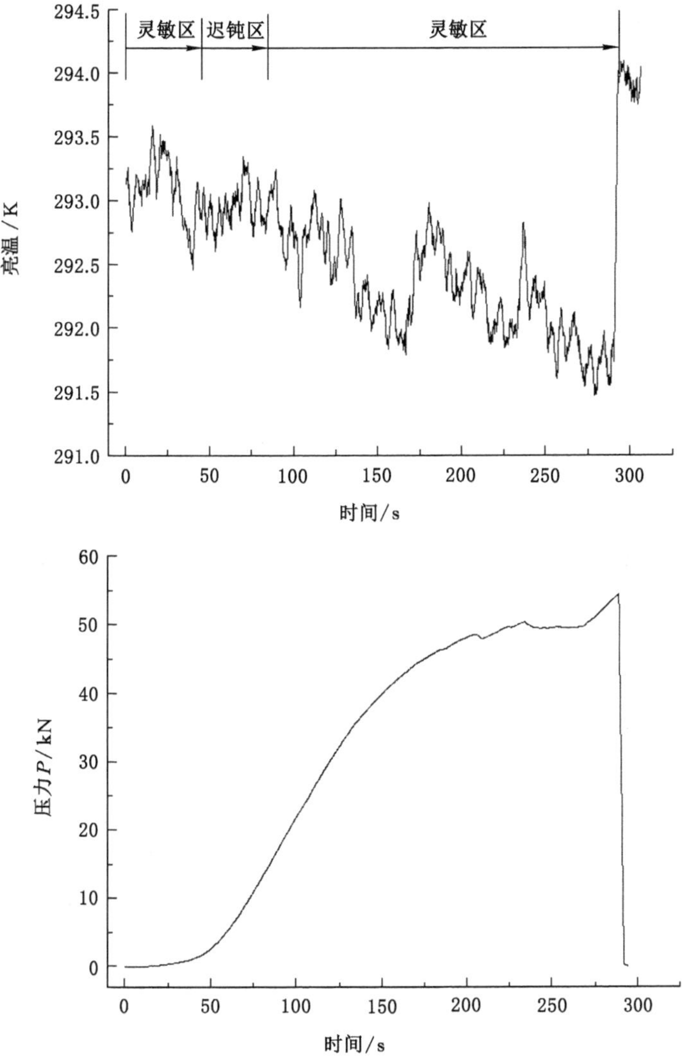

图 3-53　8506 工作面煤样单轴压缩过程的微波辐射前兆规律

图 3-53 为忻州窑矿东 8506 工作面煤体单轴压缩微波辐射特性实验结果，

表明了煤体在破坏过程中能产生微波辐射。由图可知,在加载初期,煤体内主要以压密和弹性阶段为主,但也有轻微的破裂声,亮温以较为缓和的波动形式不断下降。当达到破坏压力的86%时(在167 s以后),受载煤体发出了不间断地劈裂声,并有碎煤块崩出,亮温也有了较大的波动幅度,亮温变化值达到了1 K,而总的趋势依然是下降;发生破坏时压力突降,煤体最终炸裂,亮温则发生突升,突升幅度达到了2.5 K。

总体上来看,在煤体破坏前,载荷曲线和亮温曲线随时间呈现下降趋势,且变化幅度较大;煤体破坏时,亮温发生突升,突升的原因可能是煤体炸裂的破坏瞬间会产生大量热辐射。

第三种类型:从总体来看,受载煤体破坏前亮温曲线呈现上升趋势。在加载初期,受载煤体的亮温曲线近似水平得上升,随着压力的增加,上升趋势略为增大;在煤体发生失稳的瞬间,亮温曲线有一个突升。实验参数见表3-10,典型的实验结果见图3-54。

表3-10 单轴压缩实验参数

图号	煤样地点	试件尺寸/mm	频段/GHz	加载速率/(mm/min)
3-54	大同同家梁307工作面	ϕ50×100	6.6	2

图3-54为同家梁307煤体单轴压缩微波辐射特性实验结果,表明了煤体在破坏过程中能产生微波辐射。从图上可知,在加载初期,亮温呈增长趋势,在17~31 s之间有0.4 K的波动,随后增长很和缓,近似倾斜直线;随着压力的增加,在85~92 s之间有0.7 K的突升,从应力图上看,这一突升预示着压密阶段向弹性阶段的转变。随着压力的增加,亮温曲线继续增长,总的增长趋势也增加,即:亮温曲线的近似直线的斜率变大;在250 s以后,亮温曲线的波动幅度较大,随后保持着近似稳定的幅度波动,近似于恒载实验的结果,此时煤体的变形速率很低,类似于声发射和电磁辐射监测煤岩破坏前的相对沉寂,把它称之为"平静区",并标注于图上,以便在第4.5节中分析。继续加载,煤体发生失稳破坏,亮温值也增加了1.9 K。

(2) 单轴压缩受载煤体在10.6 GHz频段时的微波辐射规律

在单轴压缩条件下,受载煤体在10.6 GHz频段时的微波辐射特性及出现预示煤体破坏的前兆主要有两种类型。

第一种类型:亮温曲线随着加载压力的增大呈减少趋势,在煤体发生破坏前,有一小段时间亮温基本保持不变,继续加载,煤体将破坏,亮温发生突升。实验参数见表3-11,典型的实验结果见图3-55。

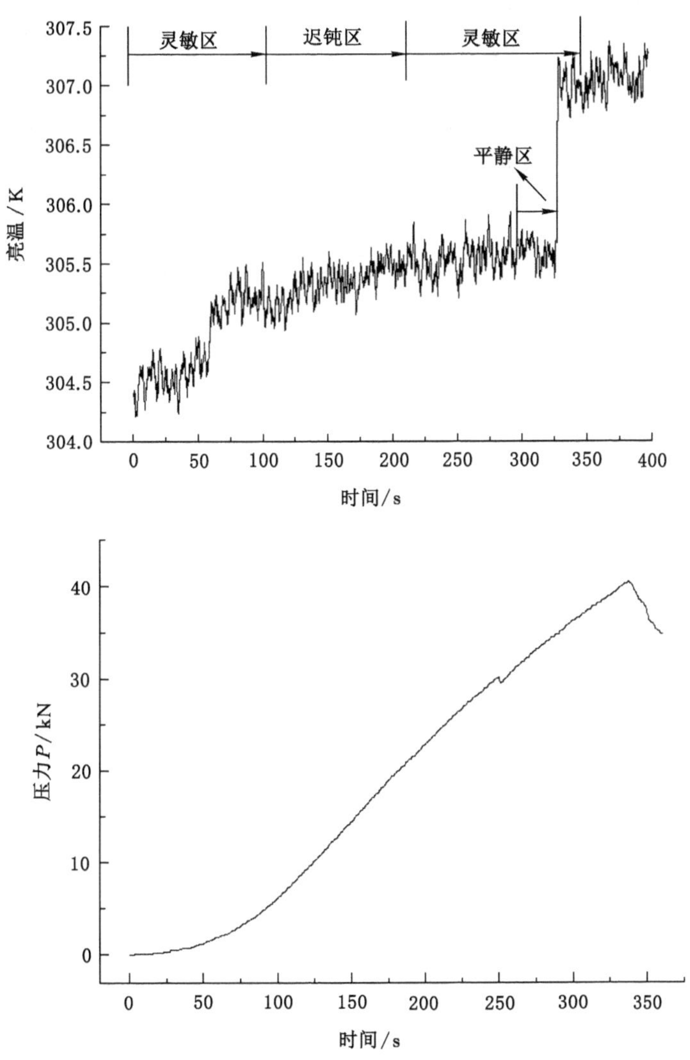

图 3-54 307 工作面煤样单轴压缩过程的微波辐射前兆规律

表 3-11 单轴压缩实验参数

图号	煤样地点	试件尺寸/mm	频段/GHz	加载速率/(mm/min)
3-55	砚北矿 250205 下工作面	ϕ50×100	10.6	3

图 3-55 为砚北矿 250205 下煤体单轴压缩微波辐射特性实验结果,表明了煤体在破坏过程中能产生微波辐射。从图上可知,在加载初期,随着加载压力的

增加，亮温值先有 0.4 K 幅度的上升，然后从 324.65 K 开始下降。继续加载到 36 s时，亮温曲线开始以近似“小台阶”式下降，不间断的小台阶下降后又形成了大台阶下降。在煤体破坏前的 21 s 中，亮温曲线基本保持在 323.7 K，幅度波动值小于 0.4 K，这相当于受载煤岩破坏前声发射和电磁辐射的平静区。继续加载，亮温曲线有一个 0.5 K 的下降后，煤体发生破坏，亮温曲线突升。

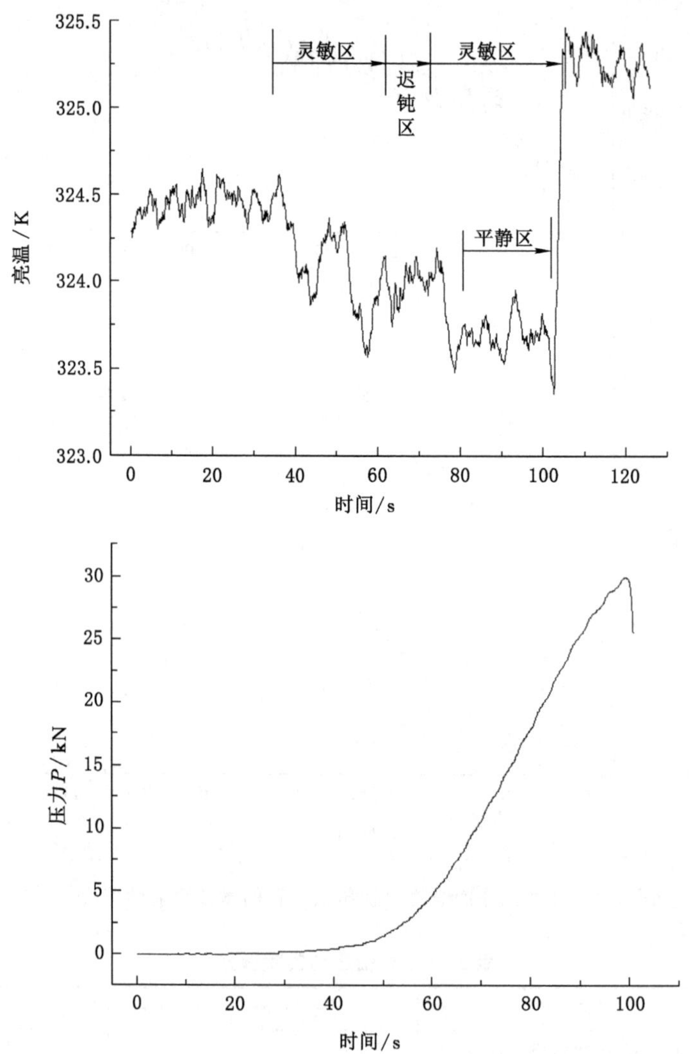

图 3-55　砚北 250205 下工作面煤样单轴压缩过程的微波辐射前兆规律

第二种类型:总体上看,亮温曲线随着加载压力的增加而增加。在加载初期,亮温曲线随压力近似呈直线增长;在接近煤体破坏的前一段时间,亮温有一波动起伏,然后亮温值在近似保持一定值后,煤体发生破坏,亮温曲线突升。实验参数见表 3-12,典型的实验结果见图 3-56。

表 3-12　单轴压缩实验参数

图号	煤样地点	试件尺寸/mm	频段/GHz	加载速率/(mm/min)
3-56	大同忻州窑 8506 工作面	$\phi 50\times100$	10.6	1

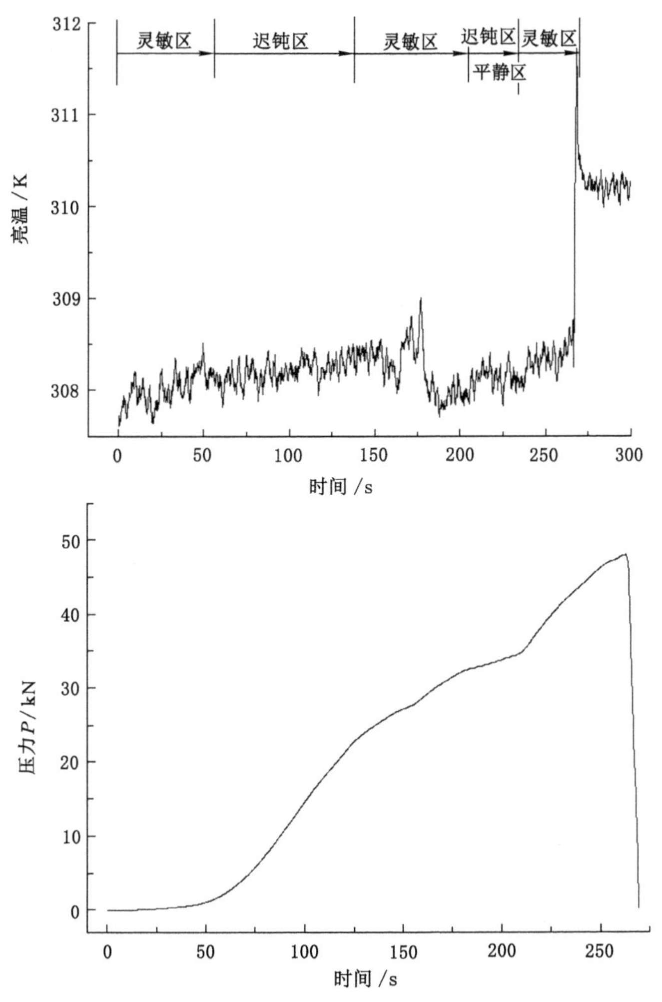

图 3-56　8506 工作面煤样单轴压缩过程的微波辐射前兆规律

图 3-56 为同煤忻州窑 8506 煤体单轴压缩微波辐射特性实验结果，表明了煤体在单轴压缩破坏过程中能产生微波辐射。在加载初期，亮温曲线随着压力的增加以近似斜率等于 0.2 的直线增加，在前 63 s 内的压密阶段，亮温曲线波动较大，在 63 s 到 163 s 之间，亮温曲线波动性就很小；在应力增加到 163 s 后，亮温曲线开始以较大幅度上升，上升幅度达到 1 K，而此时受载煤体无可见的破裂或未发出劈裂声，有可能是积聚了一定的能量后释放造成的。增加到最大值随后就开始下降，从 309 K 下降至 307.7 K 后又开始上升，此时煤体内发出了破裂声。在 209 s 时改变加载速率为 2 mm/min，亮温曲线继续上升，且上升斜率增加；继续加载直至煤体破坏，亮温值突升，上升幅度为 3.5 K。

3.3.3.3　煤体劈裂拉伸微波辐射规律实验结果

岩石的抗拉强度是一个非常重要的力学指标。地下工程围岩常处于复杂的应力状态，有的部位处于压缩应力状态，有的地方处于拉伸应力状态，由于岩石材料的抗拉强度远低于抗压强度，所以围岩总是从拉应力区开始破坏。在煤矿井下巷道、硐室的失稳问题中经常出现此类低载荷下破坏的现象。因此，研究煤体在拉伸破坏下的微波辐射特性对于预测预报巷道、硐室稳定性等问题具有十分重要的意义。

(1) 劈裂拉伸受载煤体在 10.6 GHz 频段时的微波辐射规律

在劈裂拉伸条件下，受载煤体在 10.6 GHz 频段时的微波辐射特性及出现预示煤体破坏的前兆主要有两种类型。

第一种类型：从总体上看，受载煤体的亮温随着加载压力的增加而增加，煤体破坏失稳时，亮温值发生突升。其实验参数见表 3-13，典型的实验结果见图 3-57。

表 3-13　劈裂拉伸实验参数

图号	煤样地点	试件尺寸/mm	频段/GHz	加载速率/(mm/min)
3-57	大同忻州窑 8506 工作面	$\phi 50\times 47$	10.6	1.5

图 3-57 为同煤忻州窑 8506 煤体劈裂拉伸过程中微波辐射特性实验结果，表明了煤体在劈裂拉伸破坏过程中能产生微波辐射。从加载开始的前 14 s 内，处于压密阶段，亮温值从初始值的 304.4 K 上升到 304.9 K，且曲线有较大波动；在 14 s 至 23 s 之间，处于弹性阶段，亮温值继续上升，但是其起伏性很小；在 23 s后，煤体内开始微裂纹发展阶段，在此期间尽管载荷值达到最大值 6 kN，但亮温曲线变化不大，依然保持上升态势，且波动起伏性比弹性阶段和压密阶段都要大，到达 52 s 时，煤体发生失稳性破坏，这时亮温值发生突升，从 305.6 K 变化

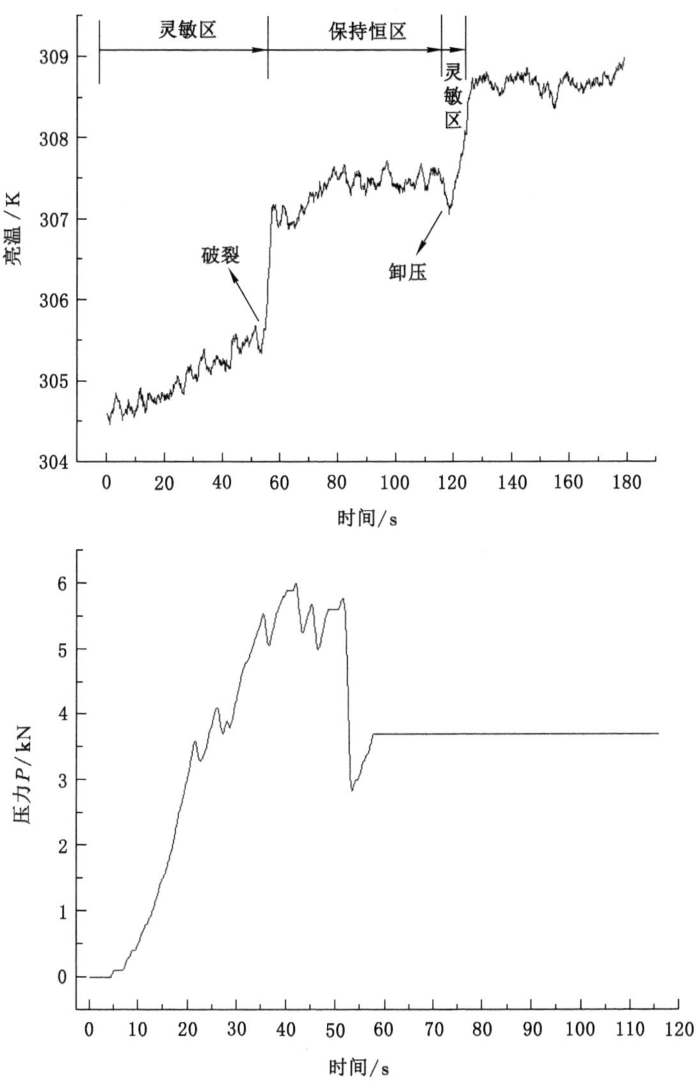

图 3-57　8506 工作面煤样拉伸过程的微波辐射前兆规律

到 307.2 K。保持压力不变 58 s,亮温曲线也近似保持直线,在 116 s 进行卸压,这时亮温曲线有 1.4 K 的上升。

第二种类型:从总体上看,受载煤体的亮温随着加载压力的增加而减少。其实验参数见表 3-14,典型的实验结果见图 3-58。

表 3-14　劈裂拉伸实验参数

图号	煤样地点	试件尺寸/mm	频段/GHz	加载速率/(mm/min)
3-58	大同同家梁 307 工作面	ϕ49×46	10.6	1

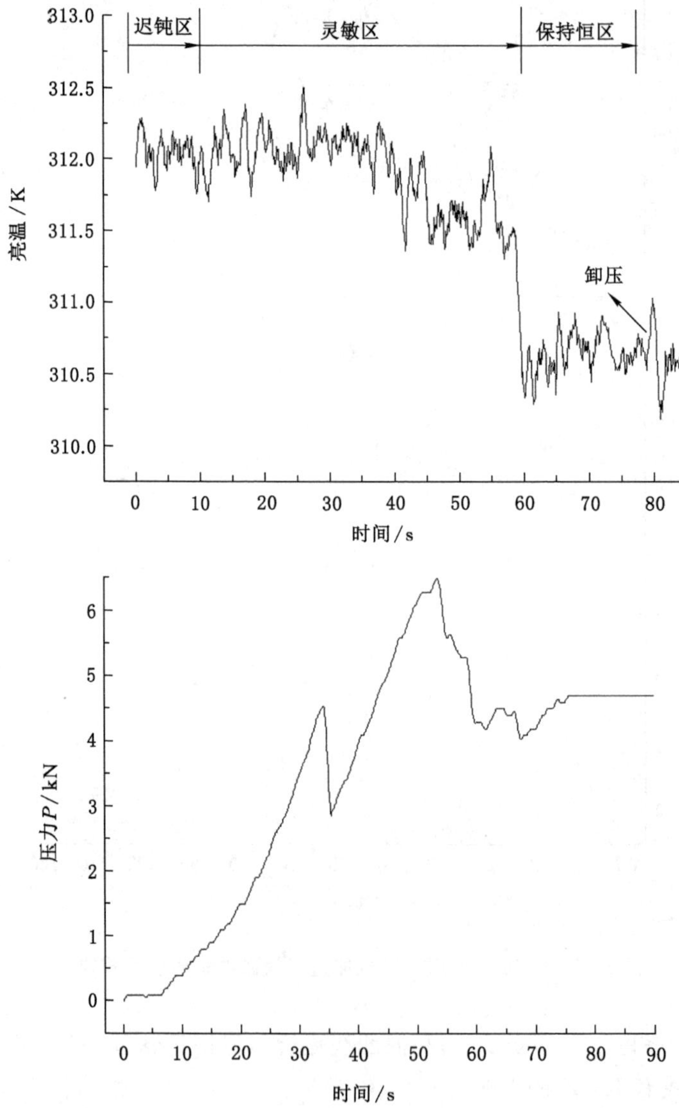

图 3-58　307 工作面煤样拉伸过程的微波辐射前兆规律

图 3-58 为同家梁 307 煤体劈裂拉伸过程微波辐射特性实验结果，表明了煤体在劈裂拉伸破坏过程中能产生微波辐射。在加载初期，受载煤体的亮温曲线先有微小的下降然后上升，从初始值的 311.9 K 下降到 311.7 K，紧接着上升到 312.5 K；继续加载，亮温值开始下降。虽然在 33 s 时，煤体发生了一次小破裂，存在 1.4 kN 的应力降，但是在亮温曲线上没有相应的变化。在加载后期，亮温值随着压力的增加而呈现阶梯状下降，且波动幅度变大，亮温值下降也变大，幅度值为 0.8 K；在 51 s 至 55 s 期间，载荷达到最大值，煤体从垂直中部发生劈裂破坏，随后其水平中部被拉断，煤体发生破坏，亮温曲线则突降，且突降两次，变化幅度达 1.5 K；继续加载，亮温曲线变化不大。在停止加载 14 s 后对煤体进行卸压，此时亮温曲线从 310.1 K 下降至 311.0 K，降幅为 0.9 K。

值得一提的是，在劈裂拉伸实验中，某些煤体在加载初期，亮温曲线并没有如图 3-58 中前 38 s 的一段浮动变化，而是直接呈现下降趋势。

(2) 劈裂拉伸受载煤体在 6.6 GHz 频段时的微波辐射规律

在相同实验条件下，受载煤体在 6.6 GHz 频段时的微波辐射特性及出现预示煤体破坏的前兆主要有两种类型。

第一种类型：总体上讲，亮温曲线随着载荷的增加而逐渐减小，在亮温值达到最低点时煤体发生破坏，亮温值突升。在压力机卸压时，亮温曲线下降。其实验参数见表 3-15，典型的实验结果见图 3-59。

表 3-15　劈裂拉伸实验参数

图号	煤样地点	试件尺寸/mm	频段/GHz	加载速率/(mm/min)
3-59	大同忻州窑 8927 工作面	$\phi 49 \times 27$	6.6	0.5

图 3-59 为同煤忻州窑 8927 煤体劈裂拉伸过程中微波辐射特性实验结果，表明了煤体在劈裂拉伸破坏过程中能产生微波辐射。从图上可看出，在加载过程的前 25 s，亮温曲线以最大 0.4 K 的幅度波动变化；25 s 以后，受载煤体则间断地发出破裂声，亮温曲线则以波动起伏的形式下降；继续加载，亮温值继续下降，当煤体强度达到峰值，亮温值也达到最低值，从最初的 281.8 K 下降到 280.7 K，下降幅度达到 1.1 K，。在加载时间到达 116 s 时，煤体发生破坏，亮温值发生了突升，从 280.7 K 升至 281.8 K，上升幅度为 1.1 K。在继续保持载荷 12 s 后，对煤体进行卸载，而亮温值从 282.2 K 降至 281.1 K，下降幅度达到 1.1 K。由图中可知，在临近煤体发生破坏前的 15 s 内，亮温值基本保持在 280.8 K左右，出现了破坏前的平静区现象。

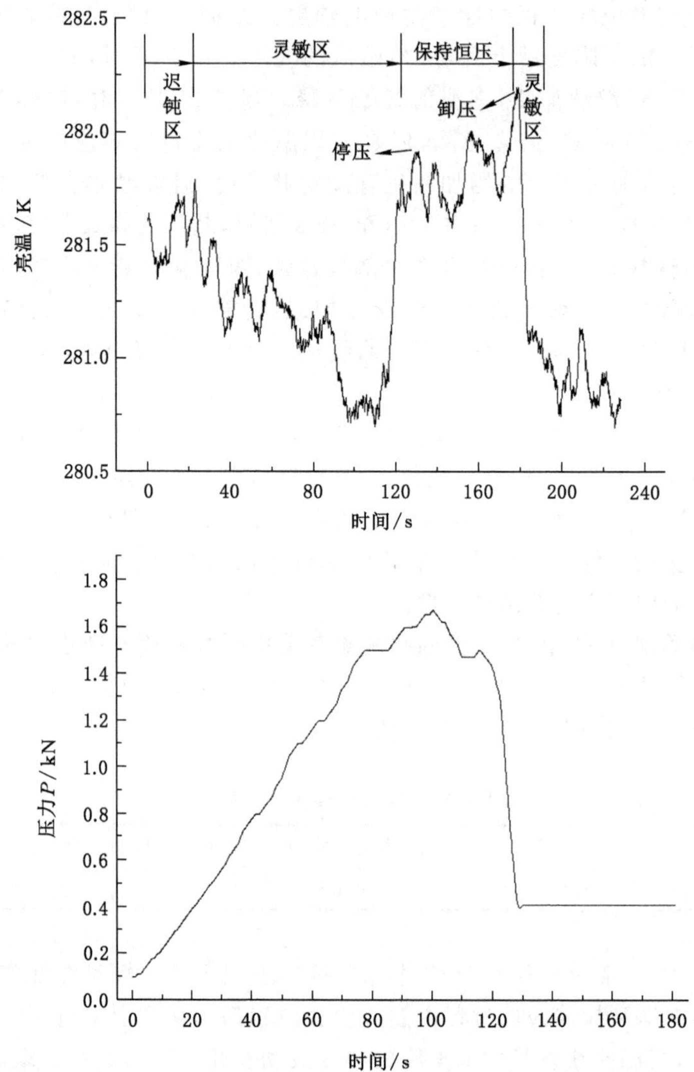

图 3-59　8927 工作面煤样拉伸过程的微波辐射前兆规律

第二种类型：总体上讲，亮温曲线随着载荷的增加而逐渐增加，在载荷值达到最高点前，亮温值不断地上升。在压力机卸压时，亮温曲线下降。其实验参数见表 3-16，典型的实验结果见图 3-60。

表 3-16　劈裂拉伸实验参数

图号	煤样地点	试件尺寸/mm	频段/GHz	加载速率/(mm/min)
3-60	鹤岗 273 工作面	$\phi51\times24$	6.6	0.5

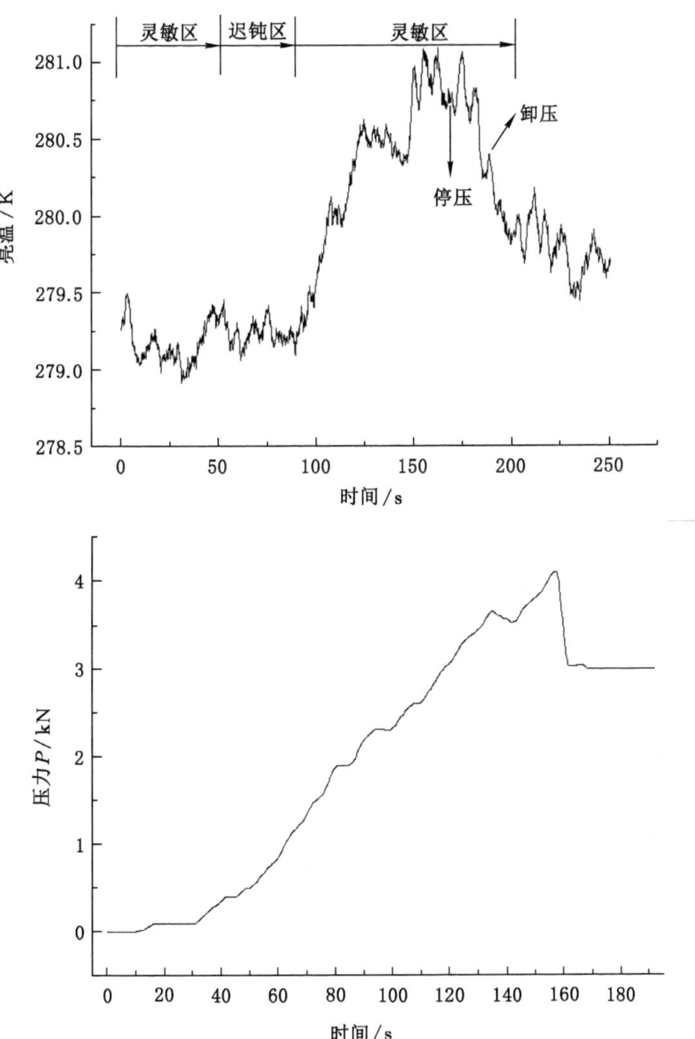

图 3-60　273 工作面煤样拉伸过程的微波辐射前兆规律

图 3-60 为鹤岗 273 煤体劈裂拉伸过程中波辐射特性实验结果，表明了煤体在劈裂拉伸破坏过程中能产生微波辐射。从图上可看出，在加载前期，亮温曲线先下降然后上升，最大起伏幅度为 0.6 K；接着基本保持在一稳定亮温值 279.2 K；在 89 s 以后，受载煤体的左侧面有一片失去承载能力，亮温曲线则以陡直线的形式上升，从 279.1 K 上升至 280.6 K，上升幅度为 1.5 K；此时受载煤体的右侧面发生破坏，亮温值下降到 280.39 K 后又上升至 280.9 K。继续加载，在 162 s 受载煤体发生破坏，而此时亮温曲线并没有太大变化，只是在原有基础上上升至 280.97 K，变化幅度为 0.4 K。7 s 后对受载煤体进行卸载，亮温值从 280.8 K 降至 279.9 K，下降幅度达到 0.9 K。

在上述两个典型实验结果中，对受载煤体进行卸载时，亮温值都呈下降趋势。而在实际实验中，也有卸载时亮温值呈上升趋势的，但是以下降趋势为多。

3.3.4 受载煤体破坏过程中微波辐射前兆规律

上述实验研究表明，不论是单轴压缩实验还是劈裂拉伸实验，煤岩在破坏过程中及临破坏前都存在着微波辐射前兆，总体来看，前兆的形式不尽相同，归纳起来主要有三大类型：先下降后上升类型、先上升后下降类型和上升加快类型。通过对第 3 章实验的峰值载荷和从加压开始到破坏前(不包括破裂瞬间)的一段时间内的最大亮温变化值进行总结，得到如表 3-17 所示的结果。从表 3-17 可知，受载煤体劈裂拉伸实验的微波辐射特性的亮温变化值与单轴压缩实验的亮温变化值相差不大，二者的效果都比较好。而吴立新等学者研究岩石在单轴压缩条件下的红外辐射特性的结果表明，岩石在峰值应力前无论是最高辐射温度还是平均红外辐射温度，其变化都不大，一般只为 0.1 ℃～0.3 ℃，最高辐射温度的突升只发生在岩石的破裂瞬间。因此，实验结果表明，受载煤体的微波辐射特性要明显好于其红外辐射特性，这与邓明德等学者的实验结果是一致的。因此，利用受载煤体变形破坏过程中的这一微波辐射前兆特性预测预报煤岩动力灾害的发生更具有优越性。

表 3-17 受载煤体峰值载荷与最大亮温变化的关系

序号	取样地点	频段/GHz	劈裂拉伸强度/kN	单轴抗压强度/kN	最大亮温变化值/K
1	煤峪口 8907	6.6	—	62.9	2.7
2	忻州窑 8506	6.6	—	54.5	2.1
3	同家梁 307	6.6	—	40.6	1.4
4	砚北 250205	10.6	—	30	1.3
5	忻州窑 8506	10.6	—	48.1	1.4
6	忻州窑 8506	10.6	6	—	1.2

表 3-17(续)

序号	取样地点	频段/GHz	劈裂拉伸强度/kN	单轴抗压强度/kN	最大亮温变化值/K
7	同家梁 307	10.6	6.5	—	1.8
8	忻州窑 8927	6.6	1.7	—	1.1
9	鹤岗 273	6.6	4.1	—	2.2

此外，从实验结果可知，6.6 GHz 频段的微波辐射特性要好于 10.6 GHz，也就是说 6.6 GHz 的微波辐射计更适于监测煤岩体的变形破坏过程，以期达到预测预报煤岩动力灾害的发生。

劈裂拉伸实验产生微波辐射特性的结果充分说明了煤岩体在拉应力条件下变形破坏的过程中拉张裂隙同样能产生微波辐射，其亮温曲线具有上升和下降两种变化趋势。邓明德等[12]在进行碱性花岗岩受力状态温度变化的实验时，也发现岩石试件在发生张性破裂过程中能使试件的温度上升，并证明试件温度随应力变化与试件所处的形变阶段的关系很密切。而吴立新等学者在研究混凝土的平均红外辐射温度(AIRT)曲线时认为，在压缩情况下，AIRT-time 曲线呈上升趋势；在拉伸情况下，由于破裂面间不发生摩擦热特性，且破裂体积发生膨胀而产生吸热的热弹特性，因此，AIRT-time 曲线呈下降变化趋势。

从亮温-时间和压力-时间曲线来看，在单轴压缩加载过程中，亮温曲线并不是严格按照压力曲线的变化而变化，即：二者不存在严格对应关系，也就是说，应力的一些变化在亮温曲线上没有反映出来。但是，总体来看，受载煤体的亮温曲线与压力曲线存在着不太严格的对应关系。而煤体在劈裂拉伸条件下，由于其破坏形式的单一性导致加载过程中应力变化形式的简单，因此其亮温曲线与压力曲线对应关系较好。

3.4　实验中异常现象的解释

在进行受载煤岩微波辐射规律的实验过程中，发现了 3 个比较有意义的现象值得探讨研究一下。第 1 个现象是亮温曲线的波动性；第 2 个是亮温曲线的连续下降现象；第 3 个是在劈裂拉伸实验中卸载过程中亮温曲线的上升或下降现象。

3.4.1　受载煤体亮温曲线波动性的解释

从受载煤岩微波辐射实验结果的曲线来看，图中曲线都存在着一定程度的波动性。作者认为有两方面：一是由于煤体内含有节理裂隙等不均匀性结构造成的；二是煤体不断积累能量、释放能量的过程。当积累能量时亮温曲线就上升，积累到一定程度，达到煤体内某些弱结构的强度后就会释放能量，释放能量时亮温曲线就下降；而这些能量相对受载煤体的整个能量而言是比较小的。同时，这也证实了非均质材料-煤岩加载过程中的微波辐射特性的复杂性。

另外，从微观角度来讲，介质分子吸收机械能而跃迁到较高能级态，而处于激发态的分子是十分不稳定的，一般在 10^{-8} s 内就要向基态转化，或者与其他分子碰撞，将能量传递给它而不产生电磁辐射，或者向下跃迁到一个较低的能级，向外发射微波辐射。这样，在介质持续受载的过程中，其分子将进行“跃迁到激发态-转化基态（或传递能量）”的循环运动。因此，这样将导致微波辐射亮温曲线的波动性。

3.4.2 受载煤体亮温曲线连续下降的解释

按照常规的思路，受载煤体在变形破坏过程中，由于压力机对煤体做功并将一部分机械能转化为煤岩内能，故受载煤岩在变形破裂过程中应该是个升温过程，向外进行热辐射，而在实际实验过程中，包括邓明德、耿乃光和崔承禹等学者的受载岩石的微波辐射和红外辐射规律实验，吴立新和刘善军等学者的受载煤岩的红外辐射规律实验以及笔者等人的受载煤岩的微波辐射规律实验都存在AIRT 曲线或亮温曲线下降的现象。邓明德等学者认为这是一种岩石破裂的前兆类型，对此没有作出解释；而吴立新等学者认为：岩石表面的 AIRT 在拉伸条件下呈下降趋势；另外，岩石内部孔隙气体突然大量溢出时吸收能量，也会引起试块温度降低。

针对此反常规现象，可以从三方面来进行解释。首先，从能量的角度出发来研究此问题。煤体在应力作用下产生耗散热的同时，还不断向环境中释放热量和从外界吸收热量，此时煤体温度的变化速率由下式决定[113]：

$$\dot{T} = (\dot{E}_d + \dot{Q}_a - \dot{Q}_r)/C \tag{3-3}$$

式中，$\dot{T}$ 为温度变化率；$\dot{E}_d$ 为耗散热能积累速率；$\dot{Q}_a$ 和 $\dot{Q}_r$ 分别为煤体介质吸热和放热速率；C 为煤体介质的热容量。当煤体的释热速率 $\dot{Q}_r$ 大于耗散热能积累速率 $\dot{E}_d$ 和吸热速率 $\dot{Q}_a$ 之和时，煤体的温度不但不会上升，反而会出现下降现象。由于实验并不是在绝热情况下进行的。因此，当耗散热产生速率小于煤岩向外界的热释放速率时，煤岩本体温度及其微波辐射会出现下降趋势。

首先，从斯蒂芬-玻耳兹曼辐射定律和瑞利-金斯公式出发进行解释。邓明德、吴立新等学者的实验结果表明，受载岩石表面的 AIRT 也呈现下降趋势。斯蒂芬-玻耳兹曼辐射定律是红外热像仪温度监测的理论基础，根据式(2-15)可知，物体表面发射的总能量（总辐射出射度）与其温度的 4 次方成正比，也就是说，物体表面只要有相当小的温度变化，就会引起红外热辐射出射度很大的变化。而瑞利-金斯公式是无源微波遥感的理论基础，根据式(2-10)和式(2-11)可知，物体微波辐射的总能量与其温度的1次方成正比。在不考虑发射率的前提下，受载煤岩变形破裂过程中，压力机的机械能转化为煤岩的变形能和热能(温度是内能的量度)，并且可以认为相当一部分机械能都转化为热能(裂纹尖端扩展过程中的温度可达到1 000 K)，如果在这样的条件下，红外热辐射都能监测到物体表面的温度下降，那么对于微波辐射而言，就更能监测到物体温度的下降。其次，在考虑发射率的情况下，从公式(2-10)、(2-11)和(2-15)可知，发射率取值范围为0～1，其变化对微波辐射强度的影响要远大于红外辐射强度。而物体的介电常数的大小直接决定了发射率的高低，从而也决定了亮度温度的大小。受载岩石在变形破坏过程中，促使其介电常数增大，发射率降低，这样也会引起微波辐射的降低，引起亮温下降[110-115]。

此外，煤岩破裂产生的电磁辐射受到天然半导体矿物(如大部分金属硫化物)的作用会发生改变，这一现象称为天然半导体特性[116-117]。在压电场的作用下，在因矿物中存在的p-n-p，n-p-n或其他异性转换类型的闭锁层与壁垒上便形成晶体管与可控硅形式的与回路有关的“活性元件”。由于粒间夹层中形成并不断增长的裂隙而产生的电脉冲可以被大大地放大晶体管形式的辐射，或者在其作用下又产生电击穿可控硅形式的辐射。按照这一观点，假设煤岩破裂时，由晶体破裂特性或由压电特性产生的电磁辐射，如果遇到煤岩中的天然半导体矿物(如黄铁矿、黄铜矿)，便会受到类似晶体管电路或可控硅电路的放大、整流、滤波及开关等作用，从而使电磁辐射的特征发生改变。作者认为这一机理也可能引起微波辐射亮温值的下降。

最后，从微观角度出发进行解释。由近代物理学知道，物质的微波辐射是组成物质分子的转动态能级间跃迁辐射出的电磁波，而辐射电磁波的强度正比于被激发的分子数与跃迁几率的乘积，这个能级跃迁是由于分子受到热能激发引起的。当组成物质的分子能量从较低的能级跃迁到较高的能级时，就吸收外来的辐射能；当跃迁是从较高能级到较低能级时，就向外发射辐射能量。根据房宗绯、邓明德等的实验结果——机械能直接激发介质的微波辐射能，我们认为，当分子从较低能级跃迁到较高能级时，介质的微波辐射能就会减少；当分子从较高能级到较低能级时，介质的微波辐射能就会增加。

3.4.3 受载煤体卸载过程中亮温曲线变化的解释

在进行煤体劈裂拉伸的实验过程中，观测到进行卸载过程中，亮温曲线或者下降或者上升，还有的则反应迟缓。这一现象与吴刚等学者在进行受载岩石卸荷实验时观察到声发射变化的现象存在共同点。吴刚等[118]认为，岩体在卸荷时导致岩体内应变能的释放较加载状态下其产生的破坏更突然、更强烈，对工程的危害也更大，这一点在我们的实验中也能观察到（卸载时刻产生的微波辐射变化幅度并不亚于煤体发生破坏时刻的微波辐射变化幅度）；在卸荷条件下，刚开始卸荷时岩体的声发射率骤然增大，形成一个峰值，随着载荷的不断卸除，声发射率逐步减小，当卸荷至破坏点附近时，声发射再次骤增，形成第二个峰值。

在煤体劈裂拉伸实验中，从初始加载到试样发生破坏，煤体不仅从外观上由一个整体破裂成碎块，而且其内部结构在应力的作用下也会发生变化，即：部分形成破碎断裂带，这就促使煤体的介电常数增大。肖金凯等实验表明：物体的介电常数与亮度温度存在反消长关系[119]。此外，煤体发生破坏后会形成较多的裂隙，这对其内部散热起正反馈作用。因此，煤体的亮温就会下降。对于卸载时刻亮温曲线上升的现象，值得商榷。

3.5 本章小结

本章建立了测试煤体自然状态下、加热后降温过程中、单轴压缩和拉伸实验过程中的微波辐射特性和规律的测试系统，并制定了相应的实验方案。测试了煤体在自然状态下、加热后降温过程中、单轴压缩、拉伸破坏过程中的微波辐射规律，测试了加载速率对受载煤体破坏过程中微波辐射特征的影响规律（详见第4章分析）。对实验所得到的部分直接结果进行了处理和分析，得到了如下初步结论：

（1）利用实验研究了煤体在自然状态条件下的微波辐射特性，此实验不仅提供了不同煤体的微波辐射特性数据，还为微波辐射计的定标工作和分析加热煤体降温过程中的微波辐射特性以及研究受载煤体的微波辐射规律奠定了基础。

（2）分析了测试加热煤体降温过程中的微波辐射特性的意义有两点：地温原因和矿山井下灾害。通过实验测试了煤体在加热后降温过程中的微波辐射特性，分别对亮温-时间和温度-时间进行拟合，拟合精度较高，并由此推导出亮温与温度的关系方程式为 $B=k_1(k_2T-b)^a+c$。

（3）实验了煤体在单轴压缩条件下能产生微波辐射效应，且随应力的变化具有不同的破裂前兆规律。实验结果表明：在单轴压缩条件下，受载煤体在6.6 GHz频段和10.6 GHz频段时的微波辐射特性及出现预示煤体破坏的前兆分别有3种和2种类型。

（4）实验了煤体在劈裂拉伸条件下能产生微波辐射效应，且随应力的变化具有不同的破裂前兆规律。实验结果表明：在劈裂拉伸条件下，受载煤体在6.6 GHz频段和10.6 GHz频段时的微波辐射特性及出现预示煤体破坏的前兆分别有 2 种类型。

(5) 对在进行受载煤岩微波辐射规律的实验过程中存在的 3 个比较有意义的现象进行了科学合理的解释。第 1 个现象是亮温曲线的波动性;第 2 个是亮温曲线的连续下降现象;第 3 个是在劈裂拉伸实验中卸载过程中亮温曲线的上升或下降现象。

4 受载煤体微波辐射特性影响因素的研究

本章将分析受载煤体微波辐射特性的影响因素，分别为加载条件（加载方式和加载速率）、组成成分、峰值载荷和煤岩导热率等。通过分析单轴压缩和劈裂拉伸条件下的应力分布特点和破坏形式，讨论加载方式的影响特点；通过不同加载速率的实验结果分析加载速率的影响特点；应用 X-衍射技术分析受载煤体的成分，分析煤体成分对微波辐射特性的影响特点和石英成分所起的作用；讨论峰值载荷的影响特点。通过对煤体应力-应变曲线的分析以及灵敏区和迟钝区的划分为预测预报煤岩动力灾害提供了基础。

4.1 受载煤体微波辐射特性影响因素

本章着重讨论受载煤体破坏过程中微波辐射效应的影响因素。煤体在受载变形破坏过程中，一方面受加载条件的限制，比如加载方式，加载速率；另一方面受煤体自身组构影响，组成煤体的成分不同对微波辐射效应存在影响；此外，在煤体变形破坏过程中，其内部 Griffith 缺陷的分布情况也存在影响。因此，影响受载煤体破坏过程中微波辐射效应的因素主要有加载方式、加载速率、组成成分、峰值载荷等。

4.2 加载条件对受载煤体破裂过程微波辐射的影响

加载条件决定了裂纹扩展的方式以及煤体破坏所需的能量，从而也决定了煤体破坏过程微波辐射强度的大小。本节主要讨论加载方式、加载速率对微波辐射的影响。

4.2.1 加载方式对受载煤体破裂过程微波辐射的影响

加载方式决定了煤体的破坏类型。实验采用了单轴压缩和劈裂拉伸两种加载方式。在单轴压缩应力下，试样产生纵向压缩和横向扩张，当应力达到一定水平时，试件体积开始膨胀并出现初裂，然后裂隙扩展、贯通，最后导致试样破坏。煤体的单轴抗压强度力学参数与试件的组成结构、矿物颗粒性质以及宏观节理和微观裂隙等有很大的关系，试件内部存在的丰富的节理会影响到其抗压强度，从而间接影响到煤体单轴压缩过程中微波辐射效应的特征。

在单向拉伸时试样能承受的最大拉应力值为单向抗拉强度。一般情况下，煤的抗拉强度比其抗压强度要低一个数量级，约为抗压强度的3%～30%。由于煤体中存在 Griffith 缺陷，使得其低抗拉性表现得尤为突出。因此，煤体在低载荷情况下就可能发生破坏。在地下岩石工程失稳问题中经常出现此类低载荷下发生拉伸破坏的现象。

4.2.1.1　煤体单轴压缩条件下的应力分布特点

煤岩体的单轴压缩实验主要是测定煤岩的力学性质，如单轴抗压强度、弹性模量和泊松比等。煤岩体在单轴压缩过程中，其测定结果的准确性和内部应力分布除了受煤岩本身的成分、结构特征对其具有控制作用以外，试件尺寸、含水状态、加载速率和试件端部条件等外部因素对其变形破坏机制也有影响。一般采用圆柱形或正方形试件来进行单轴抗压强度的测定，经过实验研究，对于正方柱状岩石试件的几何尺寸一般取高径比为(2～2.5)，对于圆柱状岩石试件高径比一般为(2～3)，因此在实验时把试件做成 $\phi 50\times 100$ mm 的圆柱体。这样有利于其内部的应力分布均匀，并能保证岩石试件破坏面不受材料机上承压板附加的横向约束而可自由通过试件的全断面。而试件端面的不平整或端面与承压板之间不密切接触，都可能使试件处于偏心或局部受力状态。实验表明，即使在正常受力状态下，试件端面受到的轴向压应力的分布也是不均匀的，其中心部分的轴向压应力比两侧的轴向压应力要大，如图 4-1(a)所示。同时，试件端面与压力机之间的摩擦效应会产生一个横向压应力，在两端面表现最为明显，在中部则减小，于是单轴压缩时煤岩样品内应力分布如图 4-1(b)所示。如果消除了这种端面效应，即横向压应力作用减弱或消除，试件中的切向拉应力和径向拉应力就会相对增大，则煤岩试件的破裂就会沿着轴向压应力的方向发展，从而导致煤岩样品呈现劈裂形破坏。

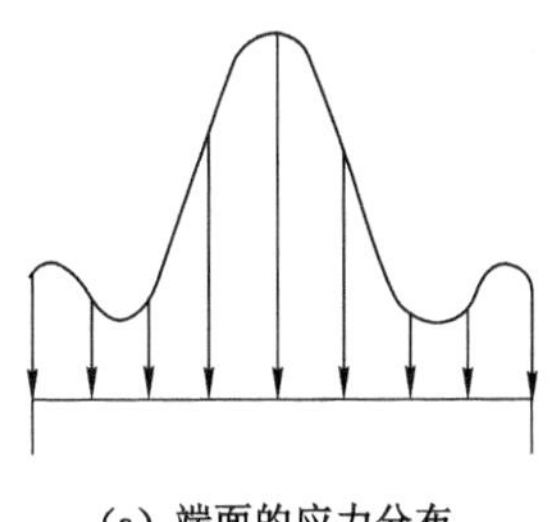

(a) 端面的应力分布

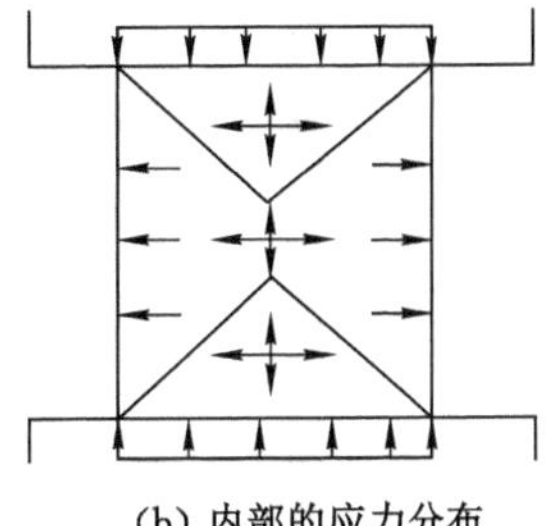

(b) 内部的应力分布

图 4-1　单轴压缩煤岩试件的应力分布

4.2.1.2 煤体单轴压缩条件下的破坏形式

煤岩常规三轴压缩的最终破坏形式明显是剪切滑移。而在单轴压缩条件下，煤岩中存在大量宏微观裂隙缺陷，煤岩的破坏不是单纯的压应力所致的，而是通过拉应力和剪应力复合引起的。通常认为最终的破坏多数是与轴向近乎平行的劈裂破坏，或称岩样单轴抗压强度的降低是由煤岩内部的拉伸破坏造成的。但是，在煤体拉应力破坏的同时也存在着剪切破坏。文献[120]表明岩样内材料的初始破坏是矿物颗粒间的剪切滑移。岩样轴向承载能力的降低主要是其内部材料的剪切滑移造成的，与由此产生的塑性变形量呈线性关系。实验表明：在一定的围压力作用下，煤体的破裂多数为剪破裂，对于某些煤体，甚至在单轴压缩情况下，其破裂形式也表现为剪破裂。Jaeger[119] 发现在围压低达 0.35 MPa 时岩样仍保持剪切破裂形式。在此条件下，受载煤体的破坏形式复杂多变。

从本次实验中的煤岩试件破坏情况来看，其最终的破坏形式大致有以下几种，如图 4-2 所示。

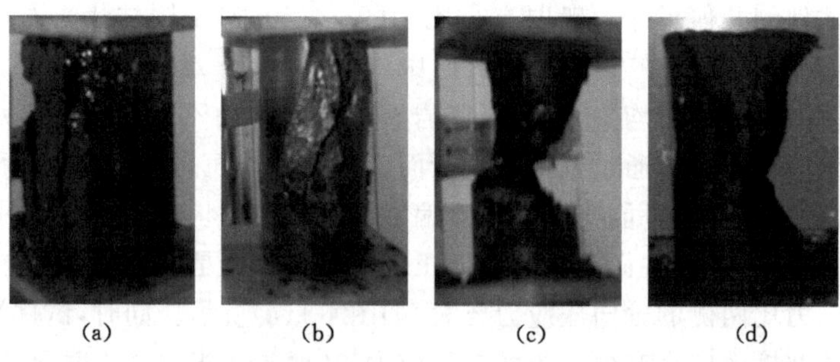

(a) (b) (c) (d)

图 4-2 煤样单轴压缩的 4 种破坏形式

(1) 拉伸破坏类型。在轴向压应力作用下，由于泊松效应将在横向将产生拉应力。这种类型的破坏就是横向拉应力超过煤体的抗拉极限所引起的。岩样沿轴向存在相当多的劈裂面，而且表面裂纹的方向偏离轴向不大，还存在少量的局部剪切破坏面。变形破坏类型见图 4-2 中的(a)。

(2) 单斜面剪切破坏类型。随着载荷的不断增加，试件中的微裂纹不断萌生、扩展，形成许多小张裂纹，在极限载荷作用下，这一系列小张裂纹贯通后汇集成一个剪切破裂带，从而突然发生剪切破坏。这种破坏形式在煤岩中是最常见的。变形破坏类型如图 4-2 中的(b)。

(3) X 状共轭斜面剪切破坏类型。此类破坏形式主要是由端面和承压板之间的摩擦效应引起的，常出现在较坚硬的试件中。试样在单轴压缩条件下，随着轴向载荷的增加，试样的应变呈线弹性增加，当外在载荷超过其极限强度时，突然释放大量弹性变形能，导致试块瞬间呈 X 状共轭斜面剪切破坏，并伴随有巨大的响声。变形破坏类型如图 4-2 中的(c)。

(4) 楔劈型张剪破坏类型。煤样侧面出现类似于“压杆失稳”的岩片折断破坏，其余部分的破坏兼有类型(2)和(3)的特点，这种破坏类型只出现在一些硬脆的煤岩试样中，破坏瞬间伴随着巨大的声音。变形破坏类型如图 4-2 中的(d)。

4.2.1.3 煤体劈裂拉伸条件下的应力分布特点

煤体在劈裂拉伸条件下的应力分布较为简单。实验结果表明，在试件中心部分拉应力分布如图 4-3 所示，在距中心 $0.8R$ 处，拉应力为零，而在大于 $0.8R$ 处，则转变为压应力，在煤样的两个端点处，压应力约为中心部分拉应力的 12 倍。由于煤岩抗拉强度很小，因此试样起裂首先从中心开始。

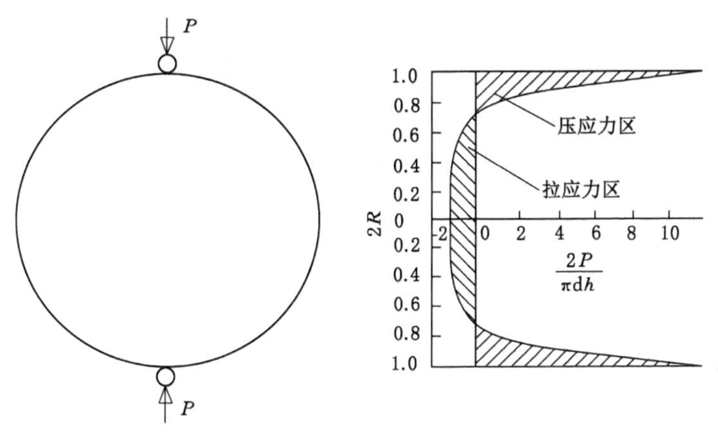

图 4-3 劈裂法试件中拉应力分布

在拉应力区，首先是与拉应力方向垂直的裂缝、裂隙最先达到破裂扩展条件而破裂、扩展，这是微小的失稳破坏。微破裂的产生，会使煤岩体释放能量。拉裂处的煤岩体失去承拉能力，拉应力向外转移，拉应力区也向外扩展。当煤岩体的大多数原生裂隙拉裂破坏，失去承载能力后，拉应力就会由煤岩体中的软弱介质和坚硬的矿物颗粒来承担。如果拉应力继续增加，则煤岩体中某些部位的坚硬介质也会被拉裂张开，应变开始在局部集中。随着坚硬介质被拉区域的增大，煤岩体的承载能力基本不变，释放出的能量促使微裂隙迅速贯通，宏观裂缝出现，应变集中区扩大，承载拉应力的区域减小，煤岩体处于临界的非稳定平衡状态，如果此时再施加某些扰动因素，煤岩体的承载能力便急剧下降，宏观裂缝扩展，并且贯穿其余承受拉应力的煤岩体而发生拉伸失稳破坏。

4.2.1.4 煤体劈裂拉伸条件下的破坏形式

劈裂拉伸应力分布的简单性致使试样在实验中的破坏形态基本为沿直径方向劈裂为完整的两半。试样在上下两个圆端面处有一定区域的粉碎现象出现，这是由于在加载的初期，煤体内的颗粒由于外力的作用而被挤压，导致微结构被压实造成的，如图 4-4(a)所示；继续加载，试样由于内部存在的裂隙缺陷等弱结构，在拉应力的作用下裂纹开始扩展、贯通，因此，在垂直于煤样轴面的中部附近很容易被拉断，形成细横粗竖的“十”字形宏观裂纹，如图 4-4(b)所示。

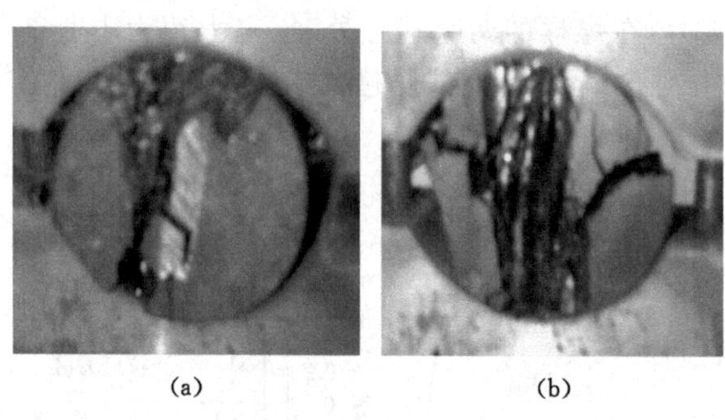

(a) (b)

图 4-4 煤样的劈裂破坏形式

4.2.1.5 加载方式的影响结果

从第 3 章的亮温-时间曲线可知，劈裂拉伸实验的微波辐射效果明显好于单轴压缩实验，结合本章对加载方式的分析，认为其原因有以下几方面：① 劈裂拉伸实验中的煤体受力面积比要比单轴压缩实验中的大得多；② 从单轴压缩和劈裂拉伸的应力分布特点来看，由于煤体的抗拉强度很低，因此在劈裂拉伸条件下更容易发生破坏(从第 3 章的压力-时间曲线来看，劈裂拉伸实验所用时间要明显少于单轴压缩的实验时间，这也充分说明了此观点)；③ 从单轴压缩和劈裂拉伸的破坏形式来看，在单轴压缩条件下煤体的破坏形式较为复杂，这就决定了其亮温曲线的多样性；而在劈裂拉伸条件下煤体破坏形式的简单性决定了其亮温曲线的单一性。

4.2.2 加载速率对受载煤体破裂过程微波辐射的影响

煤岩试样加载速率是影响煤岩强度和弹性模量的一个变量，即加载速率的变化会影响岩石的力学性质及其裂纹扩展机理的转化[121]。当加载速率(应变速率)小于某一定值时，加载速率增加时，煤岩内部的微裂纹和微裂隙来不及发展，出现变形滞后应力的现象，因而其强度会提高，弹模也会增加；当加载速率大于该定值时，其强度不再增加，基本保持不变。而当应变速率降低时，岩石的力学性质会由脆性向韧性转变，具有流变的性质。对大理岩进行动态劈裂拉伸的SHPB实验结果表明[122-123]，在高应变率下拉伸强度约为在低应变率下的4.2～4.5倍，弹性模量的平均值约为在低应变率下的1.6～1.8倍，为静态情况下弹性模量的2.86倍。拉伸强度比压缩强度对于应变率更为敏感。

在单轴压缩条件下，加载速率对煤体的微波辐射效应的影响可参见图3-17、图3-20和表4-1。由表可知，当加载速率变为1 mm/min时，8506工作面煤样的单轴抗压强度48.1 kN，破裂前亮温最大变化值为1.4 K。而在加载速率为2 mm/min时，大同忻州窑8506工作面煤样的单轴抗压强度增至54.5 kN，破裂前亮温最大变化值为2.1 K。针对这一煤样，加载速率的提高确实增加了煤样的强度，这与上述理论一致，同时也增大了8506工作面煤样破裂前亮温的变化值。

表4-1 加载速率对煤体的微波辐射效应的影响

取样地点	试件尺寸/mm	加载速率/(mm/min)	单轴抗压强度/kN	亮温最大变化值/K
忻州窑8506	$\phi50\times100$	1	48.1	1.4
	$\phi50\times100$	2	54.5	2.1

对于煤峪口8907工作面煤样的单轴压缩实验，其实验参数见表4-2所示，煤样分别在加载速率为1.5 mm/min、2 mm/min进行加载时，其压力-时间图和亮温-时间图如图3-52和图4-5所示。图4-5是在10.6 GHz频段测试条件下的结果，它对应第3章10.6 GHz频段类型中的第一种类型。

表4-2 加载速率对煤体的微波辐射效应的影响

取样地点	试件尺寸/mm	加载速率/(mm/min)	单轴抗压强度/kN	亮温最大变化值/K
煤峪口8907	$\phi50\times100$	1.5	62.9	2.4
	$\phi50\times100$	2	66.8	2.7

由表4-2可知，当加载速率为1.5 mm/min时，煤峪口8907工作面的煤样单轴抗压强度为62.9 kN，煤样的亮温最大变化值都为2.4 K；在加载速率为2 mm/min时，煤样的单轴抗压强度增加至66.8 kN，煤样的亮温最大变化值都为2.7 K。加载速率的增大不仅增加了煤样的单轴抗压强度，而且也增加了煤样破裂前亮温的变化值。因此，在单轴压缩条件下，加载速率是受载煤体微波辐射特性的影响因素之一，且存在正相关的关系。

在劈裂拉伸条件下，试样的实验参数见表4-3所示。加载速率对煤体的微

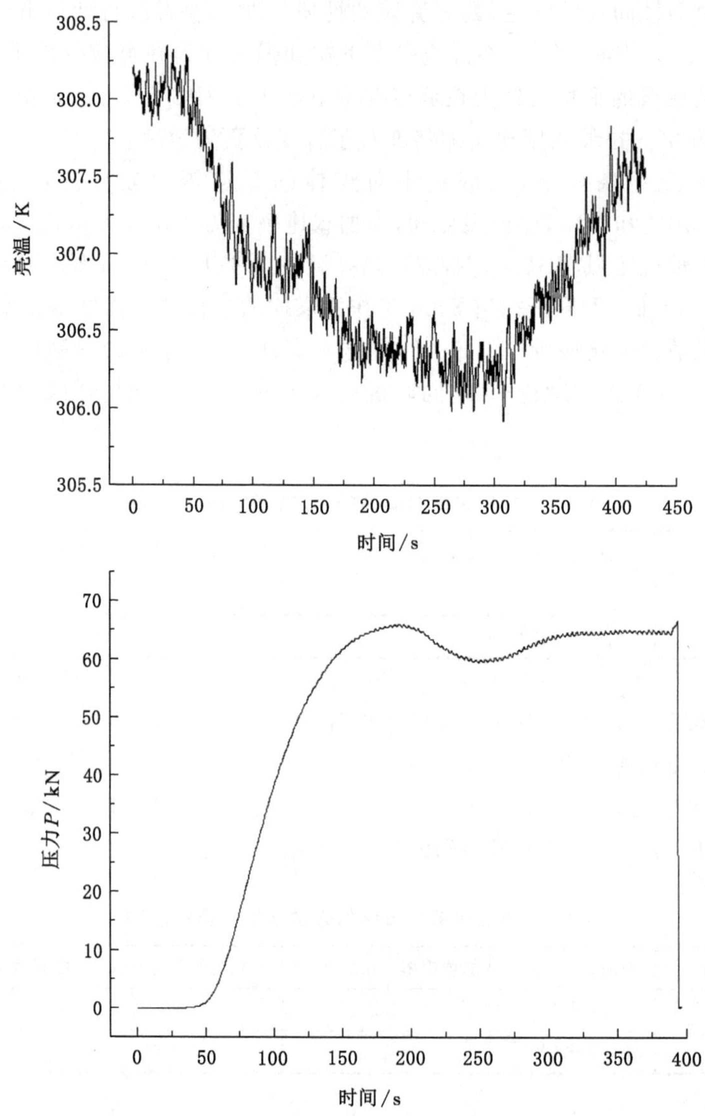

图 4-5　受载煤峪口 8907 煤体微波辐射效应(加载速率为 2 mm/min)

波辐射效应的影响结果可参见图 4-6、图 3-57 和图 4-7。图 4-6 是在 6.6 GHz 频段测试条件下的结果,它对应第 3 章 6.6 GHz 频段类型中的第一种类型;图 4-7 是在 1.6 GHz 频段测试条件下的结果,它对应第 3 章 10.6 GHz 频段类型中的第一种类型。

表 4-3 加载速率对煤体的微波辐射效应的影响

取样地点	试件尺寸/mm	加载速率/(mm/min)	单轴抗压强度/kN	亮温最大变化值/K
同家梁 307	ϕ49×30	0.5	4.9	2.3 K
	ϕ49×46	1	6.5	1.8 K
	ϕ50×49	1.5	9.9	2.4 K

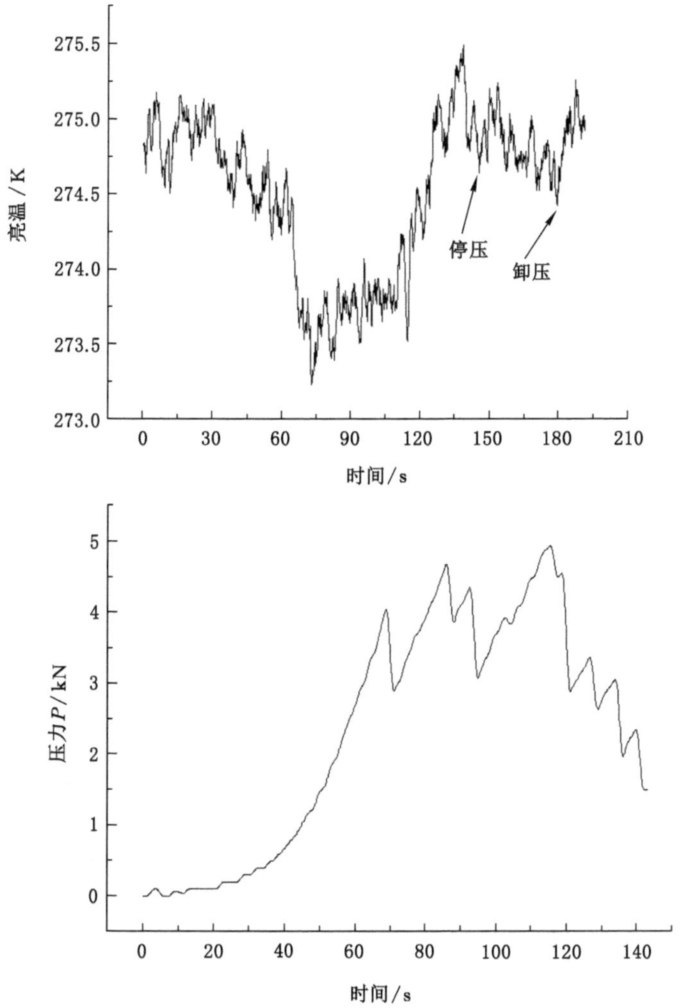

图 4-6 受载同家梁 307 煤体微波辐射效应(加载速率为 0.5 mm/min)

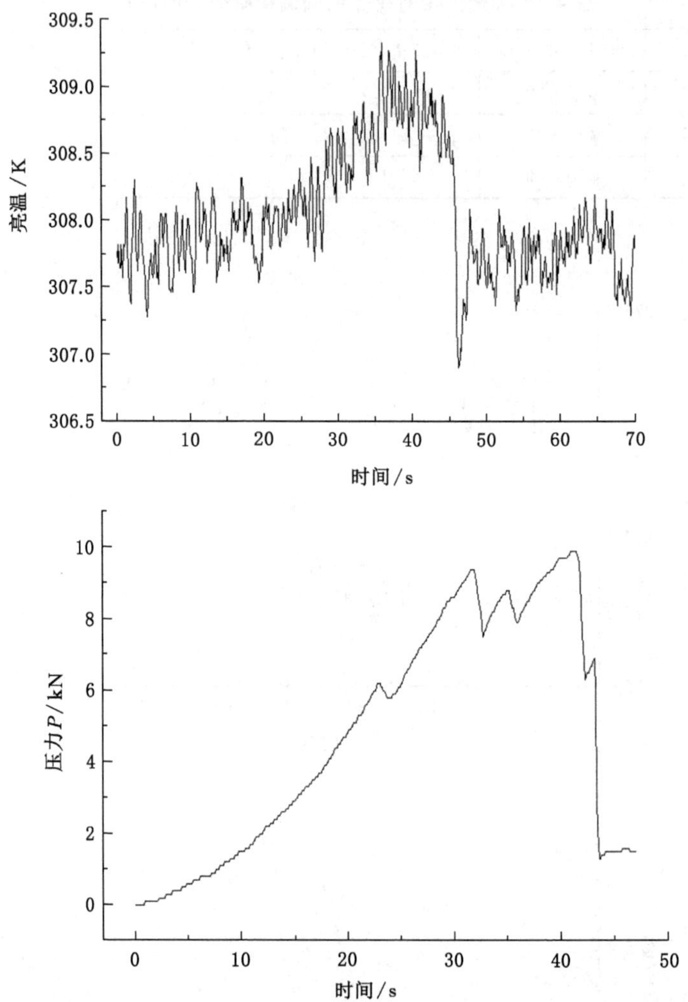

图 4-7 受载同家梁 307 煤体微波辐射效应(加载速率为 1.5 mm/min)

由图 4-6、图 3-22、图 4-7 和表 4-3 可知,对于同家梁 307 煤样而言,3 个试件尺寸相差不大,随着加载速率的增加,煤样的拉伸强度确实呈现增加趋势,分别为 4.9 kN、6.5 kN 和 9.9 kN,这与上述理论是相吻合的;而且,煤样破裂前的亮温最大变化值随加载速率的增加总体上呈增加趋势。

因此,无论在单轴压缩条件下还是在劈裂拉伸条件下,加载速率对受载煤体微波辐射特性的影响呈现正相关关系,即促进作用。

4.3 煤岩组构对受载煤体破裂过程微波辐射的影响

煤是由堆积在停滞水体中的植物遗体在地表常温、常压下经泥炭化作用或腐泥化作用,转变成泥炭或腐泥;泥炭或腐泥被埋藏后,由于盆地基底下降而沉至地下深部,经成岩作用而转变成褐煤;当温度和压力逐渐增高,再经变质作用转变成烟煤至无烟煤。因此,煤是有机质和无机矿物质共同组成的混合物,矿物质成分及其在煤中的赋存状态及特征是煤的重要特征之一。

刘煜洲等[124]对岩石组成成分对其破裂时发射电磁辐射的影响进行了实验研究,结果表明:① 岩石中的黄铁矿和黄铜矿对信号的产生存在明显的有利影响,而且常使高、低频信号的强度增大,并可产生波形独特的中频信号。石英和黄铁矿、黄铜矿对电磁辐射的影响作用之间似乎存在某种联系。在石英与黄铁矿、黄铜矿共存的情况下,对高频信号的有利影响更明显。长石含量(正长石、斜长石、条纹长石含量之和)与高、中频信号出现频率呈正相关。② 晶体点阵对称性差、无解理或解理不完全的矿物破裂时易产生电荷或偶电层运动,从而引起电磁辐射,如石英、黄铁矿、黄铜矿和长石等。方解石、方铅矿和绿泥石等矿物则不同,它们解理发育或具有层状结构,受力时易发生粒内滑移而破裂,这种滑移不破坏晶体原有电荷平衡,因而不产生电磁辐射。如果岩石的结构疏松,矿物晶体颗粒之间的结合力较弱,受力时易发生粒间滑移而破裂,破裂面大多绕过颗粒而不是切穿颗粒。这种情况下即使含有石英、黄铁矿之类的矿物也不能导致电荷或偶电层的运动,因而不利于产生电磁辐射。

4.3.1 煤体 X-衍射成分分析

研究煤岩成分组成最有效的手段是 X-射线衍射法。众所周知,X-射线是高速电子碰在金用板上发生的,波长在 0.5 埃到 2.5 埃的范围内,选择一定的波长发生衍射。同时,不同煤化程度煤的 X-衍射图可揭示分子的规则性。如 X-射线投射于非规则物质,则通过物质的衍射光强度单方面地随着与原始射线方向所成的角度的增大而下降。

仪器采用日本理学(Rigaku)公司的 D/Max-3B 型 X-射线衍射仪。将粉末样品装填在玻璃支架上;把样品支架放在测角仪中,Cu 靶和 $K\alpha$ 辐射。X-射线管电压为 35 kV,电流为 30 mA,DS(发散狭缝)$=1^{\circ}$,R_S(接收狭缝)$=0.15$ mm,S_S(防散射狭缝)$=1^{\circ}$,RSM(单色器狭缝)$=0.6^{\circ}$。采用连续式扫描,扫描速度为 3°/min,采样间隔为 0.02°。利用粉末衍射联合会国际数据中心(JCPDS-ICDD)提供的各种物质标准粉末衍射资料(PDF),并按照标准分析方法进行对照分析。

在进行完受载煤体微波辐射规律的实验后,采取 X-衍射技术对样品碎片的成分组成进行了分析，结果如图 4-8 至 4-12 和表 4-4 所示。

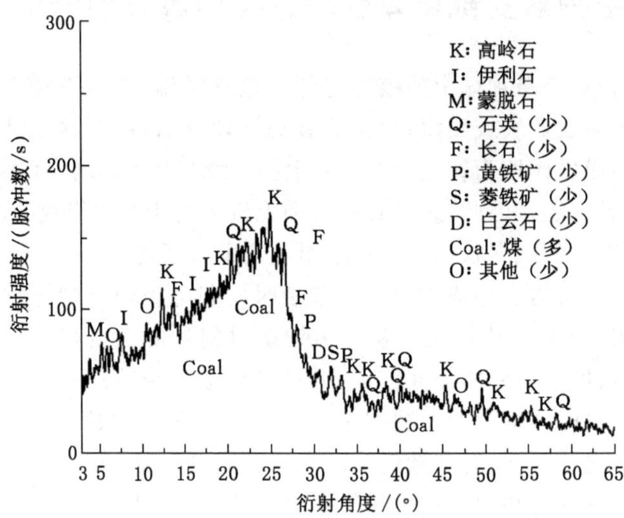

图 4-8　同家梁 307 煤样的 X-射线衍射图谱

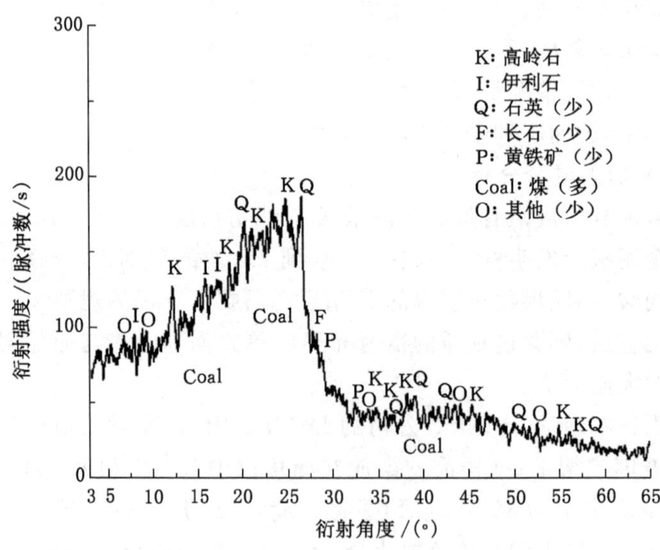

图 4-9　忻州窑 8506 煤样的 X-射线衍射图谱

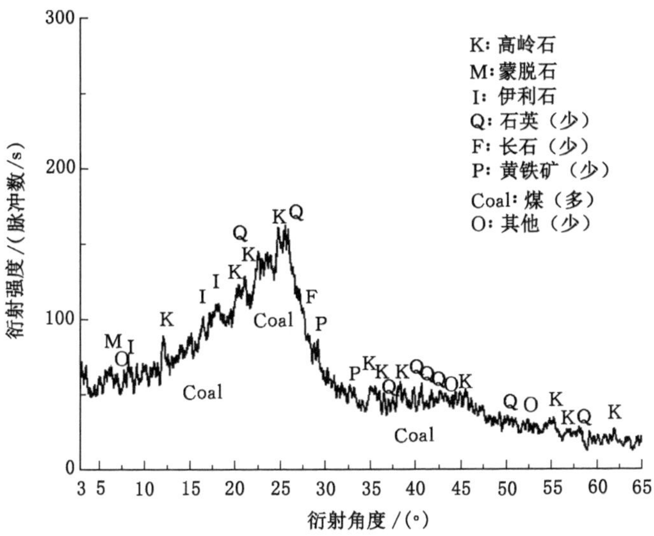

图 4-10 砚北煤矿煤样的 X-射线衍射图谱

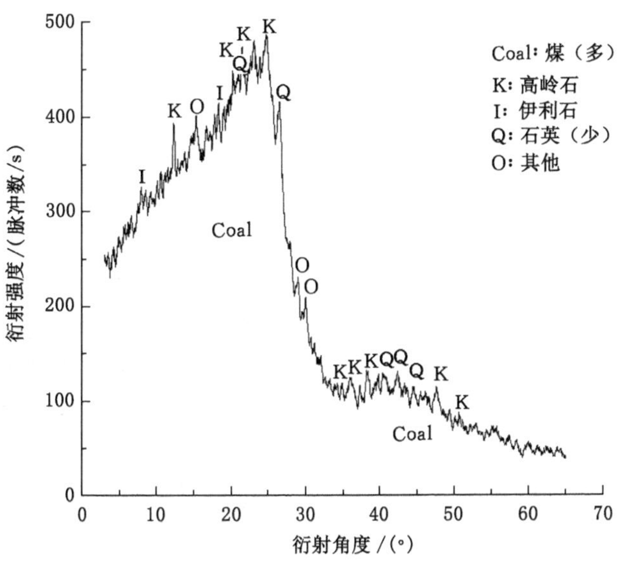

图 4-11 8927 煤样的 X-射线衍射图谱

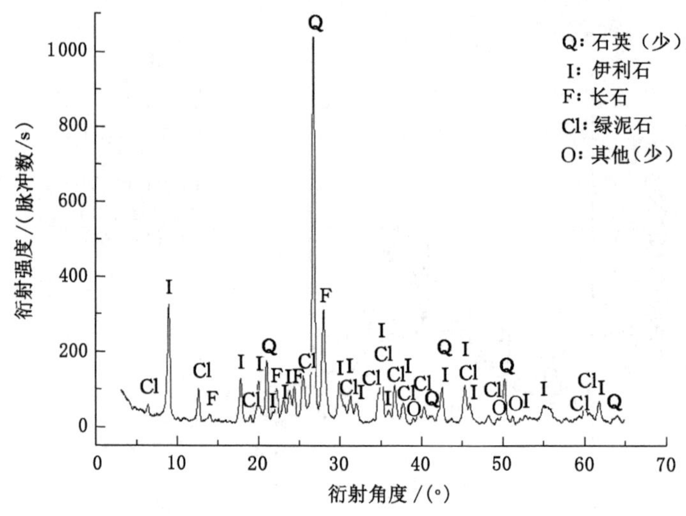

图 4-12 煤矸石的 X-射线衍射图谱

表 4-4 煤样 X-衍射成分分析表

试样＼成分	主要成分	次要成分	少量成分
同家梁 307 煤样	煤	高岭石、蒙脱石	伊利石、石英、长石、黄铁矿、菱铁矿
忻州窑 8506 煤样	煤	高岭石	伊利石、石英、长石、黄铁矿
砚北煤矿煤样	煤	高岭石、蒙脱石	伊利石、石英、长石、黄铁矿
忻州窑 8927 煤样	煤	高岭石	伊利石和石英
煤矸石样品	石英、伊利石、长石和绿泥石		

此外，在进行劈裂拉伸实验的试样中，对表 3-17 中的同家梁 307 煤样品进行了成分分析，发现样品中除了具有单轴压缩的同家梁 307 煤样品的以上成分外还具有少量白云石，如图 4-8 所示。这与砚北煤样的成分组成基本一样，十分巧合的是在第 3 章实验结果中，二者煤样的受载微波辐射亮温曲线都呈现下降趋势。值得一提的是，忻州窑 8506 煤样的成分与砚北煤样基本一样，只是缺少蒙脱石成分，其亮温曲线也是下降的。显然，受载煤体亮温曲线的下降原因是与煤样的成分组构有密切关系的。

在实验的煤体样品中，组成煤体的成分除了煤、高岭石以外，还有石英、伊利石、长石等强度较大的矿物，这些矿物成分的存在导致样品发生的都是脆性破裂，破坏时无显著变形突然破裂以及破裂时伴有明显的破裂声。

4.3.2 石英成分在煤体的变形破坏过程中的作用

大家知道,石英具有压电效应。一般情况下,压电效应是指电介质(如石英晶体)在压力作用下发生极化而在两端表面间出现电势差的现象,此处是指石英等压电性矿物在岩石破裂引起的弹性波作用下发生压电振荡而产生电磁辐射的现象。煤岩破裂时,部分能量转换为弹性波。如果煤岩中含有石英等压电性矿物且其晶体未被破坏,便可在弹性波作用下引起压电振荡而产生电磁辐射。

耿乃光等的实验结果表明[8],在单轴压缩条件下,随着应力的增大,石英石、大理岩的微波辐射亮度温度随应力增加而增加。刘善军等在研究单轴压缩条件下花岗闪长岩、辉长岩及片麻岩石的红外辐射时,发现岩石中石英的含量可能是造成红外辐射差异的原因之一。因此,我们选择了含石英成分较多的煤矸石样品来进行微波辐射效应的实验,以此来说明石英成分在煤体变形破坏过程中的作用,煤矸石成分分析见表 4-4。其实验参数如表 4-5 所示,实验结果如图 4-13 所示。在进行劈裂拉伸实验的 9 块煤矸石样品中,有 6 块样品总体趋势为上升,其余 3 块呈下降趋势。

表 4-5 劈裂拉伸实验参数

样品	试件尺寸/mm	频段/GHz	加载速率/(mm/min)
大同煤矸石	$\phi 50 \times 46$	6.6	1

实验结果表明,煤矸石样品在受载过程中其亮温曲线不断上升,在破坏瞬间发生下降,在停止继续加压的 21 s 时间内,样品依然承受着载荷,故亮温曲线也在变化;当卸压时亮温曲线发生突升。

对受载破坏的煤矸石碎块研究表明,石英颗粒具有边界破裂和贯穿颗粒破裂。贯穿石英颗粒的破裂常呈贝壳状断口。变形集中带与滑动面相伴,其上发育有擦痕和沟槽,这是石英典型的脆性破裂类型。石英矿物的贝壳状破裂产状指示其变形作用早期的碎裂作用,在变形作用中发生交代作用。由于石英的各向异性,存在的明显擦痕面是由贯穿颗粒破裂所形成。一些开放的裂隙集中于石英晶体之中或沿其边缘发育。观察显示,破裂首先出现在石英与石英之间的边界上,随着变形的加剧,迅速发展到其颗粒内部。说明石英颗粒边界相对较弱,是破裂最容易发生的地方。因此石英被认为是煤矸石破裂过程的开端。

实验结果表明,受载煤岩的微波辐射效应与煤岩中的石英成分存在正相关性,即石英成分的存在促使微波辐射效应呈增强趋势。耿乃光等的实验结果也证明了这一点。然而,这种相关性的定量研究还需要我们进一步去深入探索研究。

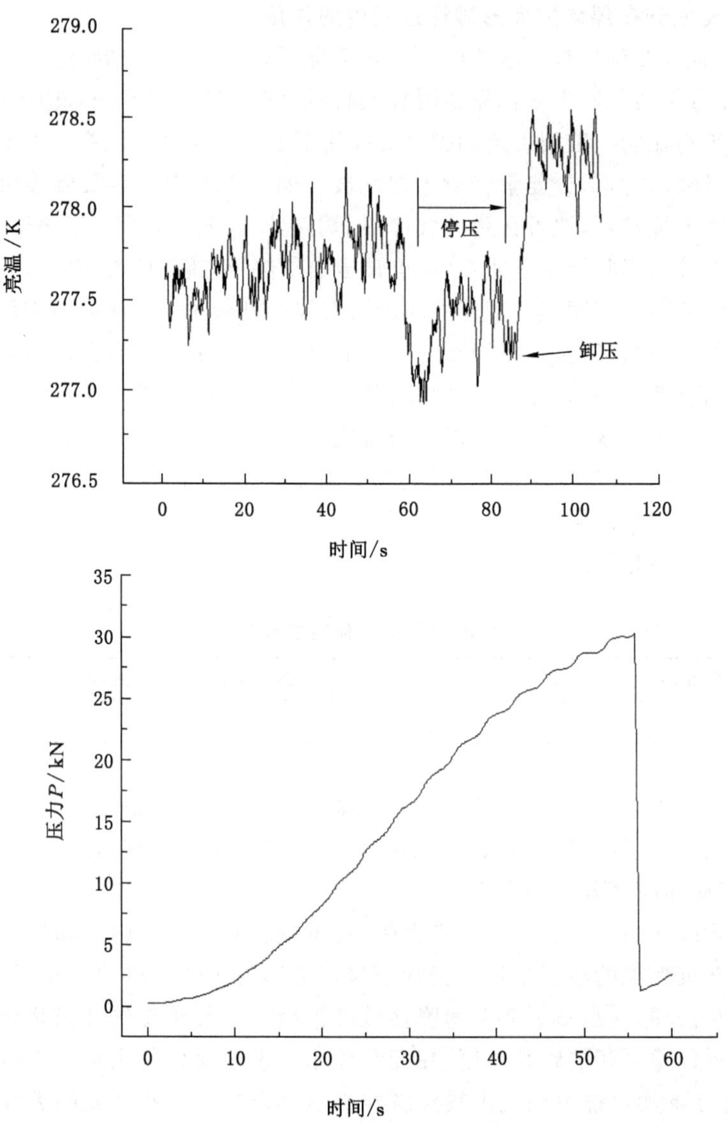

图 4-13 受载煤矸石的微波辐射效应

4.3.3 岩石的热学性质

4.3.3.1 温度对煤岩强度的影响

根据显微观察和损伤理论，煤岩的破坏要经历微裂纹的萌生、发育、成核等一系列演化过程。在应力作用下，含瓦斯煤岩从受力到最后断裂有一个过程，其时间域的长度称为材料的寿命(Durability)。这实际上是一个与时间有关的过程。苏联学者 Zhurkov 等首先研究了这一问题。他们的研究结果表明,在一定的张应力 σ 的作用下,材料的寿命不仅与应力水平有关,而且还与温度有关,其间的关系可以用下式表达:

$$\tau=\tau_0\exp\left(\frac{U_0-\gamma\sigma}{k_B T}\right) \tag{4-1}$$

式中　τ——是材料在特定环境下的寿命;

τ_0,U_0,γ——与材料本身性质有关的常数;

k_B——Boltzmann 常数;

T——绝对温度。

最初的研究表明该式适用于金属、高分子材料在张应力作用下的环境条件,后来许多研究者认为,它也适用于岩石等脆性材料在单轴压缩下的情况。煤是一种典型的脆性材料,用该式来说明煤的破坏是合理的。该式表明,煤的寿命和温度 T 有关,温度越高,τ 值就越小,产生断裂所需要的时间就越短。改写上式为:

$$\sigma=\frac{1}{\gamma}\left[U-k_B T\ln\left(\frac{\tau}{\tau_0}\right)\right] \tag{4-2}$$

可以明显看出,对于某种确定的煤来说,在寿命等同的情况下其破坏的强度与温度有关,随着温度升高,煤的强度降低,因而其微波辐射特性也会受到影响,这是温度影响微波辐射的一个方面。这一方面的实验有待于继续探索研究。

温度对受载煤岩电磁辐射的影响是复杂的,目前的实验结果还难以定量分析,今后还需要做进一步研究分析。

4.3.3.2　*岩石的导热率*

受载煤岩体在变形破坏过程中会产生热辐射,热辐射的传导率与煤岩体的组构也存在一定的相关性。热导率是表征岩矿石热学性质的重要物理量,定义为在稳定热传导条件下,热流密度与地温梯度的比热,其物理意义为:单位厚度的岩石两侧温度差为 1 ℃时,沿热传导方向在单位时间内流过单位面积的热量,其单位为 W/(m·℃)。

一般情况下,矿物与岩石都是不良导热体。矿物导热率只分布在 1～2 两个数量级,从气体到纯金属也只有 5～6 个数量级。固体矿物的导热率一般介于 0.1～7 W/(m·℃)之间;某些金属矿物如闪锌矿的导热率较大,为 30～40 W/(m·℃);金刚石导热率相当大,达 200 W/(m·℃);在造岩矿物中,石英的导热率也较大,其导热率为 7～12 W/(m·℃);与其他非金属矿物相比,岩盐、钾盐和硬石膏导热率较大,而烟煤、石棉等矿物导热率则较小。

大量实测数据和长期研究结果表明，岩石导热率主要取决于以下因素：① 岩石结构、矿物成分和含量；② 岩石孔隙度、孔隙形状和孔隙流体的导热率；③ 岩石温度和所受的压力。

在各类岩石中，未固结的松散物质如干砂、干黏土和土壤热导率最低，但当含水量增加时其导热率也随之增加。沉积岩中以页岩、泥岩的导热率为最低，砂岩和砾岩的导热率变化很大，石英岩、岩盐和石膏的导热率最大。岩浆岩、变质岩和火山岩的导热率一般介于 2～5 W/(m·℃)。表 4-6 给出了一些岩矿石的导热率。

表 4-6　常规条件下某些矿物的热导率

矿物	热导率(×0.418 68 W/(m·℃))
长石、白云母、绢云母、沸石类	5.5
黑云母、绿泥石、绿帘石	6.0
磁铁矿、方解石、黄玉	8.5
角闪石、辉石、橄榄石	10.0
白云石、菱镁矿	13.0
石英	17.0

注：引自 Birch 及 Clark(1940)，Beck 等(1958)资料综合。

不同的煤体具有不同的导热率。由于石英成分的导热率较大，含石英成分多的煤岩在变形破坏过程中就会产生较强的微波辐射效应，这与 4.3.2 中受载煤矸石试样的实验结果是一致的。由此，我们可以初步认为，导热率大的煤体在加载变形过程中更容易产生微波辐射，导热率小的煤体则不容易产生。

针对煤体的热导率性质研究以及在受载变形破坏过程中对微波辐射特性的影响有待于学者们开展这一方面的工作。

4.4　峰值载荷对受载煤体破裂过程微波辐射的影响

研究表明，在煤岩组构方面，一般煤岩中含硬度大的粒柱状矿物(如石英、长石、角闪石等)越多，煤岩强度越高，比如煤矸石；而煤岩含硬度小的片状矿物(如云母、绿泥石、高岭石等)越多时，那么煤岩强度就越低。

在一定加载速率条件下，煤岩体的峰值载荷越高，其受载变形破坏过程所需的时间就越长，那么发射的微波辐射变化就有可能变大，反之亦然。

邓明德等学者的实验研究结果表明[12]，温度变化量与抗压强度关系不密切。例如碱性花岗岩试件的峰值应力为 89.5 MPa，温度平均变化量(18 个点平均)为 3.8 ℃，而斑状花岗岩试件的峰值应力为 82.0 MPa，温度平均变化量为 1.4 ℃，两者的峰值应力接近，而温度变化量前者是后者的 2.7 倍。因此，他们认为，岩石的温度随应力变化的变化量与岩石抗压强度关系不密切的结果，与岩石的红外辐射能量和微波辐射能量随应力变化的变化量与岩石抗压强度关系不密切的结果是一致的。

从表 3-17 中可知，在单轴压缩条件下，按照煤样单轴抗压强度的大小排列，序号分别是序号 1 的大同煤峪口煤样、序号 2 的忻州窑 8506 煤样、序号 5 的忻州窑 8506 煤样、序号 3 的同家梁 307 煤样、序号 4 的砚北 250205 煤样，其单轴抗压强度分别为：62.9 kN、54.5 kN、48.1 kN、40.6 kN、30 kN；其煤样破裂前最大亮温变化值分别为 2.7 K、2.1 K、1.4 K、1.4 K、1.3 K。由此可知，煤样破裂前最大亮温变化值与其单轴抗压强度存在较好的正相关关系。

对于劈裂拉伸实验而言，按照煤样拉伸强度大小排列，分别是序号 7 的同家梁 307 煤样、序号 6 的忻州窑 8506 煤样、序号 9 的鹤岗 273 煤样、序号 8 的忻州窑 8927 煤样，其拉伸强度分别为 6.5 kN、6 kN、4.1 kN、1.7 kN；煤样最大亮温变化值分别为 1.8 K、1.2 K、2.2 K、1.1 K。总体上来看，煤样最大亮温变化值与其拉伸强度存在正相关关系，即随着拉伸强度的增加，亮温变化值增大。

因此，无论是单轴压缩实验还是劈裂拉伸实验，煤样的峰值载荷与其受载变形过程中的亮温变化值都存在着正相关性。

4.5　受载煤体微波辐射特性影响因素的理论研究

由第 2 章的知识可知，在微波波段，黑体辐射的亮度可用瑞利-金斯公式代替普朗克公式，即：

$$B(\lambda,T)=2kT/\lambda^2 \quad (\mathrm{W\cdot m^{-2}\cdot Hz^{-1}\cdot \Omega^{-1}}) \tag{4-3}$$

式(4-3)表示黑体单位表面积、单位立体角、单位频率范围内所辐射的微波功率。

微波辐射计所接收到的功率可写成

$$P=k\Delta fT \tag{4-4}$$

式(4-4)表明，微波辐射计接收到的功率和黑体的温度呈线性关系，于是我们可用温度的高低来表示微波辐射功率的大小。而一般物体并不是黑体，它的辐射亮度 与同温度的黑体亮度 B_b 间的关系为

$$B_e=\varepsilon B_b=\varepsilon\,\frac{2kT}{\lambda^2} \tag{4-5}$$

式(4-5)中 ε 称为物体的发射率(或比辐射率)。对于岩石矿物等各类地物，气微波发射率 ε 直接决定它的亮度温度的高低，即 $T_B=\varepsilon T$（T_B 为亮度温度，T 为物体的温度）。

因此，微波辐射计接收到一般物体所辐射的微波功率为

$$P=k\Delta f T_B=\varepsilon k\Delta f T \tag{4-6}$$

在式(4-6)中，k 为玻耳兹曼常数，$k=1.381\times10^{-23}(\text{J}\cdot\text{K}^{-1})$；$\Delta f$ 为微波辐射计的带宽。由此可以确定，微波辐射计接收到一般物体的辐射功率与其温度和发射率有关。

通过对以上实验结果影响因素的分析可知，发射率不仅依赖于受载煤体的加载方式和加载速率，还受煤岩组构成分、导热率(物理性质)和峰值载荷的影响。

4.6 煤体的应力-应变曲线及表征的力学性质

在地下工程中，煤岩体一般承受压缩载荷作用。煤岩在应力作用下的破坏主要是由于在载荷作用下煤岩内部裂纹产生、扩展及汇合所至。因此，煤岩的破坏是一个发生变形或破裂的过程。在岩石力学中，应力-应变曲线是描述煤岩在加载过程中变形过程及其力学特征的重要手段。一般根据煤岩在加载过程中应力-应变曲线的变化特征，将煤岩从加载到破坏分为几个具有不同特征的阶段，如图 4-14 所示。

第 1 阶段，非线性压密过程，即开始阶段 OA，在此阶段原存在于煤岩内的天然缺陷(微裂纹、孔隙等)在外载荷作用下逐渐闭合，试件表现刚度逐渐增大。应力-应变曲线呈现向下的弯曲，弯曲的大小代表煤岩内空隙的多少。

第 2 阶段，线弹性过程 AB，应力与应变成正比，试件刚度为常数。应力-应变曲线为直线，其斜率的高低代表材料弹性的强弱。此阶段在整个加载过程中所占比例的大小代表了煤岩的脆韧性质。

第 3 阶段，微裂纹稳定扩展过程 BC，B 点为 AB 直线与 BC 曲线的切交点。一般煤岩的 B 点发生在应力峰值的 1/2，1/3 或 2/3 处。过 B 点以后，沿煤岩内的原生裂纹端部或煤岩内部微缺陷、夹杂等引起局部应力集中，或裂隙面的剪切运动而引起裂纹的稳定扩展，此过程延续到临界能量释放点。应力-应变曲线呈现向上的弯曲，它表明煤岩内部出现大量的微破裂，从而造成煤岩发生塑性变形。曲线弯曲的程度代表塑性的大小。

在单轴压缩实验条件下，Wawersik 等在刚性实验机上对大理岩、花岗岩、盐岩和板岩等做了大量的实验，发现岩石发生微裂纹稳定扩展后，可能发生稳定的

破坏，也可能发生突然的破坏[125-127]：即Ⅰ类破坏和Ⅱ类破坏，如图4-15所示。Ⅰ类破坏在煤岩受载超过峰值后，其变形过程是稳定的，进一步加载后煤岩才能破坏；Ⅱ类破坏在超过峰值后，其变形过程是非稳定的，即使在理想的刚性实验机上，变形破坏也无法控制，其破坏不需要外力做功，样品内积聚的应变能突然释放而使其破坏。由于我们实验所采用的煤样具有冲击倾向性，故它们发生的破坏类型属于Ⅱ类破坏，第3章的压力-时间曲线也证实了这一点。

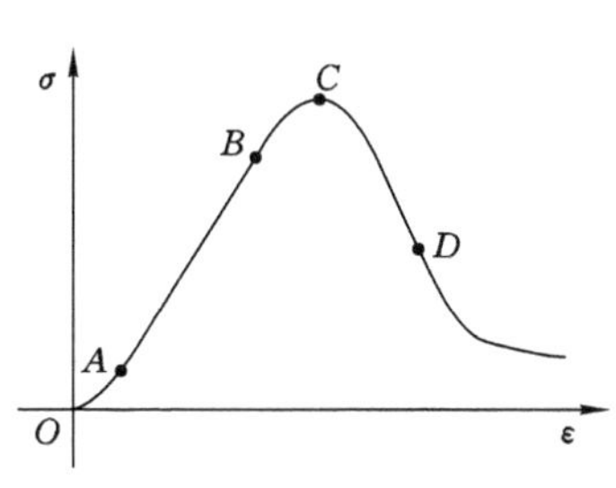

图4-14　典型煤体应力-应变曲线

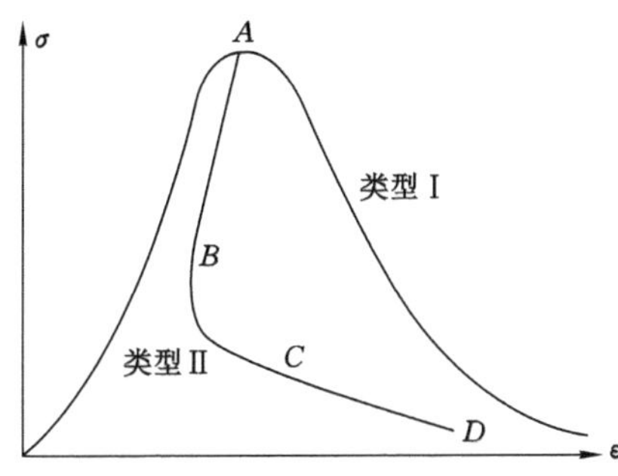

图4-15　岩石两类变形行为

第4阶段，非弹性变形破坏过程 CD，煤岩的应力达到屈服极限 σ_s，以后就进入软化阶段。在 CD 段中，变形随应力下降而增长，煤岩内大量微裂隙逐渐相互贯通并加宽、不稳定扩展、汇合而导致破坏。此阶段煤岩仍有一定的承载能力。

第5阶段，残余载荷阶段，在煤岩试件破坏面的角度较小时，存在残余强度，也有些煤岩不存在残余强度。这种现象在矿山中经常可看到，巷道两帮破坏严重，仍能继续使用，说明岩石破坏后性态研究对采矿工程具有重要意义。

马瑾[128]在分析地震异常阶段性时，将第2、3阶段称为中长期阶段，在此阶段异常是由应力增强或应力调整所引起，即使出现异常，如果外力减小，失稳可能不会发生。阶段4可称为短临阶段，在此阶段异常出现与局部破裂扩展和弱化有关，一旦进入这个阶段，破坏已是不可逆转，该阶段出现的异常与未来的失稳关系密切。因此这个阶段是地震及岩石工程灾害监测和预报的关键阶段。

上述曲线是典型的煤岩加载过程中的应力-应变曲线。实际上，煤岩由于力学性质的差异，表现在应力-应变曲线上，会有不同的表现形式。当煤岩表现为高脆性时，其应力-应变曲线在达到峰值前几乎表现出近似直线的形状。而当煤岩表现为低脆性时，曲线在阶段3弯曲明显且在全程中所占的比例也较大。

在第3章的受载煤体单轴压缩条件下微波辐射规律实验的亮温-时间图上，我们根据亮温对载荷的反映情况在亮温曲线上确定了灵敏区段和迟钝区段，我们所说的灵敏和迟钝是相对的，而不是绝对的。在单轴压缩条件下，煤岩加载过程的应力-应变曲线的特征阶段与亮温曲线的灵敏区和迟钝区的对应关系如表4-7所示。

表4-7　灵敏区与迟钝区的划分

取样地点 \ 应力-应变曲线阶段	压密阶段	弹性阶段	微裂纹扩展阶段	破裂峰值
煤峪口8907	灵敏区	灵敏区	灵敏区	迟钝区
忻州窑8506	灵敏区	迟钝区	灵敏区	灵敏区
同家梁307	灵敏区	迟钝区	灵敏区	灵敏区
砚北250205	灵敏区	迟钝区	灵敏区	灵敏区
忻州窑8506	灵敏区	迟钝区	灵敏区	灵敏区

由表4-7可知，在单轴压缩条件下，受载煤体在加载破坏过程中的微波辐射特性在煤体的非线性压密阶段处于灵敏区；在煤体的弹性变形阶段处于迟钝区，在此区段煤体尽管会发生热弹效应，但是其亮温值变化范围比较有限，没有在非线性阶段和微裂纹扩展阶段变化幅度大；在煤体的微裂纹扩展阶段(包括微裂纹稳定和不稳定扩展阶段)处于灵敏区，并且其亮温值变化较为剧烈。值得一提的是，在煤体的微裂纹扩展阶段临近煤体破坏的一段时间里存在类似声发射和电磁辐射监测手段的平静区，其原因被认为是裂隙增长方式发生了变化，即开始是零星产生微裂隙及缓慢发展，然后是越来越剧烈，产生一些跳跃。

在劈裂拉伸条件下，从第3章的图3-21至图3-24可知，受载煤体的微波辐射特性在整个加载破坏过程中都相对比较敏感，在整个加载过程中的亮温曲线中迟钝区段占的比例很少，甚至没有。从这个角度来说，受载煤体劈裂拉伸实验的微波辐射特性比单轴压缩实验效果要好。

因此，从某种意义上来讲，灵敏区与迟钝区的划分为利用受载煤体的微波辐射规律进行预测预报煤岩动力灾害提供了一定的理论基础。

4.7　本章小结

本章主要讨论受载煤体微波辐射特性的影响因素，通过实验条件和理论分析得到以下结论：

(1) 分析了受载煤体微波辐射特性的影响因素，分别为加载条件(加载方式和加载速率)、组成成分、峰值载荷和煤岩导热率等。

(2) 通过分析单轴压缩和劈裂拉伸条件下的应力分布特点和破坏形式，讨论了加载方式的影响特点，说明了劈裂拉伸实验效果要比单轴压缩实验好。

(3) 通过分析不同加载速率的实验结果，得到了无论在单轴压缩条件下还是在劈裂拉伸条件下，加载速率的增大不仅提高了煤体的峰值载荷，还增加了煤体变形破坏过程中的亮温变化值，即：加载速率对受载煤体微波辐射特性的影响呈现正相关关系，即促进作用。

(4) 应用 X-衍射技术分析了受载煤体中的组构成分，通过对比微波辐射亮温曲线和煤体中的成分，得出了煤体中的成分是影响受载煤体微波辐射亮温变化的重要因素之一；并研究了石英成分所起的作用，石英的存在使微波辐射效应呈增强趋势。

(5) 分析了温度、岩石导热率对煤岩强度和受载煤岩微波辐射效应的影响。

(6) 通过对实验结果的分析表明，无论是单轴压缩实验还是劈裂拉伸实验，煤样的峰值载荷与其受载变形过程中的亮温变化值都存在着正相关性。

(7) 从理论上(瑞利-金斯公式)分析了煤体的发射率是影响其微波辐射的重要因素。通过实验研究表明，发射率不仅依赖于受载煤体的加载条件，还受煤岩组构成分、导热率(物理性质)和峰值载荷的影响。

(8) 通过对煤体应力-应变曲线的分析以及对受载煤体的微波辐射亮温曲线灵敏区和迟钝区的划分，得到了在应力-应变曲线的每个阶段亮温曲线的变化情况，同时也说明了受载煤体劈裂拉伸实验的微波辐射特性比单轴压缩实验效果要好。灵敏区与迟钝区的划分为预测预报煤岩动力灾害提供了理论基础。

5　受载煤体破裂过程热辐射机理分析

本章将讨论电磁辐射产生的微观机理以及电磁辐射与热辐射的关系；基于断裂物理基础采用扫描电镜(SEM)分析煤体中 Griffith 缺陷的特征；应用宏观断裂力学理论，分析岩石的宏观破裂就是微破裂集结与扩展现象，以能量理论为基础推导在准静态情况下裂纹断裂准则；以微观断裂力学为基础，引用断裂粒子辐射的解理和位错原子模型，根据非线性热力学理论推导出断裂粒子产生热辐射的机理；分析受载煤体断裂热辐射的热力耦合效应；基于统计损伤理论和热力耦合规律，建立煤岩强度的统计损伤本构方程和更具有广泛意义的损伤统计-微波辐射耦合模型本构方程。

5.1　电磁辐射微观产生机理

各种物质都是由不同的原子或者由原子组成的分子所构成，不同的物质具有不同的电磁特性。当构成物质的原子或分子受到光或热等作用时，原子内部的原子核和电子的状态就会发生变化，进而使原子或分子产生各种方式的运动，即电子能级、振动能级或转动能级的跃迁，如图 5-1 所示。由于微波的频率与分子转动的频率相关联，所以微波能是一种由离子迁移和偶极子转动引起分子运动的非离子化辐射能。

物质的这种内部状态的变化会发射很宽频带内的各种电磁辐射，也能吸收和散射照射在它上面的电磁辐射。其简单机理是：当没有外界能量刺激时，物质内部微观粒子的运动主要表现为三种形式，即电子绕核运动、原子核在平衡位置上振动和分子以其质量中心为轴的转动，而这些运动状态是稳定的，具有一定的能量 hv，并且该能量并不因电子、原子、分子不停地运动有所衰减；当有外来刺激，如与其他粒子碰撞或在电磁辐射场中被照射而吸收足够外来能量时，它就会改变原来的运动状态而从低能级的基态轨道跃迁到更高能级的激发状态轨道上去并具有能量 nhv(n 为电子轨道的层次，是正整数，表示电子离核的平均距离)。但是，处于激发态的粒子是十分不稳定的，一般在 10^{-8} s 内就要向基态转化，或者与另一个粒子碰撞，将能量传递给它而不产生电磁辐射，或者向下跃迁

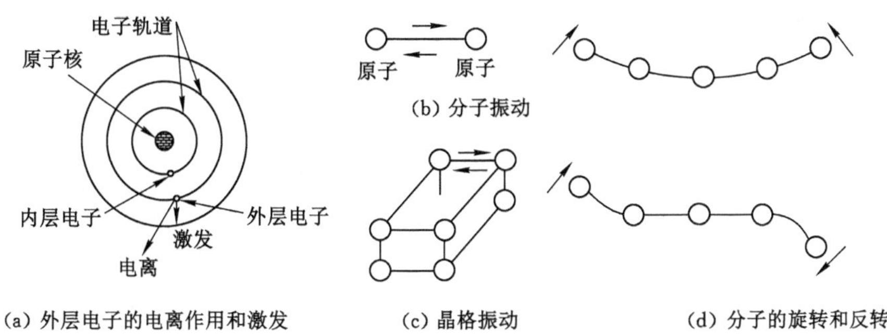

图 5-1　物质的内部状态原理图

到一个较低的能级，以光子的形式向外发射电磁辐射。

实验证明，光子的能量与其频率成正比，表达式为

$$\Delta E = hv' \tag{5-1}$$

式中，h 为普朗克常数，v'为频率。ΔE 不同，辐射的光子频率也不同（ΔE 为 1～20 eV 时，可产生波长为 0.2～1.0 μm 的辐射；ΔE 为 0.05～1.0 eV 时，可产生波长为 1～25 μm 的辐射；ΔE 为 0.03～0.05 eV 时，可产生波长为 25～300 μm 的辐射；能量再低也可辐射少量微波），物质内部不同的运动状态所对应的电磁辐射如表 5-1 所示。由表可知，物质微粒运动状态的很微小的变化就能产生微波辐射。使物质内部运动状态受到激发的方式很多，主要有电能激发（振荡）、热能激发（带电粒子间的相互碰撞）和辐射能激发（再辐射）等。应当指出，不同的物质，其发射、吸收和散射电磁辐射的能力是不同的，即电磁辐射的频率、极化和电磁能量随入射角变化的关系，因不同的物质而异。这种差异，既与物质表面和其内部的几何结构有关，又与物质本身的介电常数和温度的空间分布有关。正是基于这种差异，才有可能达到遥感不同物体的目的。

表 5-1　物质内部不同的运动状态所对应的电磁辐射[129]

物质内部状态	对应的电磁波	电磁能量/eV
原子核内部的相互作用	γ 射线	$10^7 \sim 10^5$
层内电子的离子化	X 射线	$10^4 \sim 10^2$
外层电子的离子化	紫外线	$10^2 \sim 4$
外层电子的激励	可见光	4～1
分子振动、晶格振动	红外线	$1 \sim 10^{-3}$

表 5-1(续)

物质内部状态	对应的电磁波	电磁能量/eV
分子旋转和反转 电子自转与磁场的相互作用	微波	$10^{-4} \sim 10^{-5}$
核自转与磁场的相互作用	米波(无线电波)	10^{-5}

激发后的粒子辐射形式有三种:共振辐射、荧光现象和热辐射[68]。由物体内部的带电粒子的热运动所引起的电磁辐射叫作热辐射。粒子间无规则运动引起相互间的碰撞将使电子轨道运动、原子或分子的振动和旋转运动发生变化。因粒子碰撞而产生的高能量运动状态可以自然地转变到低能量的运动状态并同时发射出电磁辐射,从而使热能转变为电磁能。

电磁辐射在传播过程中,主要表现为波动性;当电磁辐射与物质相互作用时,主要表现为粒子性,这就是电磁波的波粒二象性。遥感传感器所探测到的目标物在单位时间辐射(反射或发射)的能量,由于电磁辐射的粒子性,所以某时刻到达传感器的电磁辐射能量才具有统计性。电磁波的波长不同,其波动性和粒子性所表现的程度也不同,一般来说,波长愈短,辐射的粒子特性愈明显,波长愈长,辐射波动特性愈明显。遥感技术正是利用电磁波波粒二象性这两方面特性,完成探测目标物电磁辐射信息的。

一切物体都能吸收电磁辐射。对电磁辐射吸收越强的物体,其热辐射也越强。

5.2 电磁辐射与热辐射的关系

电磁辐射是自然界中以"场"的形式存在的一种物质,现代物理学的研究证明,电磁辐射具有波动性和粒子性,它是一种高速运动的粒子流,在空间以波的形式从物体向外发射电磁波。凡是能够发射电磁辐射的物体都是电磁辐射源。电磁学理论指出:变化的电场和磁场相互影响,引起电场能与磁场能在空间的相互转移。这种特性决定了电磁波要将其能量向远处传播。电磁波辐射的能量仍然是从波源来的,所以辐射问题与波源存在着密切的联系,光波、热辐射、微波、无线电波等都是由振源发出的电磁振荡在空间的传播。电磁场变化的快慢决定着场的强弱、辐射能量的多少;而电磁场变化的快慢亦为波源频率的高低所决定,所以波源的频率是直接影响辐射源的一个因素。恒定场频率为零,根本不辐射;低频场变化慢,辐射也很微弱;要产生有效辐射,波动应有最低的频率界限。电磁辐射的传播,即使在真空中也能传播。这一点与机械波有着本质的区别,但两者在运动形式上都是波动。

近代物理学研究证明：电磁辐射本身是一种很小的物质微粒，电磁辐射过程就是具有质量的粒子的运动过程，这种运动在时空上是一种不连续的随机性运动，它携带一定的能量。也就是说，这些微粒不能连续地吸收或发射辐射能，只能不连续地一份份地吸收或发射，这种情况叫作能量的量子化。量子化的最小单位是光子，光子具有一定的能量和动量，而能量与动量都是粒子的属性，能量分布的量子化是粒子的基本特征。因此，光子也是一种基本粒子。电磁辐射的粒子性就是指电磁波是由密集的光子微粒组成的；电磁辐射实质上是光子微粒流的有规律运动。波是光子微粒流的宏观统计平均状态。

物质吸收外界电磁波，当本身固有振动频率与外界频率相一致时，吸收能量最多，并以热能形式向外辐射。因此，热辐射过程实质上也是一种电磁能间的相互转换，是一种重要的电磁辐射，可用场方程式来表示。电磁辐射场方程式是把某一位置电场随时间的变化归因于原子在该位置及相邻位置间瞬时情况的改变，在热辐射情况下也是如此，只是它仅以一种光频波形式出现。辐射能量的多少决定于场的强弱，也就是物体受热温度的高低，温度愈高，原子与分子的振动和旋转愈大，辐射热就愈大。

微波辐射和红外辐射都是热辐射，是由于物质内部的运动状态不同导致的。热辐射的强度和波长分布与物体的绝对温度有关。只要温度在 0 K 以上，一切物体都会发射出由该温度所决定的热辐射。由于热辐射特性和电磁辐射特性之间存在对应关系，因此用温度作为热辐射能量的绝对度量是一种很方便的方法，并可由此在温度的尺度上建立起接收辐射信号功率的一种绝对度量。

5.3　断裂物理基础

断裂物理是从材料本身的结构出发，根据断裂过程中所表现出来的现象，分析与研究不同材料中裂纹产生的机制、裂纹扩展的规律的物理过程，从而得到裂纹产生与扩展的较为明确的物理图像[130]。

所谓晶体就是具有三维格子构造的固体。对于任何晶体不论外形是否规则，其内部结构都是由结晶质在三维空间有规则地周期地重复排列而成。这种由结晶质在三维空间排列而成的交间格子就叫作晶格。不同的晶格按照自己一定的规律向三维空间无限延伸就形成了不同的完整晶体（是完全不含宏观和微观缺陷）。

矿物岩石的内部结构一般可分为四大类，即晶体结构、斑晶结构、玻璃结构和胶结结构。煤岩由多种矿物晶粒组成，矿物中绝大部分又是由天然晶体组成。

在宏观上，煤岩材料中存在裂纹缺陷；在微观上，组成煤岩材料的晶体中存在着诸如位错型缺陷的微观缺陷。因此，对煤岩断裂物理的分析应基于宏微观两方面。

5.3.1 断裂的分类

一个物体在力的作用下分成两个独立的部分，这一过程称为完全断裂；如果一个物体在力的作用下其内部局部区域内材料发生了分离，则称物体中产生了裂纹。在很多情况下，把物体中尺寸足够大的裂纹也称为断裂，这是一种不完全断裂。断裂过程包括裂纹的形成和裂纹的扩展。

按讨论问题出发点的不同，断裂有不同的分类方法。

(1) 根据断裂前材料发生塑性变形的程度来考虑，断裂可分为脆性断裂和延性断裂。脆性断裂前基本上不发生宏观塑性变形，断裂功很小，没有明显的征兆，因而危害很大；延性断裂的特征是断裂前发生明显的宏观塑性变形，或断裂所吸收的能量(断裂功或冲击值)较大。延脆行为与加载速率有关，许多材料在低加载速率下呈韧性断裂，在高加载速率下则呈脆性断裂。在我们加载实验的样品中，大多数发生的是脆性破裂，破坏时无显著变形突然破裂以及破裂时伴有明显的破裂声。

(2) 按照裂纹扩展路径，可分为穿晶断裂、沿晶断裂和混合断裂，穿晶断裂可以是韧性断裂，也可以是脆性断裂，而沿晶断裂则多为脆性断裂。

(3) 根据断裂机理，断裂可分为解理断裂和剪切断裂。解理断裂是严格沿一定的晶面分离，该晶面称为解理面。一般认为沿着解理面断裂时，与其他结晶面断裂相比，其理论断裂强度最低，根据原子间相互作用力模型，计算了完整晶体的断裂强度，其表达式为：

$$\sigma_m = \left[\frac{E\gamma_s}{d}\right]^{1/2} \tag{5-2}$$

式中 E 为晶体的弹性模量，γ_s 为断裂的表面能，d 为晶体点阵常数。对于一般固体，σ_m 的数量级为 $E/5 \sim E/10$，但实际材料的断裂强度要比理论断裂强度低得多(只有它的 1/100～1/1 000)，这是由于存在缺陷的结果。只有毫无缺陷的晶体才能达到接近于固体中 σ_m 值的断裂强度。

通常解理断裂是脆性断裂，但脆性断裂不一定就是解理断裂。剪切断裂是在切应力作用下，沿黏滑面滑移而造成的滑移面分离，它又可以分为滑断(或纯剪切断裂)和微孔聚集型断裂。

(4) 断裂还可以根据引起构件断裂的原因进行分类，如在变动载荷作用下的疲劳断裂；由应力和腐蚀介质的共同作用引起的应力腐蚀断裂及过载断裂、氢脆断裂、蠕变断裂、混合断裂等。

5.3.2　裂纹的分类

断裂力学是研究带有裂纹的物体在载荷的作用下裂纹扩展规律的一门学科。裂纹的分类有两种方式：① 按裂纹存在的几何特性，可把裂纹分为穿透裂纹、表面裂纹和深埋裂纹；② 按裂纹受力及其扩展途径分为三种类型，张开型（Ⅰ型）、滑开型（Ⅱ型）、撕开型（Ⅲ型），如图 5-2。Ⅰ型，是一种在垂直裂面方向加载的正应力作用下促使裂纹扩展的方式；Ⅱ型，是一种在平行裂纹长度方向加切应力促使裂纹扩展的方式；Ⅲ型，是一种在垂直裂纹长度方向加切应力促使裂纹扩展的方式。

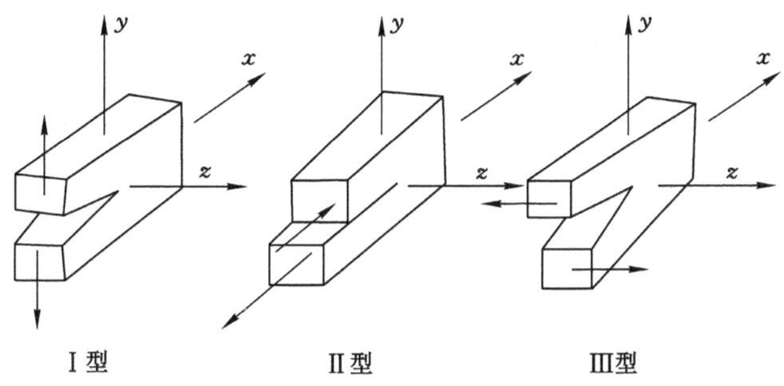

图 5-2　裂纹的三种扩展方式

5.3.3　岩石微破裂的类型

根据断裂处的空间位置及分布可将岩石微破裂的类型分为以下 3 种[131-136]：

(1) 晶内断裂。晶内断裂是指断裂完全发育在晶体内部，又可分为解理断裂和滑移断裂。解理断裂是晶体在应力作用下，沿解理面裂开的断裂；而滑移断裂实际上是位错滑移所造成的晶内断裂。两种断裂有不同的表现，解理断裂的原子没有沿破裂面发生滑动，而是直接在断裂面裂开，是晶格键破裂的表现。因此解理断裂是一种张性断裂；而滑移断裂则是剪性断裂，并在断裂前经历了显著的塑性变形。

(2) 晶间断裂。晶间断裂是指微破裂穿过晶体间边界面进入其他晶体中产生的断裂。由于晶间界面通常是结构薄弱面，所以也可以看作缺陷。岩石在应力作用下，一些微破裂会沿着晶间的界面裂开形成晶间断裂。同解理断裂一样，它通常是一种张性的破裂。

(3) 穿晶断裂。当应力进一步提高时，一些晶内断裂可以突破晶界，发展到邻近的晶体内部，形成穿晶断裂。穿晶断裂的力学性质既可以是张性的，也可以是剪性的。

研究结果表明[137]，岩石的细观断裂以沿晶断裂为主，而以穿晶断裂为辅。裂纹在扩展中，是沿晶还是穿晶断裂，主要取决于晶界或晶内的强度，若晶界强度大于晶内强度，则裂纹穿晶扩展，反之则沿晶扩展。

5.3.4 Griffith 裂纹理论

为了解释实际材料的断裂强度和理论强度的差异，Griffith 于 1920 年提出了裂纹理论，其基本出发点是认为固体中存在裂纹，裂纹尖端存在很高的应力集中，比平均应力高得多。当裂尖的应力集中达到理论强度时，裂纹则快速扩展导致断裂。对于一定尺寸的裂纹，有一临界应力值 σ_c。当外加应力低于 σ_c 时，裂纹不能扩展；只有当应力超过 σ_c 时裂纹才能迅速扩大，导致断裂。

设在薄板中有一长度为 $2a$ 的穿透型裂纹，受张应力 σ 的作用，Griffith 从能量条件，推导出裂纹扩展的临界张应力 σ_c 为

$$\sigma_c = \left[\frac{2E\gamma_s}{\pi a}\right]^{1/2} \approx \left[\frac{E\gamma_s}{a}\right]^{1/2} \tag{5-3}$$

对平面应变则为

$$\sigma_c = \left[\frac{2E\gamma_s}{\pi(1-v^2)a}\right]^{1/2} \tag{5-4}$$

Griffith 理论的出发点，就是通过材料中存在原始缺陷来解释材料在低应力条件下脆断现象。Griffith 公式只适用于脆性固体，对于断裂前产生明显塑性变形的断裂，为了采用 Griffith 判据，在表面能项中，应加上塑性变形功。后来，人们根据断裂前总是存在某种塑性变形的事实，从位错理论的角度提出了裂纹的形核和长大机制，裂纹端部地扩展不是简单的延伸，而是裂纹端部附近首先发育微破裂；当裂纹长大到 Griffith 公式所确定的临界长度时，它们集结与宏观裂纹归并，发生失稳扩展，导致断裂。

5.3.4.1 煤体中的 Griffith 缺陷

Griffith 缺陷（或裂纹）是指典型的脆性固体必定包含许多亚微观缺陷、微型裂纹或其他用常规手段无法发现的非常小的不均匀粒子。煤体是一种节理裂隙繁多的多裂纹介质的材料，在其内部广泛分布着大量弥散的原始裂隙和裂纹等 Griffith 缺陷。实践证明，由于煤体中的裂纹效应和其结构的非均质性，降低了煤体的断裂强度，所以会发生“低应力脆断”。

Griffith 缺陷的形态及其演化过程，是发生在细观层次上的物理现象，必须用细观观测手段或细观力学方法加以研究。扫描电镜（SEM）是进行材料细观

力学特性研究的有力工具，本实验中采用 HITACHI S-3000N 扫描电镜对实验煤样破裂状态进行了细观观测。该电镜加速电压为 20 kV，具有二次电子分辨率高(可达 3～4 nm)，聚焦景深大(可达 1 mm)，获取照片立体感强、放大倍率高等优点，且观测时可直接获得数字图像。

以忻州窑煤样和同家梁煤样为例，由图 5-3 和图 5-4 可以看出煤体中存在着大量的 Griffith 缺陷，其形状、大小、方向各不相同。这些孔隙又可分为原生孔隙和后生孔隙。图 5-5～图 5-8 为大同原煤丝质体横断面和纵-斜断面，可以看出，除了具有大量的后生孔隙外，在孔隙簇之间还有多条裂纹存在；其他如图 5-9～5-14 均存在剪张性裂隙或张性裂隙，详见表 5-2 插图说明。

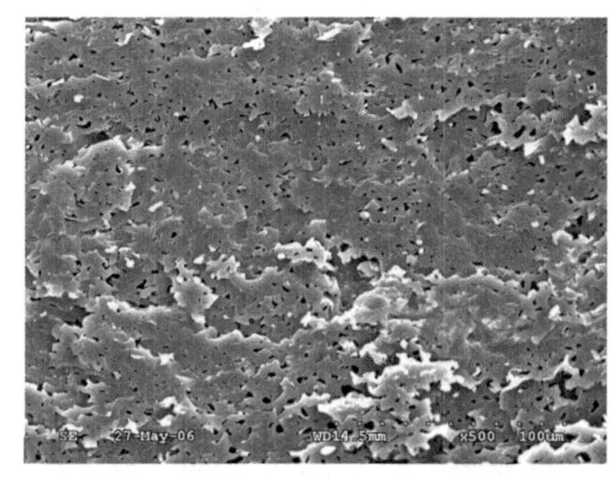

图 5-3　忻州窑矿原煤电镜
照片 3#(a)，×500

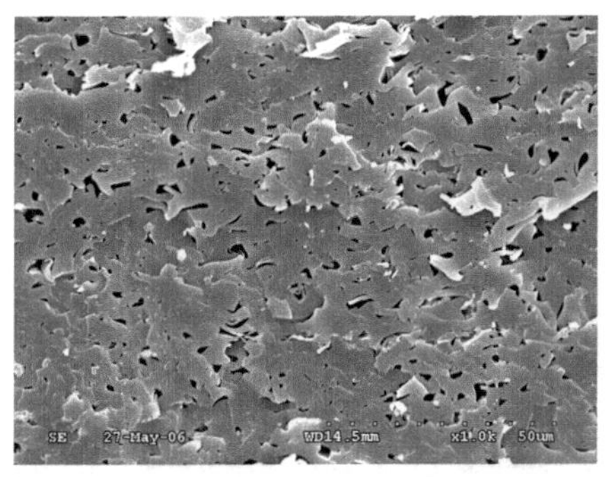

图 5-4　忻州窑矿原煤电镜
照片 3#(a)，×1 000

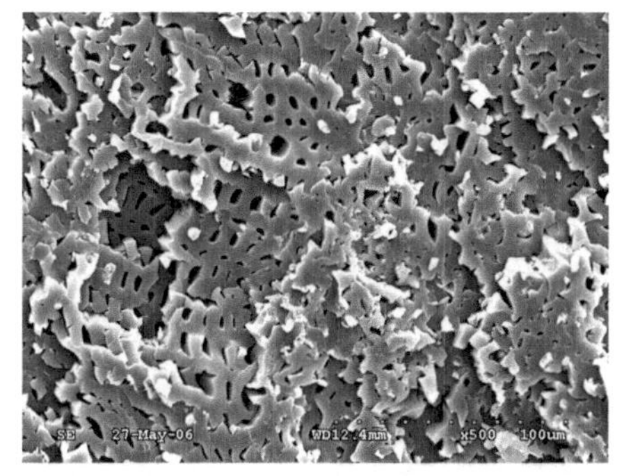

图 5-5　忻州窑矿原煤电镜
照片 6#(a)，×500

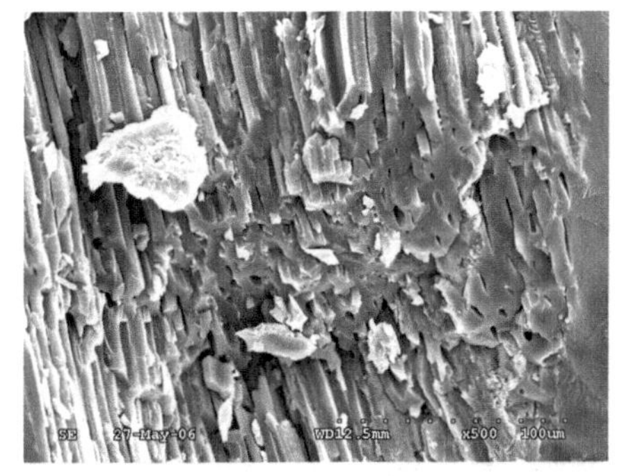

图 5-6　忻州窑矿原煤电
照片 6#(b)，×500

图 5-7 同家梁矿原煤电镜

照片 7#(a),×2 000

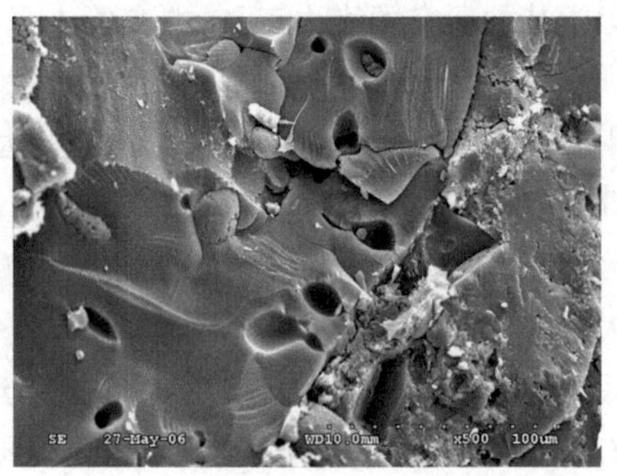

图 5-8 同家梁矿原煤电镜

照片 7#(a),×500

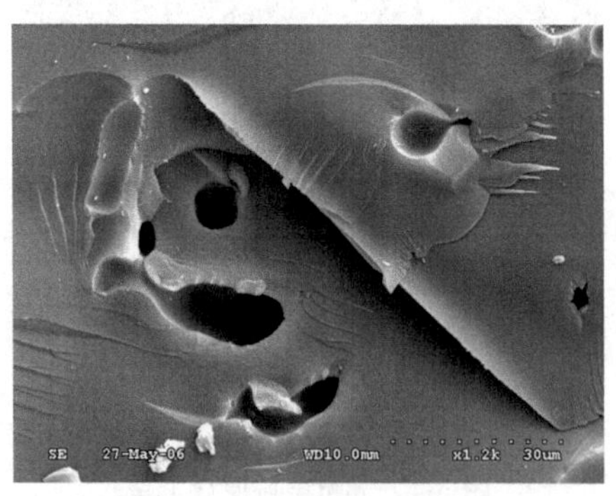

图 5-9 同家梁矿原煤电镜

照片 7#(a),×1 200

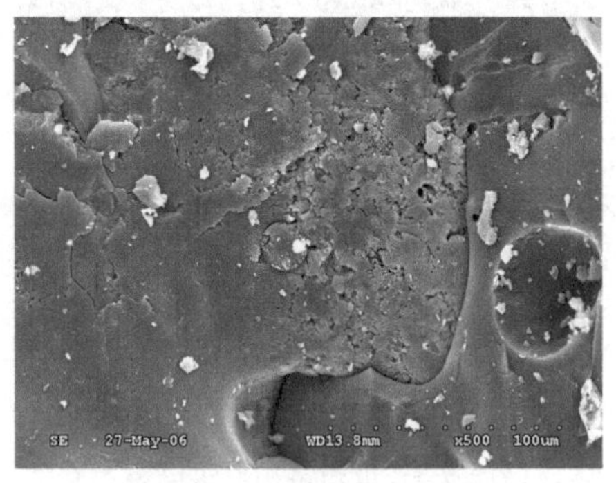

图 5-10 同家梁矿原煤电镜

照片 7#(b),500

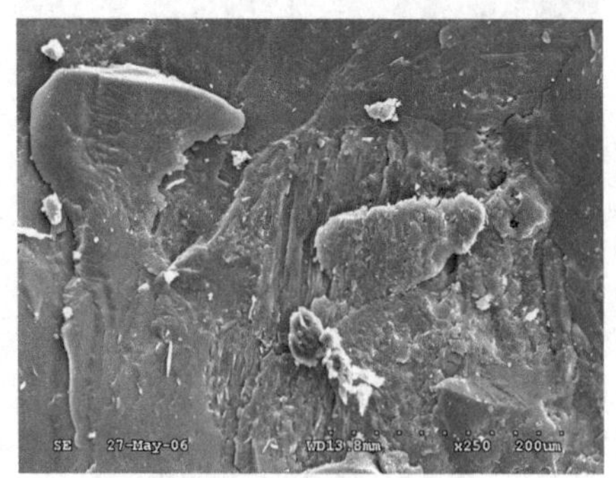

图 5-11 同家梁矿原煤电镜

照片 7#(b),×250

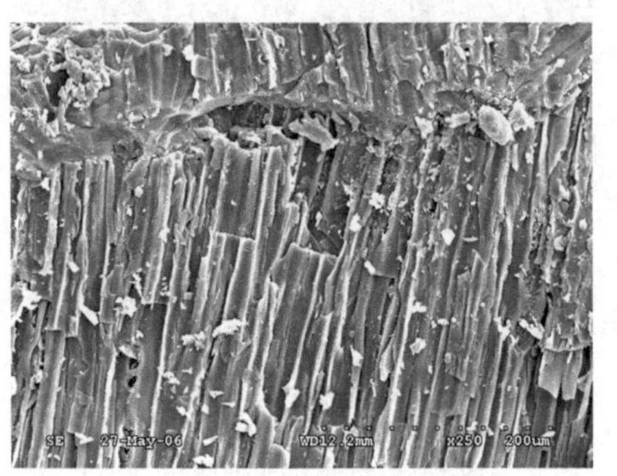

图 5-12 同家梁矿原煤电镜

照片 8#(b),×250

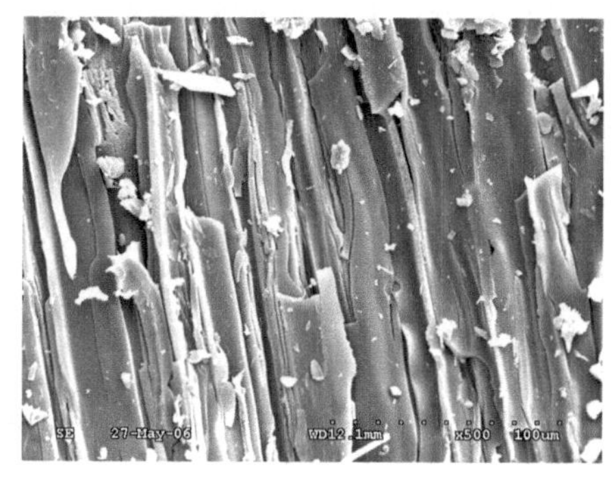

图 5-13 忻州窑矿原煤电镜照片 8#(b),×500

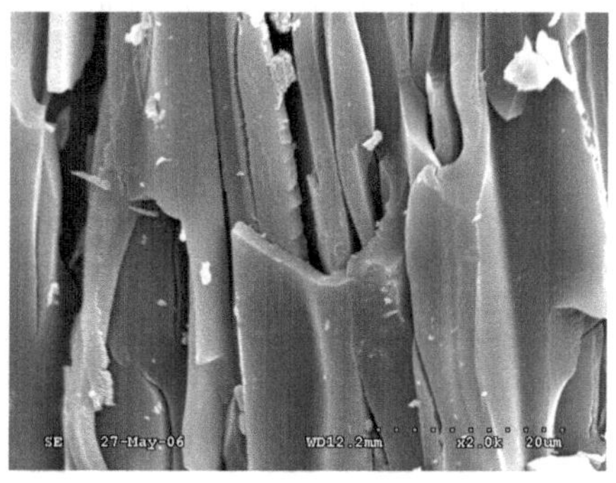

图 5-14 忻州窑矿原煤电镜照片 8#(b),2 000

表 5-2 插图说明

图号	煤体微观特征描述
图 5-3	结构镜质体,孔隙丰富,有很多为原生孔隙,×500
图 5-4	结构镜质体,孔隙多且多为原生孔隙,孔隙形状各不相同,断口平滑,×1 000
图 5-5	丝质体横断面,含有丰富的孔隙,如海绵状,孔隙多呈椭圆形,长轴约 10 μm 左右,在孔隙簇之间还有多条裂隙,×500
图 5-6	丝质体纵、斜断面,其上粘有碎裂碎片,从侧面仍可见孔隙,丝质体纵向间有多条裂纹,右侧贝壳状断口,×500
图 5-7	结构镜质体,细胞闭合,原生裂隙及胞腔内被少量矿物填充,上下贯通的裂隙及短小裂隙,中间被有少量填充物,×2 000
图 5-8	贝壳状断口,镜质体内的后生气孔,个别孔内有糜棱质填充物,有张性裂隙连通,×500
图 5-9	镜质体中气孔,气孔有破裂和连通,河流状断口花纹,有剪张性裂隙,×1 200
图 5-10	镜质体内部包含糜棱质,有一条曲折的大型和若干条小的原生裂纹,镜质体内有张性裂隙和少数小气孔,×500
图 5-11	台阶状断口,流水状断口,有原生裂隙存在,×250
图 5-12	丝质体纵断面,有多条纵向裂纹,×250
图 5-13	丝质体纵断面,含有多条纵向裂纹,×500
图 5-14	丝质体纵断面,含多条纵向张性裂纹,丝质体断口平滑,×2 000

煤体中的缺陷在载荷下会产生应力集中,致使材料的实测强度较理论强度低很多。煤体多为晶粒的集合体,这些集合体即使用肉眼也能分辨出晶粒间的界限。

这些晶界对煤的强度会产生极大的影响。即使煤没有任何明显的缺陷，对于多数的结晶界面，相同的矿物晶粒间由于方向不同彼此间的弹性模量也不相同，在承受载荷发生应变的情况下，在晶粒界面上也会产生某种程度的应力集中现象。因此，这些晶粒界面也起着 Griffith 缺陷的作用。

5.4 宏观断裂力学

近代断裂力学是 Irwin 在对裂端应力场的形式进行分析后，引出了应力强度因子的概念，并与 Griffith 能量观点联系之后才逐步发展起来的。应力强度因子 SIF(Stress Intensity Factor)是断裂力学中表征裂端应力应变场强度的一个极为重要的参数，与裂尖能量释放率有着必然的联系，当应力强度因子达到临界值(即材料的断裂韧度)时，就发生断裂。线弹性断裂力学主要包括 Griffith-Orowan 的能量理论和 Irwin 的应力强度因子理论。

弹塑性断裂力学研究始于 Orowan 和 Irwin 提出的塑性材料裂纹的能量判据。1960 年，Dugdale 运用 Muskhelishvili 的方法，研究了裂纹尖端的塑性区，即 D-M 模型；1961 年 Wells 提出的裂纹张开位移(COD)准则，可作为弹塑性条件下裂纹的起裂准则，但这个准则的理论基础较薄弱；1963 年，Bilby、Cottrel 和 Swinden 从位错概念出发研究裂纹尖端的塑性区(BCS 模型)。1968 年，Rice 提出用围绕裂纹尖端的与路径无关的线积分(J 积分)，它的物理意义即为裂纹尖端的能量释放率；J 积分和其他守恒积分(如 M 积分和 L 积分)相结合，已广泛应用于求解裂纹尖端的应力强度因子；同年，Hutchinson，Rice 和 Rosengren 分别发表了I型裂纹尖端应力应变场的弹塑性分析，即著名的 HRR 奇异解，这是 J 积分可作为断裂准则的理论基础。弹性 T 项是 Rice 于 1974 年所引出的一个表征裂尖平行于裂面的应力分量的参数，它一方面影响塑性屈服区的尺寸，另一方面控制着 I 型裂纹扩展路径的稳定性，它在断裂力学中也相当重要。至此，断裂力学已经基本建立起了较为完整的理论体系，也逐步拓展了其工程实际应用[138-139]。

5.4.1 裂纹集结与扩展理论[140]

Nucleation 的本来含义就是突变过程的集结、成核、起始等。就晶体材料而言，普遍接受的观点是：裂纹成核是塑性变形局部受阻的结果，其中位错塞积是一种常见的机制。所以成核实际是微裂纹在应力集中部位的集结或丛集。断裂在形成过程中首先经过成核阶段，当成核部位阻力被外加应力所克服时，裂纹才能扩展。

微破裂集结在断裂力学中始终是核心问题之一。地震集结的基本含义[141]，即岩体内微破裂的集结，最初由材料的损伤理论提出。在地震学中为IPE(Institute of Physics of the Earth)模式，其主要内容是：① 在应力环境或介质弱化的条件下，破裂从分子尺度，从分子键的破裂开始；② 微破裂最初是随机萌生，其距离较远，相互作用很弱；③ 由于热力学的涨落，已产生的微裂纹还会有愈合。部分裂纹愈合，部分裂纹新产生，叫作微破裂迁移；④ 微破裂的迁移往往带有集结趋向。随着微破裂密度加大，相互作用逐渐增强，微破裂从无序向有序转变。当微破裂局部密度达到临界值时，出现微破裂的局部集结；⑤ 这种集结是多层次的，各个层次的破裂分布满足自相似(谢和平，1996)；⑥ 微破裂演化的后期，集结达到宏观尺度，最后导致小尺度的微破裂集结为尺度较大的裂纹或断层，在形变上表现为预滑。当这种集结形成宏观临界尺度的局部弱化时，就会导致岩体的失稳破坏。由于地下岩体处于压应力状态下，断层的破裂主要是剪切型的，破裂过程伴随裂纹(或断层)面之间强烈地相互摩擦。岩石力学中的Mohr准则，实际是对微破裂集结引起局部破坏结果的一种宏观统计规律。

Zhurkov等(1984)进一步提出了微破裂集结的临界条件裂纹密度的判据。理论推导表明，处于临界自组织状态下微破裂的间距R和裂纹尺度L满足$R/L=K$，$K=e$或$K=3$成为微破裂集结归并的阈值。实验研究结果表明，上述规律存在尺度不变性(自相似)。Zhurkov等(1984)的实验对象尺度涵盖了从10^{-5} cm(晶格尺度)～10^4 cm (矿山岩爆)～10^5 cm(地震)的尺度。

材料强度的研究通过相似原理推广到岩爆和地震，就是地震危险性的预测。在上述理论的基础上，Kuksenko等(1996)提出了岩石破坏分为两个阶段的理论。认为在第一阶段，裂纹或局部破坏随机产生，为累积阶段；在第二阶段，裂纹的产生和演化从无序转为有序，导致破裂相互归并成核，此时裂纹数量和尺度加速扩大而进入非稳定破坏阶段，此阶段表现为声发射(小震)频度迅速加大。由于集结区的松弛，导致过程速率在主破坏前的暂时反弹(震前的平静)。这个理论对于解释强震前的地震序列以及矿山地震、小样品声发射序列特征(累积—密集—平静—主震)都适合(Lockner et al.，1992)，因此得到了广泛的应用[142-143]。

熊秉衡等[144]基于实验研究微破裂成核与应力场的关系，发现大事件(相当于强震)发生前微破裂有丛集(成核)现象，而大破裂或者发生在丛集区内及其附近，或者发生在丛集区外延伸裂缝上。微破裂的丛集现象发生在高应变梯度区或几组高应变梯度区包围的相对低的应变区。

因此，岩石的宏观破裂是一个微破裂的形成发展过程。在这个过程中必然包含微破裂的成核、扩展、归并、连接、贯通等子过程。同时,伴随形变和微破裂的产生,必然存在热力学方面的变化。

5.4.2 基于能量理论的裂纹断裂准则

对于弹性条件下裂纹的断裂力学问题的处理方法有两种:一种是采用应力场强度分析的方法;另外一种是采用能量分析的方法。本节以能量为基础,采用断裂力学理论对存在裂纹的热力系统进行了分析,建立了准静态下的断裂准则。

5.4.2.1 理论依据

存在裂纹的热力系统受外力作用如图 5-15 所示。设系统的内能为 E,动能为 K,断裂表面能为 T,对系统做功为 W,那么有

$$\dot{W} = \dot{E} + \dot{K} + \dot{T} \tag{5-5}$$

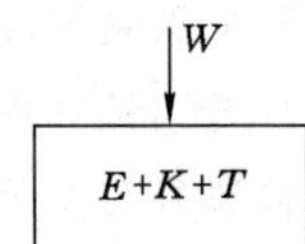

图 5-15 固体力学系统

假设受载过程中系统为绝热过程,研究对象为弹塑性固体介质。根据固体力学理论和能量守恒定律,外力对固体介质做功将会产生两种不同性质的变形:一部分为可恢复的弹性变形,与之相应的弹性应变能将以内能的形式储存于介质内部;另一部分为不可恢复的非弹性变形,包括塑性变形、流变变形和损伤变形等,外力对非弹性变形所做的功将有相当部分转化为耗散热能,引起介质温度的上升。

因此,系统总内能的变化完全归结于弹性变形能 U_e 和非弹性变形能 U_p 的改变,而 U_e、U_p 会引起介质温度的上升。上述理论用公式表示即为

$$\dot{W} = \Delta\dot{E} = \dot{U}_e + \dot{U}_p \tag{5-6}$$

$$\dot{E}_d = \alpha\dot{U}_p \tag{5-7}$$

在上式中,$\dot{W}$ 为外力做功功率;$\dot{E}_d$ 为相应的耗散热能变化率,绝热情况下外力做功所导致的介质温度升高主要由此项决定;α 为耗散能转换系数,其值在0～1之间变化。

5.4.2.2 断裂能的定义及表达式

由于断裂为不可逆的热力学过程,由非平衡的热力学可知,不可逆的过程必然伴随着熵的增加。因此,不能采用传统的断裂表面能概念。

为定义新的表面能,令 ψ,η,ρ 和 θ 分别代表自由能、熵的体积密度、质量密度和温度;再令 ψ^*,η^* 和 ρ^* 分别对应新表面的自由能、熵的体积密度和质量密度;$S_{F(t)}$ 为因裂纹扩展而形成的新表面;$\dot{E}_{[SF(t)]}$、$\dot{K}_{[SF(t)]}$ 分别是断裂表面的内能和动能。

表面能定义如下

$$\dot{T}_{[SF(t)]}\equiv\dot{E}_{[SF(t)]}+\dot{K}_{[SF(t)]}=\frac{\partial}{\partial t}\int_{SF(t)}\gamma^{*}(x,t)\mathrm{d}A \tag{5-8}$$

在上式中，$\gamma^{*}(x,t)\mathrm{d}A$ 是与断裂表面有关的热力学表面能密度，x 代表物体内任一点的位置矢量。

$$\gamma^{*}(x,t)=\rho^{*}[\psi^{*}+\theta\cdot\eta^{*}+\frac{1}{2}\dot{x}\cdot\dot{x}] \tag{5-9}$$

在上式中，$\dot{x}$ 代表其任一点的速度。上式表明，扩展裂纹面上的表面能密度由断裂表面的变形能 ψ^{*}，表面内的热 $\theta\cdot\eta^{*}$ 以及分离表面的动能$(\dot{x}\cdot\dot{x})/2$ 所组成。

5.4.2.3 准静态情况下断裂准则的推导[145]

由大量的实验可知：(1) 单位体积的材料产生塑性变形的能力是有限的，即存在最大值 U_{pc}；(2) 单位时间单位体积的材料产生塑性变形的能力是有限的，即存在最大的 $\dot{U}_{pc}$。

裂纹的失稳扩展条件是：弹性变形、塑性变形和断裂表面能达到临界值。即

$$\left(\frac{\partial W}{\partial A}-\frac{\partial U_{ec}}{\partial A}\right)_{失稳扩展时}=\frac{\partial U_{pc}}{\partial A}+\frac{\partial T_{c}}{\partial A} \tag{5-10}$$

由(1)和(2)可知，$\frac{\partial U_{pc}}{\partial A}$和$\frac{\partial T_{c}}{\partial A}$是材料常数。而$\left(\frac{\partial W}{\partial A}-\frac{\partial U_{ec}}{\partial A}\right)$可以由裂纹长度和远场应力确定。即

$$\left(\frac{\partial W}{\partial A}-\frac{\partial U_{ec}}{\partial A}\right)=f(\sigma,A) \tag{5-11}$$

式中 σ 为远场应力，A 裂纹面积。于是得到弹性材料的断裂准则如下：

(Ⅰ) 当 $f(\sigma,A)>\frac{\partial U_{pc}}{\partial A}+\frac{\partial T_{c}}{\partial A}$，裂纹产生失稳扩展而结构发生破坏；

(Ⅱ) 当 $f(\sigma,A)>\frac{\partial U_{pc}}{\partial A}+\frac{\partial T_{c}}{\partial A}$，结构处于安全状态；

(Ⅲ) 当 $f(\sigma,A)=\frac{\partial U_{pc}}{\partial A}+\frac{\partial T_{c}}{\partial A}$，结构处于临界状态。

5.5 微观断裂力学

Griffith 缺陷（或裂纹）已成为讨论任何脆性材料强度的基本要素。然而，尽管明确了缺陷在形成局部应力集中过程中的作用，但是成核过程的本质仍不太清楚，

其中比较重要的因素有：

(1) 内聚键和原子结构的性质：固体的任何力学性质最终都是由原子结构决定的。结晶矿物中，沿着某些结晶面，原子键特别容易发生张性断裂，例如解理，或剪性断裂，如滑移。这种各向异性，对材料缺陷的产生有很大的影响。

(2) 缺陷结构：岩石中包含许多缺陷或不均匀体，它们都是 Griffith 缺陷的潜源，其中包括点缺陷，如空位、填隙子、替代式杂质；线缺陷，如位错；面缺陷，如晶界、双晶面、相界面、堆垛层错或裂纹本身；体缺陷，如空穴、气泡、淀积物、掺杂物。总之，可以认为这些缺陷组成了材料的微观结构。

Griffith 很清楚地知道，对自己的断裂准则的完整描述需从分子、原子尺度出发来对其加以评价。

而线弹性断裂力学和弹塑性断裂力学是建立在经典的连续介质力学框架之上的，回避了裂纹尖端真实的物理过程(称之为黑盒子)。要想打开黑盒子，必须对裂纹尖端区域材料的细微观结构和缺陷特征及其在外载荷作用下的演化过程做深入了解。比如说，断裂总是始于裂端的极小区域，由于裂端存在损伤及不均匀性，当其损伤达到临界程度时，在宏观裂缝尖端存在一个卸载的应变软化区(Labuz，1987；Duchtelony，1982)，并不存在线弹性断裂力学提出的应力奇异场。这个小区域就叫作断裂过程区 FPZ(Fracture Process Zone)。在此小区域中材料的微结构起决定影响，也是宏观力学不适用的地方，即黑匣子内发生的断裂事件却无法用宏观断裂力学的理论加以描述。因此，为了探索断裂过程区的黑匣子问题，更深层次的研究——微观力学便应运而生[146]。

科学文献中常见的术语“微观”包含着若干具有不同力学分析特征的层次，从最粗糙的意义来说，可将其分为“细观”与“纳观”两类范畴。细观力学的应用尺度一般在微米上下，这时英文微米(micron)与细观力学(micromechanics)有很好的关联；而纳观力学(nanomechanics)则深入到更微细的纳米层次(nanoscopic)。纳观力学的研究对象可以是纳米晶体、纳米材料，但更通常是对一般固体材料在纳观尺度下力学行为的研究，而这一研究将是 90 年代乃至 21 世纪固体力学横跨材料科学而与固体物理相结合的学科前缘。在以下的分析讨论中，我们把细观力学与纳观力学统称为微观力学。

5.5.1 裂纹尖端地区的结构[147-150]

裂纹尖端的结构目前了解得很少，科学家将裂纹尖端区域分为四个区：

(1) 非线弹性区。这一区的范围在裂纹尖端的 10^{-7} cm 附近，材料的韧性首先取决于这一区域原子键的特性，Smith 曾指出，当晶体中原子键的方向性强时，晶体能量与原子的位置十分敏感，故位错宽度小，派-纳力大，受力后晶体趋于脆断；反之，晶体则表现出较好的韧性。Kelly 从大量事实中，得出当原子键破断强度小于其切变强度时，裂纹便以脆断方式扩展；反之，则在扩展前产生位错从而导致韧性断裂。

(2) 高塑性伸张区。这一区的范围在裂尖 $10^{-2} \sim 10^{-3}$ cm 附近，其塑性应变为 $1 > \varepsilon_p > 0.1$。

(3) 塑性区。此区要比高塑性伸张区要大一个数量级。平面应变的总比平面应力的塑性区要小。塑性区中应变 $\varepsilon_p \leqslant 0.1$。

(4) 线弹性区。这一区在塑性区以外，其范围约相当于裂纹长度的 0.2 倍，一般为 10^{-1} cm。

5.5.2 断裂粒子辐射[151-155]

断裂是完整固体在受力条件下的分离。伴随着材料断裂过程，从裂尖发射出大量粒子，包括光子、电子、正负离子以及一些中性的粒子等等。由于这些粒子的发射与材料的断裂紧密相连，将其统称为“断裂粒子发射(fractoemission)”。断裂粒子发射是宏微观贯穿的典型过程。断裂粒子发射现象既与裂尖的晶格排列、原子相互作用势函数这类微观过程紧密相连，又与曲折的裂纹面等细观结构相联系，同时又受宏观加载的控制。Dickinson 等[151]在关于断裂过程的实验中发现了断裂粒子发射。谭鸿来等首次用裂尖原子运动的理论模型结合实验解释了断裂粒子发射的现象。

郭自强等(1989)[28]根据其岩石破裂中电子发射的实验结果，建立了破裂岩石电子发射的压缩原子模型，试图从理论上来解释电子发射的内在原因。

实验研究(Д е р я г и е，1973；Heinicke，1984；孙正江，1986；Enomoto，1990)表明，在煤岩新形成的裂隙壁上有电荷存在，并在裂隙中间形成很高的电场。基于此，何学秋等提出了场致粒子辐射的机理，分析了裂隙间电荷分离与粒子辐射的关系。

裂尖断裂时产生的能量脉冲造成断裂粒子的发射。Dickinson 等[151]认为，断裂粒子发射是由于在裂纹扩展过程中，高度集中的能量流注入裂纹面很小的区域中所造成的。随着载荷的增加，断裂粒子发射的强度逐渐增加。

谭鸿来等[155]提出将裂尖原子的运动与周围连续介质相嵌合的理论模型。模型的优点在于将微观的原子运动与裂尖的控制氛围建立了联系，可以研究控制裂尖氛围的尤场对原子运动的影响。对解理断裂和位错发射时的裂尖原子运动的研究表明：当 K 场载荷超过一定的临界值时，原子运动出现混沌，这些临界值都小于静态断裂或者位错发射的临界值。系统的混沌是断裂的前兆。对于解理断裂，当载荷进一步加大时，原子运动会重新回复到周期轨道，表明了原子价键已经破断；对于位错发射，裂尖原子的混沌运动导致裂尖位错芯的位置漂移不定。断裂过程裂尖产生大量的热，从裂尖原子模型可以解释断裂热产生的根源。

研究表明，固体材料的断裂过程是从裂尖原子价键的破断开始的。原子价键的破断过程是一个动态的、高度非线性的过程。从原子尺度讨论的是裂尖局部力学氛围作用下的价键破断，反映的是材料的物理本质特性。细观断裂力学在原子尺度描述的是位于裂尖的镶嵌于连续介质中的相互作用原子对，范围为几个埃（1Å$=10^{-10}$ m）。

5.5.3 粒子辐射的解理断裂模型

在如图 5-16 所示建立的对称型裂尖双原子模型[155]中，裂尖原子对镶嵌于环绕裂纹尖端的连续介质中，两条裂纹轮廓线，实线对应于即时的裂尖构型，虚线对应于裂尖扩展一个原子间距后的虚拟构型。裂尖原子的运动与周围的连续介质相匹配。e_1 为裂纹扩展方向，原子 1 与原子 1′的运动关于 e_1 轴对称。环绕裂纹尖端的应力场是对称的，并且可用Ⅰ型应力强度因子 $K_{\rm I}$ 来表征。近似认为环绕裂尖的连续介质为处于准静态的线弹性介质。

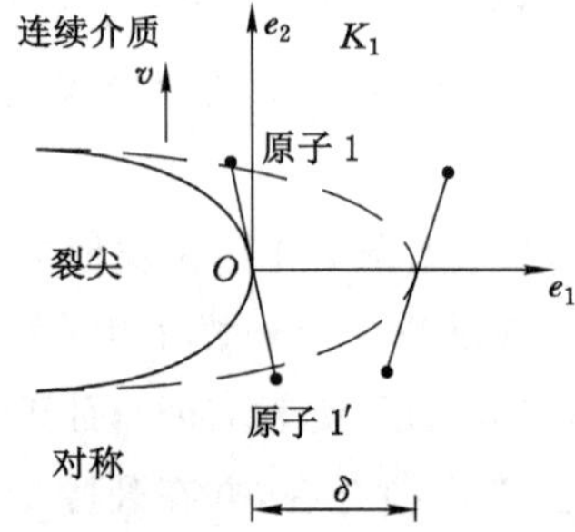

图 5-16　解理断裂对称型裂尖双原子模型

在解理断裂过程中，环绕裂尖的连续介质对裂尖原子的运动主要有两方面的影响：一是由于远场 $K_{\rm I}$ 造成的对裂尖原子的拉伸效应；二是连续介质对原子位移的约束作用力 p。在原子价键破断过程中，裂纹失稳扩展的条件为当原子价键破断时，即 $F_1 \geqslant F_{\rm IC1}$（$F_1$ 代表了Ⅰ型外载作用在裂尖原子上的力，$F_{\rm IC1}$引起价键破断的临界力）。

当裂纹扩展时，裂尖由于原子价键破断产生能量释放；被释放的能量转化为裂尖原子的动能。裂尖原子的这些动能通过两种渠道向外传播：一种是通过激发粒子向外发射；另一种是通过波的形式从固体媒介由裂尖向外发散。在裂纹向前扩展时，裂纹表面处于高度的激发状态。对于某些离子晶体，裂尖表面的温度可能超过 1 000 K，高温使得裂尖更易于发射粒子。对于解理断裂，裂尖原子在加载和卸载过程中均可能释放出能量脉冲，这些能量脉冲分别激发了断裂过程中和断裂以后的粒子发射。

在如图 5-17 所示的解理断裂对称型裂尖四原子模型中，实线对应于即时的裂尖构型，虚线对应于扩展了一个原子间距后的裂尖构型。裂尖原子的运动与连续介质的运动相耦合。原子镶嵌在环绕裂尖的连续介质之中，只考虑裂尖四个原子的剧烈运动，介质的其余部分运动相对不剧烈，环绕裂尖的应力应变场关于 x_1 轴对称，应力强度因子用 K_1 来表征。

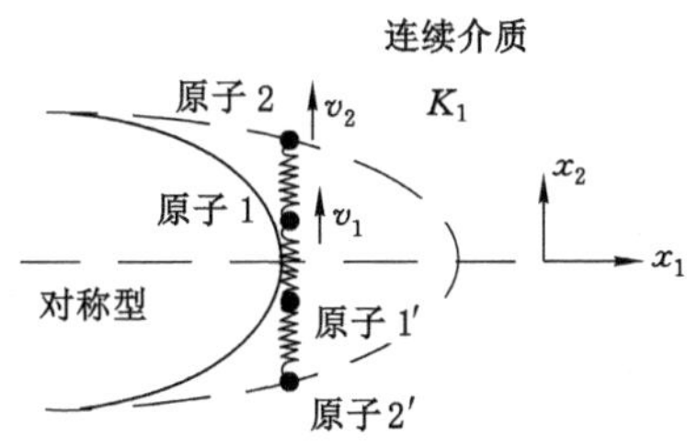

图 5-17 解理断裂对称型裂尖四原子模型

在原子断裂的动态过程中，由于混沌效应，将载荷分为了 4 个区：Ⅰ区——裂尖原子的运动基本没有耦合作用；Ⅱ区——裂尖面临断裂但仍有足够的键合；这时裂尖的原子处于强耦合状态，对裂尖原子的微小扰动（如载荷的变化，原子的热运动）由于系统原子的混沌而将波及整个裂尖区域；Ⅲ区——原子价键静态破断但仍有牵连；Ⅳ区——原子价键直接破断，裂尖原子无耦合作用。在动态断裂过程中，在不同的载荷作用下材料的行为表现为 3 种不同的形式。材料受Ⅰ区载荷作用时裂纹稳定而不扩展，材料受Ⅱ区和Ⅲ区载荷所经历的断裂过程称为徐变断裂过程，材料受Ⅳ区载荷所经历的断裂过程称为突发断裂过程。从李雅普诺夫指数的计算估计，当载荷位于Ⅱ区和Ⅲ区时，断裂过程导致熵增而产生断裂热。

5.5.4 粒子辐射的位错断裂模型

从物质构成来看，岩石是由不同矿物以一定的结构、构造组织而成的矿物集合体。在大多数情况下，这些矿物是呈晶体出现的。因此，岩石在应力作用下发生形变及破裂首先是内部矿物晶体的形态变化。在实际晶体中，这种晶格结点上原子的周期性排列或多或少都会在某些地方遭到破坏，这就是晶格缺陷或晶体缺陷。这种缺陷可以在晶体生长过程中出现，称为生长缺陷(一般生长缺陷的密度较低)，也可以在晶体变形过程中产生。晶体缺陷按其在晶体中的几何分布特征可分为点缺陷、线缺陷、面缺陷和体缺陷。在这些缺陷中，线缺陷中的位错及其运动在矿物和岩石的变形尤其是塑性流动中起着重要的作用。

位错是一种线状缺陷，但不是几何意义上的线，从微观角度，位错是有一定宽度的"管道"。理想晶体可以看成是由一层层原子或离子紧密堆积而成的，如果某一原子面在晶体内部中断，在原子面中断处就出现了一个位错，由于它处于该中断面的刃边处，故称为刃型位错。如果原子面在堆积中，它绕着螺旋轴旋转一周，就增加一个面网间距，于是就在螺旋轴处出现另一种类型的线缺陷，称螺型位错。刃型位错、螺型位错以及二者结合的混合型位错是位错中的 3 种类型，但刃型位错最为常见。

固体材料中裂纹脆性断裂通常伴随有相当数量的位错发射。Sinclair 和 Finnis 建议了一个简单地考虑位错影响的断裂准则，并对纯Ⅰ型裂纹进行简单的分析，在剪切型远场应力强度因子 K_{II} 作用下可能出现沿裂纹延伸方向的位错发射[155]。图 5-18 为反对称单列原子对模型。

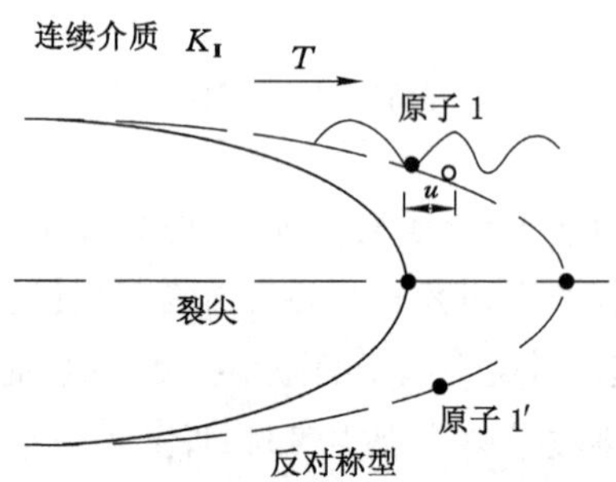

图 5-18　反对称型单列原子对模型

在图 5-18 中，实线对应于即时的裂尖构型，虚线对应于扩展一个原子间距以后的构型。r 为连续介质作用在原子上的力，波浪线表示晶格滑移势能。由图中模型可知，在不同的 K_{II} 值条件下，位错发射势随原子横向位移的变化曲线有 3 种，对于曲线Ⅰ，裂纹尖端的原子将在其平衡位置附近振动。曲线Ⅱ为临界状态，此时裂尖的局部势能极小的平衡位置消失，原子平衡位置发生突变，位错一旦形核就会立即被发射出去。记此时的临界应力强度因子为 K_{emit}。当 K_{II} 大于 k_{emit} 时(如曲线Ⅲ)，对应于位错在裂尖的形核。在本模型下，位错一旦正理形核阶段,便导致接连不断的位错发射。

图 5-19 为反对称双列原子对模型。由图 5-19 可知,当Ⅱ型载荷比较小时,裂尖原子间的运动互不耦合,在平衡位置附近作简谐振动;加Ⅱ型大载荷后,裂尖原子的运动轨迹出现非周期性,表现为混沌运动;继续增大载荷,形核的位错将发射出去。由此,以发生混沌运动为临界点可把裂尖原子不同响应区定义为两个载荷段Ⅰ区和Ⅱ区,在Ⅰ区载荷段($K_{Ⅱ}<K_{chaos}$),裂纹保持静止不扩展;在Ⅱ区载荷段($K_{Ⅱ}<K_{chaos}$),裂尖原子的运动出现混沌,为裂尖位错形核的前兆。

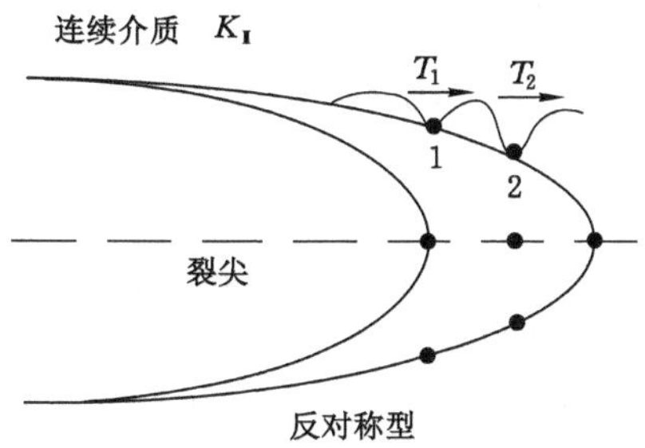

图 5-19 反对称型双列原子对模型

当Ⅱ型应力强度因子 $K_{Ⅱ}<K_{chaos}$时,对李雅普诺夫指数的计算表明裂尖原子的运动出现混沌。裂尖位错处于形核阶段,当出现混沌时,系统的微观状态数将呈指数级增长。系统的微观状态数的增加导致无序度的增加,熵是系统无序度的度量。裂尖位错形核的过程是一个熵增的过程。熵增导致裂尖热量的产生。裂尖局部的热量不易导出,因此形成位错形核过程中裂尖的高温。

从李雅普诺夫指数的计算估计,当载荷位于Ⅱ区时,裂尖由于熵增而产生热;当载荷位于Ⅰ区时,裂尖不产生热。

5.5.5 热辐射的热力学推导

1854 年克劳修斯(Clausius)发表了《力学的热理论的第二定律的另一种形式》的论文,给出了可逆循环过程中热力学第二定律的数学表示形式,引入了一个新的后来定名为熵的态参量 S。1865 年他发表了《力学的热理论的主要方程之便于应用的形式》的论文,把这一新的态参量正式定名为熵。并将上述积分推广到更一般的循环过程,得出了热力学第二定律的数学表示形式

$$\oint \frac{\mathrm{d}Q}{T}=0 \tag{5-12}$$

在宏观,熵是热力学系统的一个态函数,在任一微小的可逆过程中,熵的增

加 dS 等于系统在此过程中吸收的热量 $\mathrm{d}Q$ 与热源的绝对温度 T 的比值

$$\mathrm{d}S = \frac{\mathrm{d}Q}{T} \tag{5-13}$$

在微观，熵表征了个系统的无序度。玻耳兹曼给出熵 S 与微观状态数 W 之间的关系为

$$S = k\log W \tag{5-14}$$

其中 $k=1.38\times10^{-23}\ \mathrm{J\cdot K^{-1}}$ 为玻耳兹曼常数。假设两个微观系统 1 和 2 的微观状态分别为 W_1 和 W_2，则从状态 1 到状态 2 的变化将产生系统熵的变化为

$$\Delta S = k\ln\frac{W_2}{W_1} \tag{5-15}$$

研究证明[156-157]，一定的载荷作用下，裂尖原子运动出现混沌，从相空间和庞加莱截面图都可以观察到系统微观状态数目的剧烈增加。由式(5-15)，断裂过程裂尖原子的混沌运动导致熵增。由式(5-13)，熵增导致裂尖热量的产生。当局部产生的热量不易导出时，便形成断裂过程中裂尖的高温。

5.5.6 煤体变形破坏的微观分析

煤体的变形破坏与煤体内微裂纹的扩展有直接关系，在加载初期，煤体的初始微缺陷受力后闭合，矿物颗粒间紧密接触；当外力增加时，紧密镶嵌的矿物之间必然相互牵动，产生错动和滑移，形成微裂纹，这时的微裂纹呈无序分布状态，主要是沿晶粒界面或初始缺陷部位萌生，也有穿晶而过的。随着载荷的进一步增加，微裂纹沿着煤体内弱结构面稳定扩展，裂纹长度和宽度逐渐增大，煤体损伤加重。当煤体的变形达到临界状态时(应力阈值)，扩展裂纹端部局部张应力和剪应力的存在导致煤体内部出现局部高拉应力，由于煤体的抗拉强度很低，分布的微裂纹网络在受到煤体初始损伤的诱导、限制和制约的条件下会发生根本变化而形成主裂纹，主裂纹与外力作用方向近于平行或小角度相交。当裂纹受载荷发生扩展后，无论其初始扩展方向如何，最终裂纹的扩展总是偏向最大压应力方向，因为在最大压应力方向，次生裂纹表面所受的夹制力最小。随应力的不断增大，裂纹分叉发展成裂纹群，最终导致煤体的破裂失稳。

根据实验观测，对于初始损伤明显的同家梁 307 煤试样，其主裂纹形成过程中发育有许多次一级的分叉裂纹，裂纹分布具有网络型分形特征，煤体损伤变量大，最终煤体沿轴向呈碎裂状断裂，见图 4-2(a)所示。而初始损伤程度弱的砚北煤试样的裂纹分叉程度也较弱，呈定向型分形分布，煤体在沿 45°方向剪切破裂的同时主裂纹贯穿整个煤体，如图 4-2(b)所示。由脆性材料微观断裂力学机制

的分析可知，煤体微裂纹是由于微观局部受拉造成的，主裂纹的形成除与其贯通前的部分压剪机制有关外，更多的是与局部拉应力集中所导致的张拉机制有关，主裂纹形成后对煤体的剪切位移具有重要的意义。

王恩元利用长距离高倍望远镜动态观测了单轴压缩下煤体的变形破裂过程，同样发现煤体的变形破裂是不连续的、非均匀的。笔者采用电镜扫描对破坏后的煤体进行了观察，结果如图 5-20 和 5-21 所示，表 5-3 为插图说明。

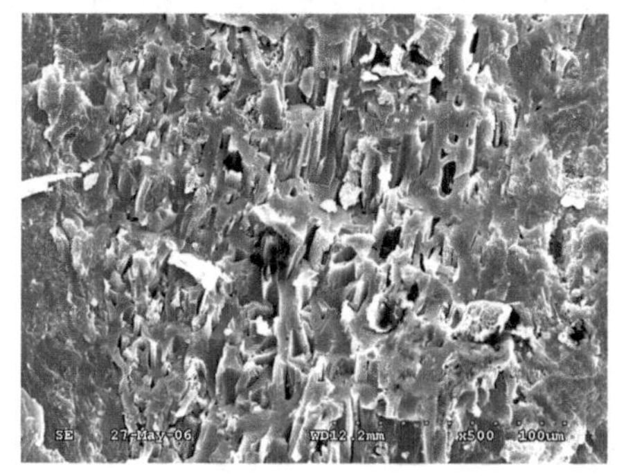

图 5-20　同家梁矿原煤电镜照片 4＃(a)，×500

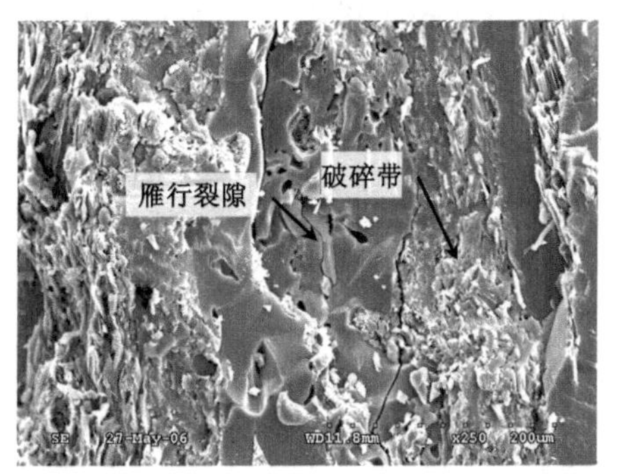

图 5-21　忻州窑矿原煤电镜照片 5＃(a)，×250

表 5-3　插图说明

图号	煤体微观特征描述
图 5-20	丝质体斜断面，大量孔隙压密闭合，裂纹集聚，断口呈台阶状及贝壳状，水流状，是典型的脆性材料断口，×500
图 5-21	角质体与结构镜质体，有雁行性张性裂隙生成，贝壳状断口，水流状花纹，裂隙有拐折、弯曲、分岔现象，形成破碎带，×250

上图表明，在煤体的断面上可看到贝壳状、台阶状断口，并存在明显的断裂破碎带。进一步说明，煤体的破裂过程是一个路径分叉、间歇式、不均匀的过程，且具有自相似性。

5.6　受载煤体断裂热辐射产生机理

5.6.1　热力耦合效应

固体在应力作用下会发生变形，而变形导致内部质点间的距离发生变化，引起热力学变化，从而引起温度变化。这种由力产生热导致温度变化的现象被称为热力耦合(thermomechanical coupling)效应。不同力学性质的材料(如弹性材料、弹塑性材料、黏弹性材料等)以及同一材料不同应力阶段的热力耦合效应不同。发生在弹性体或弹性应力阶段的热力耦合效应被称为热弹(thermoelastic)效应，发生在塑性阶段的热力耦合效应被称为热塑(thermoplastic)效应，而发生在黏性(流变)阶段的热力耦合效应被称为热黏(thermoviscous)效应。这些不同的热力耦合效应由于其微观机制不同，从而导致其特点和规律不同。在绝热的条件和封闭的系统内，热弹效应是可逆的，而其他的热力耦合效应是不可逆的。在所有的热力耦合效应中，热弹效应最简单，也研究得最成熟，同时也是应用最为广泛的一种；而其他热力耦合效应则仅是实验的总结，在理论上还没有形成统一规律性的认识。

5.6.1.1 热弹效应

热弹效应现象是由 Weberm 在 1830 年第一次发现的，他注意到拉伸一根正在振动的电线时，它的固有频率并不像预料的那样发生突然变化，而是逐渐变化。他认为原因是高的应力作用到电线时使其温度发生了改变。然而这种发现仅停留在经验基础上，直到 1853 年 Lord Kelvin(又称为 William Thomson)创立热弹效应理论，才使得热弹现象上升到理论高度。

物体受力变形并产生耗散热在金属身上表现得最为明显，其中用力多次弯折铁丝，弯折断裂处变热发烫就是一典型例证。此外，袁龙蔚等(1992)通过对热轧钢的裂尖温度场量测力学实验，还进一步揭示出裂纹的扩展过程是一个以热耗散为主要形式的能量耗散过程，突出地表现在裂尖处温度场与塑性区有很好的对应关系。近几年，我国地震工作者耿乃光、邓明德等(邓明德等，1997；耿乃光等，1992，1995)通过岩石力学实验，较为系统地研究了应力状态对岩石物理温度、红外辐射温度、微波辐射亮度温度的影响特征。实验结果表明，应力变化确实可以引起较为显著的岩样物理温度变化和辐射亮度温度变化，在低应力加载阶段，岩石变形主要以线弹性变形为主，微波辐射亮度温度随应力增加比较缓慢；增温幅度一般在 0.3 ℃～0.6 ℃之间；当加载应力超过一定量值(闪长岩大于 35 MPa，大理岩大于 100 MPa)后，岩样进入塑性变形阶段以及岩样接近破裂时，各测温点温度均同时发生大幅度上升，突升幅度一般均在 1.4 ℃～3.6 ℃之间。

吴立新等实验结果表明，受载岩石在弹性限度内，当受到压力作用时，温度会上升，而当受到拉力作用时，温度会下降。文中第 3 章的实验表明：受载煤体在单轴压缩和劈裂拉伸条件下发生变形、破裂，直至破坏失稳的过程中，能够产生微波辐射，并具有不同的煤体破坏前兆类型。此外，笔者还测试了圆柱铁块在劈裂拉伸过程中的微波辐射效应，证实了在弹性阶段确实能产生微波辐射。

由于煤岩材料是一种各向异性、非均质材料，所以其热力耦合效应要比金属和聚合物复杂得多，即使在同样加载条件下同一种煤岩材料也会因各种原因使结果出现较大的离散性。所以目前还不能直接利用热弹效应理论进行煤岩应力的定量分析。

5.6.1.2　微裂隙扩展引起的热效应

当固体在应力作用下进入塑性变形阶段时，热力耦合效应要比弹性阶段复杂得多，而且不同的材料由于在微观结构上的不同，因而产生的热力耦合效应所服从的规律也不同。如均质与非均质材料、各向同性与各向异性材料、晶体与非晶体材料、韧性与脆性材料在非弹性阶段所服从的热力耦合效应规律都不相同。

因此材料在非弹性阶段的热力效应研究的难度要比弹性阶段大得多。到目前为止，即使对于同一种材料，也没有一个通用的定律和公式来统一表达非弹性阶段的热力耦合关系，更多的是停留在实验基础上的经验公式。其中，关于均质体、各向同性材料如金属、聚合物的研究相对较多，而关于煤岩的研究则相对较少。

煤岩作为典型的脆性材料，内部存在大量的 Griffith 缺陷，其抗拉强度非常低，而煤体在受载过程中都会不同程度地存在拉应力区，因此，在压缩应力作用下微裂纹的起裂主要由拉张应力引起。研究表明，煤体中的 Griffith 缺陷主要以两种形式发展，一种是在相近的初始损伤之间产生大致平行于压应力方向的起始扩展裂纹，并由此将二者连通；另一方面，最终形成的贯通性主裂纹的方向与最大剪应力方向面很接近，如图 5-22 所示。

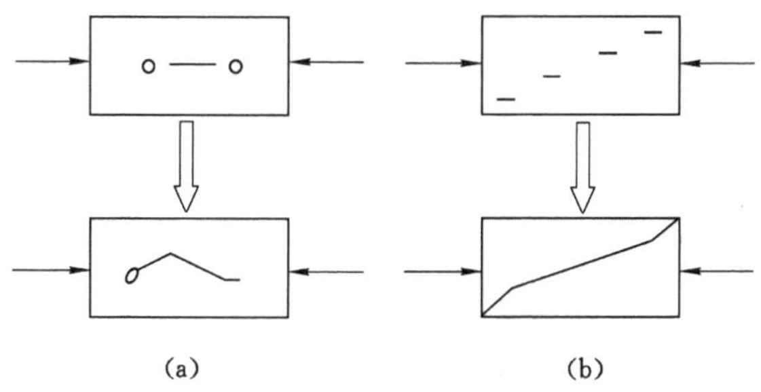

图 5-22　初始损伤的两种连接形式

由 4.2.1 中的单轴压缩和劈裂拉伸条件下煤体内部的应力分布可知，煤体的起裂首先从拉应力区开始。尤其对于煤体的劈裂拉伸实验而言，更是充分说明了这一点。从我们的实验结果可以看出，即使煤体在拉应力作用下，内部裂隙发展过程中，裂尖端部会产生高温，因此，煤体在变形破坏过程中也能产生热辐射。只是这种热辐射在单轴压缩条件下可能显现得比较弱而已，无劈裂拉伸实验效果明显。

在煤体受载的过程中同时也存在剪切性微破裂。当微破裂的性质为剪性时，由于破裂面会发生错动和摩擦，因而有摩擦热效应产生，必然导致温度上升和高温热辐射。摩擦热效应与正应力的大小、摩擦速度和摩擦系数有关，且三者都与摩擦热效应呈正相关关系。对于同一种煤岩，加载速率一定的情况下，微破裂的摩擦速度、摩擦系数相差不大，而影响摩擦热效应的主要是正应力的大小。

5.6.1.3 裂纹集结黏滑引起的摩擦热效应

岩石力学实验表明，裂纹发展成为宏观破裂的过程十分复杂。Scholz[158]由声发射定位资料提出了临破裂前微破裂沿未来宏观断裂顶丛集的概念。Brady[159]在观测花岗岩的微裂纹时发现，在煤岩形变到一定阶段，出现裂纹密集区；其中许多张性微裂在临破裂时互相贯通，形成宏观破裂。姚孝新[160]、陈颙等[161]在研究辉岩破裂时也观测到了丛集现象，还发现应力越大裂纹扩展的长度越大，其长度往往是几个矿物晶粒的尺度，但很少超过晶粒尺度的 10 倍。同时，还观测到这种裂纹按照一定形式排列，一般呈雁行式，排列的方向性十分明显，多与主应力方向成近 40°的角度。许江等[162]在单轴应力状态下对砂岩宏观断裂发展的全过程进行了实验研究，发现在宏观破裂前的临界应力作用下，微裂纹数目增加至初始状态下的 3 倍，并发现大量新产生的微裂纹几乎都沿平行于轴向应力方向。

唐春安等[163]使用 RPFA^{2D}软件对含有一组右行右阶雁列式裂纹(三条裂纹)的试样在单轴受压条件下进行了模拟。结果表明，在加载到一定载荷时，微裂纹总体符合断裂力学理论所预示的方向，即翼形裂纹扩展模式，但由于受非均匀性影响，显露出两两裂纹间相互作用的趋势，这时仅有少量的剪切破坏。继续加载后，上部裂纹在原有裂纹扩展方向的基础上，又在初始预置裂纹的尖端萌生出一条新裂纹，并向试样左上角延伸直至产生贯通破裂，此时裂纹扩展主要是剪切破坏模式。之后试样只沿着破坏面作剪切黏滑。

以上研究结果说明，在煤岩破裂过程中，尤其在临近宏观破裂阶段，将出现多组相互平行分布的雁行排列裂纹。这些裂纹的扩展，导致煤岩最终破裂。这一现象表明，煤岩在破裂过程中不仅有单裂纹扩展，而且还有成组的多裂纹同步扩展。

刘培洵等[164]实验结果表明：(1) 岩桥区与断层扩展部位的测点在断层开始黏滑后增温速率明显增大，显然这是由该部位的破裂摩擦引起的；(2) 实验观察到断层附近存在多次阶梯式升温，且与黏滑应力降同步，这与挤压升温、拉伸降温的结果不同，表明其升温机制不同；(3) 快速降温与应力降有直接关系，而突发升温则与快速摩擦升温有关。由此说明变形机制的变化引起了增温机制的改变。

5.7 受载煤体损伤统计-微波辐射耦合模型

受载煤体微波辐射的产生与煤岩体变形破裂程度紧密相关。从微观上讲，煤岩体变形破裂是煤岩体在应力作用下微观缺陷或微裂纹形成、扩展、融合、贯通的结果，即材料内部损伤的结果。受载煤体微波辐射与煤体的损伤之间有着必然的联系。本节利用统计损伤理论和微波辐射理论建立了统计损伤一微波辐射耦合模型。

5.7.1 煤体统计损伤理论[165-167]

5.7.1.1 损伤力学概述

损伤力学是固体力学的一个分支，是固体力学前沿研究的热门学科。它用来研究材料或构件从原生缺陷到形成宏观裂纹直至断裂的全过程，也就是通常指的微裂纹的萌生、扩展或演变、体积元的破裂、宏观裂纹形成、裂纹的稳定发展和失稳扩展的全过程。

损伤是材料在外载或环境作用下，由于细观结构的缺陷(如微裂纹、微孔洞等)引起的材料或结构的劣化过程。作为破坏力学的一部分，损伤力学的应用范围主要是材料介质内部可看作连续分布的微小缺陷。如果以定量尺度来描述，损伤力学的起点是微观尺度上的裂纹、孔洞等缺陷，损伤力学的终点是材料的代表性体积单元发生了断裂，即产生了宏观裂纹。

损伤力学的研究方法主要有四种：细观方法、宏观方法、统计学方法、宏细微观相结合的方法。细观方法主要从细观或微观的角度研究材料微结构的形态和变化及其对材料宏观力学性能的影响；宏观方法是从宏观的现象出发，并模拟宏观的力学行为；统计学方法是用统计方法研究材料和结构中的损伤。

5.7.1.2 损伤变量及煤岩强度的统计损伤本构方程

由于煤岩材料的内部构造极不均质，存在强度不同的多种缺陷，各种缺陷的力学性质有很大的差异，且是随机分布的。煤岩材料中各体元所具有的强度也就不尽相同，损伤是由局部微元体的不均匀破坏引起的，考虑到材料在加载过程中的损伤是一个连续过程，也是以随机方式分布于煤岩材料中，故假设：① 无损伤煤岩体元的平均弹性模量为 E，在体元破坏前，服从虎克定律，即体元具有线弹性性质；② 各体元的强度服从统计规律，且服从威布尔（Weibull）分布。图 5-23为煤体强度的 Weibull 分布图，横轴为煤体微元所具有的强度属性，纵轴为煤体中具有该强度属性的微元体占煤体总微元体数量的比率。

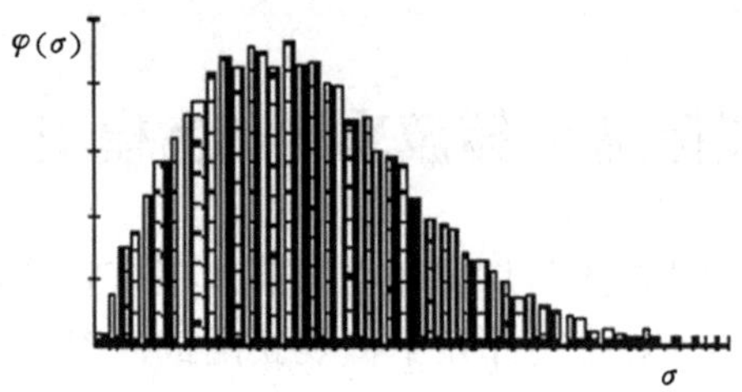

图 5-23　煤体强度的 Weibll 分布图

威布尔分布的概率密度函数为

$$\phi(\varepsilon)=\frac{m}{\alpha}\left[\frac{\varepsilon}{\alpha}\right]^{m-1}\exp\left(-\left[\frac{\varepsilon}{\alpha}\right]^{m}\right) \tag{5-16}$$

式(5-16)中，m、α 为表征材料物理力学性质的参数，反映的是材料对外在载荷的不同响应特征。对某一固定煤岩材料而言，m 和 α 是与弹模 E、泊松比 υ 一样的材料力学参数。

$\phi(\varepsilon)$是材料在加载过程中体积单元损伤率的一种量度，它从宏观上反映了试样的损伤程度，即劣化；从微观上看，体积单元只有两种状态，即破坏和不破坏。正是各个体积单元由不破坏到破坏的状态变化，导致了宏观损伤程度连续由小到大，体积单元破坏的积累导致试样的宏观劣化。

设在某一载荷下已破坏的微元体数目为 c，并定义统计损伤变量 D 为已经破坏的微元体数目 c 与总微元体数目 N 之比，即 $D=c/N$。这样，在任意区间$[\varepsilon,\varepsilon+\mathrm{d}\varepsilon]$内产生破坏的微元数目为 $N\phi(x)\mathrm{d}x$，当加载到某一水平 ε 时，已经破坏的微元体数目为

$$c(\varepsilon)=\int_0^{\varepsilon}N\phi(x)\mathrm{d}x=N\left\{1-\exp\left(-\left[\frac{\varepsilon}{\alpha}\right]^{m}\right)\right\} \tag{5-17}$$

将式(5-17)代入 $D=c/N$ 可得

$$D = 1 - \exp\left(-\left[\frac{\varepsilon}{\alpha}\right]^{m}\right) \tag{5-18}$$

式(5-18)为煤样受载荷时的统计损伤演化方程。D 值的大小反映了煤岩材料内部损伤的程度。

由连续介质损伤力学理论得如下本构关系

$$\sigma = E\varepsilon(1 - D) = E\varepsilon \cdot \exp\left(-\left[\frac{\varepsilon}{\alpha}\right]^{m}\right) \tag{5-19}$$

式(5-19)假定损伤不能传播应力。然而,在煤岩受压过程中,煤岩微元破坏后还可以传递部分压应力和剪应力。由于破坏后依靠传递压应力和剪应力的有效面积是一样的,而各个方向的损伤变量都为 D,因而可假设受压过程中有效应力为

$$\sigma = E\varepsilon(1 - \delta D) \tag{5-20}$$

式中 δ 范围为 0～1,为损伤比例系数。将式(5-18)代入式(5-20)可得

$$\sigma = E\varepsilon\left\{1 - \delta + \delta\exp\left(-\left[\frac{\varepsilon}{\alpha}\right]^{m}\right)\right\} \tag{5-21}$$

5.7.1.3　参数 α、δ 的确定及物理意义

煤岩在单轴压缩下的损伤统计本构模型的参数 α 和 m 可以通过单轴压缩下的全程应力-应变曲线上的峰值载荷点 $C(\varepsilon_c,\sigma_c)$来确定。

单轴压缩的峰值载荷点 $C(\varepsilon_c,\sigma_c)$处的斜率为 0,因而有

$$\frac{d\sigma}{d\varepsilon}\Big|_{\varepsilon=\varepsilon_c} = (1 - \delta)E + \delta E\left(1 - m\left[\frac{\varepsilon_c}{\alpha}\right]^{m}\right)\exp\left(-\left[\frac{\varepsilon_c}{\alpha}\right]^{m}\right) = 0 \tag{5-22}$$

同时,在峰值载荷点 $C(\varepsilon_c,\sigma_c)$处满足关系式

$$\sigma_c = E\varepsilon_c(1 - \delta) + \delta E\varepsilon_c\exp\left(-\left(\frac{\varepsilon_c}{\alpha}\right)^{m}\right) \tag{5-23}$$

联立式(5-22)和(5-23),整理后得

$$m = -\frac{\sigma_c}{[\sigma_c + (\delta - 1)E\varepsilon_c]\ln\left\{\frac{1}{\delta}\left(\frac{\sigma_c}{E\varepsilon_c} + \delta - 1\right)\right\}} \tag{5-24}$$

$$\alpha = \varepsilon_c\left[\frac{1}{m}\,\frac{\sigma_c}{\sigma_c + (\delta - 1)E\sigma_c}\right]^{-\frac{1}{m}} \tag{5-25}$$

由此可见,只要先选择好 δ 值,然后通过式(5-24)和式(5-25)求得 m 和 α,将求得的 m 和 α 值代入式(5-21)就可得到单轴压缩下煤岩的损伤统计本构模型

$$\sigma=(1-\delta)E\varepsilon+\delta E\varepsilon\exp\left\{-\left[\frac{\varepsilon}{\varepsilon_c}\left(\frac{1}{m}-\frac{\sigma_c}{\sigma_c+(\delta-1)E\varepsilon_c}\right)^{\frac{1}{m}}\right]^m\right\} \tag{5-26}$$

参数 m 反映了煤岩材料内部微元强度的分布的集中程度，m 值增大，材料的脆性增强。在 $E=20$ GPa，$m=2$，$\delta=0.95$ 的条件下，如图 5-24 所示，随着 α 的增大，煤岩峰值载荷也呈增大趋势。因此 α 反映了煤岩宏观统计平均强度的大小，而且 α 的变化对峰后的弱化模量没有影响。在 $E=20$ GPa，$m=2$，$\alpha=2$ 的条件下，如图 5-25 所示，随着损伤比例系数 δ 值减小，煤岩峰值载荷稍有增大，而且峰后延性增加，残余强度增高。这说明 δ 在某种程度上反映了煤岩的残余强度。因此，选择能够更好地反映实验曲线残余强度特征的 δ 值，可以模拟出包括残余强度和软化特征在内的应力应变全过程线。

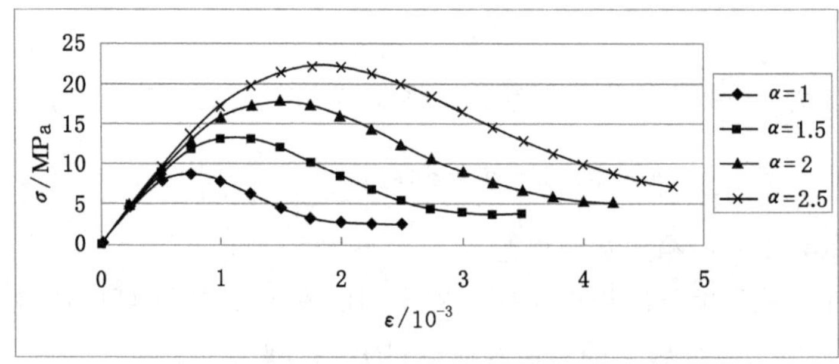

图 5-24　参数 α 的变化对应力-应变曲线的影响

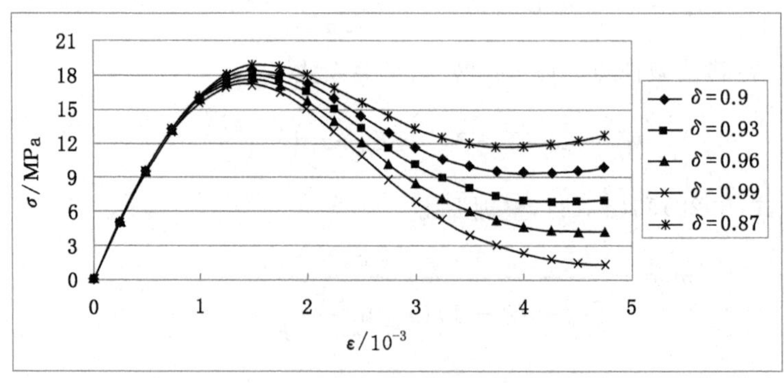

图 5-25　参数 α 的变化对应力-应变曲线的影响

5.7.2　损伤统计-微波辐射耦合模型的建立

第 5.2 节研究表明，微波辐射是热辐射，而热辐射是一种重要的电磁辐射。

因此，微波辐射计接收到受载煤岩体微波辐射信号后是以亮温脉冲的形式显示出来。实验受载煤岩体微波辐射效应是其在变形破裂过程中由于微破裂而向外辐射微波的一种现象，微破裂是材料内部微损伤的结果，可以肯定微波辐射和煤岩体的损伤之间有必然联系。所以，微波辐射与煤岩材料的损伤参量、本构关系等存在一定关系。假设每一个体元的破裂都对微波辐射有一份贡献，则可以得到结论：煤岩材料的损伤参量与微波辐射之间存在着正比关系。煤岩材料的微波辐射反映了材料的损伤程度，与材料内部缺陷的演化与繁衍直接相关。由于微波辐射的活动规律是一种统计规律，因此，其必然与材料内部缺陷的统计分布规律一致。

设单位面积体元损伤时产生的微波辐射亮温脉冲数为 n，则损伤面积为 ΔS 时产生的微波辐射亮温脉冲数 ΔN 由下式给出

$$\Delta N = n \cdot \Delta S \tag{5-27}$$

若整个截面面积为 S_m，S_m 全破坏的微波辐射亮温脉冲数累计为 N_m，则

$$\Delta N = \frac{N_m}{S_m} \cdot \Delta S \tag{5-28}$$

由体元的强度分布可知，当试件的应变增加 $\Delta\varepsilon$ 时，产生破坏的截面增量 ΔS 为：

$$\Delta S = S_m \cdot \phi(\varepsilon) \cdot \Delta\varepsilon \tag{5-29}$$

由此得

$$\Delta N = N_m \cdot \phi(\varepsilon) \cdot \Delta\varepsilon \tag{5-30}$$

所以，试件受载，应变增至 ε 时的微波辐射亮温脉冲数累计为

$$\sum N = N_m \int_0^{\varepsilon} \phi(x)\,\mathrm{d}x \tag{5-31}$$

当 $\phi(\varepsilon)$服从威布尔分布时，则

$$\frac{\sum N}{N_m} = 1 - \exp\left(-\left(\frac{\varepsilon}{\alpha}\right)^m\right) \tag{5-32}$$

比较式(5-18)和式(5-32)可得如下重要关系式

$$D = \frac{\sum N}{N_m} \tag{5-33}$$

由此可见，煤岩材料的微波辐射亮温脉冲数累计具有与损伤参量同样的性质。

将式(5-33)代入式(5-20)，得到一维情况下微波辐射亮温脉冲数表示的煤

岩材料本构关系

$$\sigma = E\varepsilon\left[1-\delta\frac{\sum N}{N_m}\right] \tag{5-34}$$

由式(5-32)和式(5-34)构成受载煤岩损伤统计-微波辐射耦合模型,δ 意义同上。由于引入了 δ 参数,直接得出受载煤岩的损伤统计-微波辐射耦合模型式(5-34),此模型囊括了文献[165]中的煤岩电磁辐射力电耦合修正模型,在力电耦合模型中,$\delta=1-e^{-1}$。因此,更具有代表性。

5.8 本章结论

本章主要研究受载煤岩体热辐射机理,通过对电磁辐射、断裂力学、损伤统计力学的研究,得到了以下结论:

(1) 分析了电磁辐射产生的微观机理,得出了电磁辐射的产生是由于物质内部的运动状态不同导致的;研究了电磁辐射与热辐射的关系,得出了结论:热辐射过程实质上也是一种电磁能间的相互转换,是一种重要的电磁辐射,可用场方程式来表示。

(2) 基于断裂物理基础理论,采用扫描电镜(SEM)分析了煤体中 Griffith 缺陷的特征,说明了煤体中存在着大量的 Griffith 缺陷,其形状、大小、方向各不相同,且晶粒界面也可看作 Griffith 缺陷。

(3) 结合宏观断裂力学理论和地震集结理论,分析了岩石的宏观破裂就是微破裂的集结与扩展现象,同时伴随着热力学方面的变化。以能量理论为分析手段推导出在准静态情况下裂纹断裂准则。

(4) 以微观断裂力学为基础,引用断裂粒子辐射的解理和位错原子模型,根据非线性热力学理论推导出断裂粒子产生热辐射的机理;并对煤体变形破坏的微观机理进行了研究。结果表明,煤体的破裂过程是一个路径分叉、间歇式、不均匀的过程,且具有自相似性。

(5) 分析了受载煤体断裂热辐射的产生机理,主要是由于热力耦合效应,这种效应由热弹效应、微裂隙扩展引起的热效应和裂纹集结黏滑引起的摩擦热效应组成。

(6)基于岩石应变强度理论和岩石强度服从于威布尔分布的假设,从损伤力学理论出发,引入损伤比例系数,建立了能够充分反映残余强度的单轴压缩下岩石损伤统计本构模型,$\sigma=E\varepsilon\left\{1-\delta+\delta\exp\left(-\left[\frac{\varepsilon}{\alpha}\right]^m\right)\right\}$,并讨论了参数 α、δ 的确定及物理力学意义；应用损伤力学和热力耦合规律建立了损伤统计-微波辐射耦合模型本构方程 $\sigma = E\varepsilon\left(1-\delta\dfrac{\sum N}{N_{\mathrm{m}}}\right)$，此方程更具有广泛意义。

6 微波辐射在煤岩体中的传播机理及特性研究

本章内容主要研究微波遥感技术如何应用于煤矿井下现场的理论基础。首先将根据电磁场与电磁波理论分析微波在有耗媒质中的传播机理；然后使用Eview软件对微波在有耗媒质中的衰减方程进行了离散多元非线性回归分析。利用电偶极子模型分析微波的辐射功率与频率的关系。总结前人的经验工作，讨论煤岩体电性参数的影响因素。接着，讨论电磁波在不同介质交界面的传播特性；分析微波与气体分子的相互作用。最后，介绍表示电磁波衰减的其他参数。

6.1 微波在有耗媒质中的传播机理与衰减

6.1.1 微波在有耗媒质中的传播机理

我们知道，介质都是由分子、原子组成的，原子具有带正电的原子核和带负电的电子。电子除了绕原子核不断旋转之外，还有自旋。电子的轨道运动和自旋一起形成电流并具有相当的磁偶极矩。因此，介质处于电磁场中时，一方面它将受电磁场影响发生电磁性质的变化，另一方面也将反过来影响电磁场。

媒质在电磁场作用下呈现三种电磁特性：极化、磁化和传导。一般来说，物质的这三种电磁性能是同时存在的，但对不同的物质有很大的差异。导体以传导为主，电介质以极化为主，磁性物质则以磁化为主。

在外加电场的激励下介质分子的极化可分为两类不同的机制：① 无极分子的位移极化。单原子分子（如金属）、CO_2 等正负电荷均呈对称分布的分子，在没有外加电场时，正负电荷中心重合，不存在固有电矩；在有外加电场作用时，正负电荷的中心产生微小距离，形成一个电偶极子。② 有极分子的取向极化。分子具有固有电矩，但在无外电场时凌乱排列而合成电矩为零。有外加电场作用时，分子固有电矩会多少转动一个角度，使取向趋于一致而形成与外加电场方向一致的合成电矩。在各向同性媒质中，上述两种情况下束缚电荷所产生的二次电场总是与外电场反方向的，其效果是削弱原电场。因此无线电波在穿过介质后会产生能量的衰减。

在外加电场的作用下，介质中会形成电偶极子，同样，在外加磁场的作用下，介质中也形成磁偶极子，磁偶极子受到磁场力从而发生偏转，使原来杂乱的磁偶极子的取向一致，使得物质中任一体积中的磁偶极矩之和不为零，使得物质中大量磁偶极子的磁场不能相互抵消，对外呈现磁场。

传导是指电介质中的自由电子在电场作用下沿一定的方向运动，形成一定的传导电流，传导电流密度越大，物质的导电性能越好，则无线电波穿过该介质后能量的衰减越大。

介质的极化、磁化和传导可用一组宏观电磁参数表征，即介电常数、磁导率和电导率，不同介质由于其结构及组成成分不同，电介质的介电常数及电导率也不同。在真空(或空气)中，$\varepsilon=\varepsilon_0=8.85\times10^{-12}$ (F/m)，$\mu=\mu_0=4\pi\times10^{-7}$ (H/m)，$\sigma=0$。$\sigma=0$ 的媒介称为理想介质，$\sigma\to\infty$ 的媒质称为理想导体，σ 介于两者之间的媒介统称为导电媒质。在静态场中这些参数都是实常数，而在时变电磁场作用下，反映媒介电磁特性的宏观参数与场的时间变化有关，对正弦电磁场即频率有关。研究表明：一般情况下(特别在高频场作用下)，描述媒介色散特性的宏观参数为复数，其实部和虚部都是频率的函数，且虚部总是大于零的正数，即：

$$\varepsilon_c=\varepsilon'(\omega)-j\varepsilon''(\omega) \tag{6-1}$$

$$\mu_c=\mu'(\omega)-j\mu''(\omega) \tag{6-2}$$

$$\sigma_c=\sigma'(\omega)-j\sigma''(\omega) \tag{6-3}$$

式中 ε_c、μ_c 分别称为复介电常数和复磁导率。

从以上各式还可以看出，交变电场中的介电常数既表示了电介质对电磁波具有存贮效应，又反映了电介质对电磁波的损耗。在损耗介质中，内部电荷在电场作用下发生位移摩擦，使电磁能转化为热能，也使电磁波能量产生损耗。因此介电常数和电导率是电介质的重要特性参量，介电常数 ε 及电导率 σ 不同，电磁波的传播特性就不同，即穿过不同的有耗媒质(ε，σ 不同)，其能量衰减的数值就不同。

6.1.2 传播衰减方程

根据静电场和静磁场的规律可知，静电场和静磁场分别由静止电荷和稳恒电流产生，它们相互独立，分别满足各自的方程。当电荷、电流分布随时间变化时，电场和磁场也会随时间变化，形成时变电磁场。在时变场的情况下，电场和磁场不再是相互独立的，它们会相互激发、相互影响，形成一个统一的电磁场。既然电场和磁场是相互联系在一起的，它们所满足的方程也就应该构成一个统一体，这就是著名的麦克斯韦方程组。麦克斯韦方程组的建立，是对电磁理论、对物理学和人类科学技术进步的重大贡献。以麦克斯韦方程组为核心的经典电磁理论，是研究宏观电磁现象和现代工程电磁问题的理论基础。

实验表明，所有的电磁现象都服从麦克斯韦方程。煤岩破裂过程中也会产生电磁辐射已被实验和实践所证实，而煤岩破裂过程产生的电磁波是电磁脉冲，那么对于这种现象麦克斯韦方程适用吗？研究表明是适用的。在研究均匀和非均匀介质中电磁场分布规律时，同样是以麦克斯韦方程为出发点来研究各种地电模型场的分布问题。

麦克斯韦方程组的微分形式是

$$\nabla \times \boldsymbol{H} = \boldsymbol{J} + \frac{\partial \boldsymbol{D}}{\partial t} \tag{6-4}$$

$$\nabla \times \boldsymbol{E} = -\frac{\partial \boldsymbol{B}}{\partial t} \tag{6-5}$$

$$\nabla \cdot \boldsymbol{D} = \rho \tag{6-6}$$

$$\nabla \cdot \boldsymbol{B} = 0 \tag{6-7}$$

在上式中，$\boldsymbol{H}$ 为磁场强度；$\boldsymbol{D}$ 为电感矢量；$\boldsymbol{J}$ 为电流密度；$\boldsymbol{E}$ 为电场强度；$\boldsymbol{B}$ 为磁感矢量；ρ 为自由电荷体密度。

方程组中的电流密度 $\boldsymbol{J}$ 包含该点的外加电流源，以及电磁场在该点的导电媒质上所产生的传导电流密度 $\boldsymbol{J}_c$；$\partial \boldsymbol{D}/\partial t$ 称为位移电流密度；ρ 为外加电荷源。

方程(6-4)、(6-5)、(6-6)、(6-7)是描述时变电磁场的方程，是麦克斯韦方程组的微分形式。习惯上，将上述方程依次称为麦克斯韦第一、第二、第三、第四方程。麦克斯韦方程组是描述宏观电磁现象的普遍规律，适合于任何媒质，又称为麦克斯韦方程组的非限定形式。静电场和恒定磁场的基本方程都是麦克斯韦方程组的特殊情况。实际上，当场不随时间变化时，场矢量对时间的偏导数等于零，即可得到静电场和恒定磁场的基本方程。

此外，电流连续性方程也可以由式(6-4)和式(6-6)经过变换表示出来。对式(6-4)两边取散度，有

$$\nabla \cdot (\nabla \times \boldsymbol{H}) = \nabla \cdot \left(\boldsymbol{J} + \frac{\partial \boldsymbol{D}}{\partial t}\right)$$

由于$\nabla \cdot (\nabla \times \boldsymbol{H}) = 0$，所以

$$\nabla \cdot (\boldsymbol{J} + \frac{\partial \boldsymbol{D}}{\partial t}) = 0 \tag{6-8}$$

将式(6-7)代入式(6-8)，即得

$$\nabla \cdot \boldsymbol{J} + \frac{\partial \rho}{\partial t} = 0 \tag{6-9}$$

此即为电流连续性方程。

把煤岩介质看成简单媒质，即介质为各向同性均匀的线性媒质，考虑无源区域，利用时间域状态方程：

$$\boldsymbol{D} = \varepsilon \boldsymbol{E} \tag{6-10}$$

$$\boldsymbol{B} = \mu \boldsymbol{H} \tag{6-11}$$

$$\boldsymbol{J}_c = \sigma \boldsymbol{E} \tag{6-12}$$

式中，ε 为介电常数；μ 为磁导率；σ 为电导率。它描述了介质对电场、磁场和电流的影响。

根据这些方程，可得出只含有两个场矢量的麦克斯韦方程组，并称为麦克斯韦方程组的限定形式。

由麦克斯韦方程组与时间域状态方程可得到电场和磁场所满足的波动方程的一般形式：

$$\nabla^2 \boldsymbol{E} - \mu\varepsilon \frac{\partial^2 \boldsymbol{E}}{\partial \boldsymbol{t}^2} - \mu\sigma \frac{\partial \boldsymbol{E}}{\partial t} = 0 \tag{6-13}$$

$$\nabla^2 \boldsymbol{H} - \mu\varepsilon \frac{\partial^2 \boldsymbol{E}}{\partial \boldsymbol{t}^2} - \mu\sigma \frac{\partial \boldsymbol{H}}{\partial t} = 0 \tag{6-14}$$

若电磁波为简谐波，$\boldsymbol{E}$ 和 $\boldsymbol{H}$ 复数表达形式为 $\boldsymbol{E} = \boldsymbol{E}_0 e^{i\omega t}$，$\boldsymbol{H} = \boldsymbol{H}_0 e^{i\omega t}$，其中 $\boldsymbol{E}_0$、$\boldsymbol{H}_0$ 为复振幅，ω 为角频率。则方程(6-13)和方程(6-14)变为

$$\nabla^2 \boldsymbol{E} + (\mu\varepsilon\omega^2 - i\mu\sigma\omega)\boldsymbol{E} = 0 \tag{6-15}$$

$$\nabla^2 \boldsymbol{H} + (\mu\varepsilon\omega^2 - i\mu\sigma\omega)\boldsymbol{H} = 0 \tag{6-16}$$

或者写为

$$\nabla^2 \boldsymbol{E} + K^2 \boldsymbol{E} = 0 \tag{6-17}$$

$$\nabla^2 \boldsymbol{H} + K^2 \boldsymbol{H} = 0 \tag{6-18}$$

式中

$$K^2 = \mu\varepsilon\omega^2 - i\mu\omega\sigma \tag{6-19}$$

其中 K 称为复波数，为电磁场在介质中传播的系数。

波动方程说明电磁场在介质中是以波的形式存在，空间中任一点的电场和磁场，可通过求解波动方程得到。电磁波在导电介质中传播时，随着传播距离的

增加，电磁场幅值会发生衰减。把煤层中的电磁波视为谐变的平面电磁波，假设波的前进方向与平行煤层的 x 轴方向一致，波面 y、z 轴所在的垂直平面平行。设 $\boldsymbol{E}$、$\boldsymbol{E}_0$ 与 z 轴方向一致，$\boldsymbol{H}$、$\boldsymbol{H}_0$ 与 y 轴方向一致，则

$$\boldsymbol{E}=\boldsymbol{E}_0\mathrm{e}^{\mathrm{i}(\omega t-Kx)} \tag{6-20}$$

$$\boldsymbol{H}=\boldsymbol{H}_0\mathrm{e}^{\mathrm{i}(\omega t-Kx)} \tag{6-21}$$

令式中 $K=a-\mathrm{i}b$，则得 $K^2=a^2-b^2+2ab\mathrm{i}$，与式(6-19)相比可得

$$a^2-b^2=\mu\varepsilon\omega^2$$

$$2ab=\mu\varepsilon\sigma$$

解得

$$a=\omega\sqrt{\frac{\mu}{2}\left[\sqrt{\varepsilon^2+(\frac{\sigma}{\omega})^2}+\varepsilon\right]} \tag{6-22}$$

$$b=\omega\sqrt{\frac{\mu}{2}\left[\sqrt{\varepsilon^2+(\frac{\sigma}{\omega})^2}-\varepsilon\right]} \tag{6-23}$$

将系数 a 和 b 代入式(6-20)和(6-21)得

$$\boldsymbol{E}=\boldsymbol{E}_0\mathrm{e}^{-bx}\mathrm{e}^{\mathrm{i}(\omega t-ax)} \tag{6-24}$$

$$\boldsymbol{H}=\boldsymbol{H}_0\mathrm{e}^{-bx}\mathrm{e}^{\mathrm{i}(\omega t-ax)} \tag{6-25}$$

式(6-24)和(6-25)表示电磁波沿 x 方向按负指数规律衰减，如图 6-1 所示，其中 $\boldsymbol{E}_0\mathrm{e}^{-bx}$、$\boldsymbol{H}_0\mathrm{e}^{-bx}$ 表示电磁场强的振幅，b 为电磁波衰减系数，单位为奈培/米(Np/m)，表示沿传播方向上每单位长度波幅的衰减量；a 为相位系数。

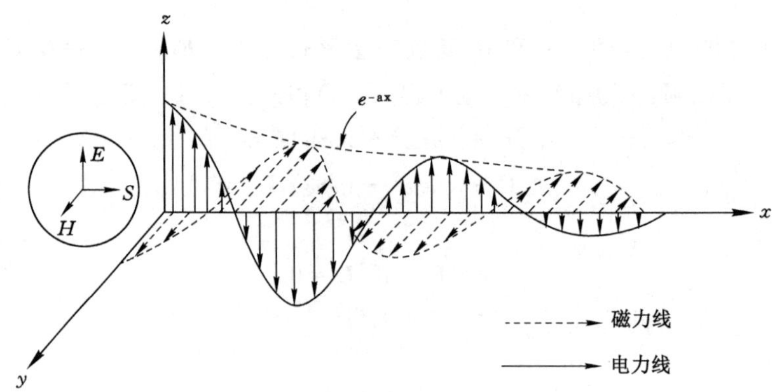

图 6-1　电磁波在煤岩介质中沿 x 方向传播示意图

由式(6-24)和(6-25)可知，电磁波在煤岩介质中传播会产生衰减现象，也

就是电磁波的能量有所损耗，引起衰减的主要原因是煤岩介质具有一定的导电性，对电磁波产生了吸收作用。

如果定义煤体中电磁波的振幅减小 e(自然对数的底)倍的距离为有效传播距离 L，则有

$$L=\frac{1}{b}=1/\sqrt{\frac{\mu\varepsilon\omega^{2}}{2}\left[\sqrt{1+(\frac{\sigma}{\omega\varepsilon})^{2}}-1\right]} \tag{6-26}$$

由式(6-26)得，煤岩介质的电阻率越高(或电导率越低)，则电磁辐射传播的距离越大；电磁辐射的频率越高，传播的距离越短。

煤岩介质为导电媒质，有限电导率 σ 产生传导中的焦耳热损耗对电磁波的衰减影响最大。在电磁场的作用下，其内部的带电粒子会定向运动从而产生传导电流，在其运动过程中不断地与媒质中原子和离子碰撞，把获得的能量传递给原子和离子，使它们的热运动加剧，从而媒质的温度会升高，电磁场的部分能量转变为热损耗，从而引起电磁波的衰减。随着介质电阻率的减少，衰减系数增大。这是由于二次感应电流增加的缘故。

由于介质内带电粒子之间和原子之间的相互作用等原因，使介质内部对于带电粒子的运动存在阻尼力，而在传导、极化过程中，为克服阻尼力必须做功，所以都会产生功率损耗。这些损耗在电磁波频率较低时可以忽略，而在高频时损耗往往就不能忽略了。在高频时，由于存在阻尼力，使得粒子的运动跟不上场的变化而产生滞后，这时介质的电磁参量 σ、ε 和 μ 不再是实常数，而是复数，并且是频率的函数。介质的极化是指在外加电场的作用下产生极化电荷的现象。在极化过程中，介质为克服阻尼力吸收电场能量并耗散为热，当频率高达或接近介质中带电粒子的固有振动频率时，将发生共振吸收现象，此时电磁场损失的能量达到最大。介质的极化损耗用复介电常数表示为

$$\varepsilon=\varepsilon'-j\varepsilon'' \tag{6-27}$$

式中实部 ε' 及虚部 ε'' 都是频率的函数。实部即为介电常数，它反映了介质的极化强度，而虚部则反映了介质的损耗，且 $\varepsilon''=\sigma/\omega$ 总为正数。只有在频率较低时，ε'' 才很小，可以忽略，此时 ε' 近似与频率无关。在高频段的谐振频率附近，ε' 随 ω 的变化甚为剧烈，此时 ε'' 很大，介质表现出强烈的吸收。将式(6-27)代入式(6-19)得

$$K^{2}=\mu\varepsilon\omega^{2}+\mathrm{i}\mu\omega\sigma=\mu\omega^{2}(\varepsilon'-\mathrm{i}\varepsilon'')-\mathrm{i}\mu\sigma\omega=\mu\omega^{2}[\varepsilon'-\mathrm{i}(\varepsilon''+\frac{\sigma}{\omega})] \tag{6-28}$$

即把介质的介电常数 ε'、σ 电导率 ε'' 及极化损耗的总效应用于一个等效复介电

常数

$$\varepsilon_c = \varepsilon' - i(\varepsilon'' + \frac{\sigma}{\omega}) \tag{6-29}$$

复介电常数的虚部与实部之比，反映了媒质损耗的大小，称为损耗角正切

$$\tan\delta = \frac{\omega\varepsilon'' + \sigma}{\omega\varepsilon'} \tag{6-30}$$

式中　δ——损耗角。

只有当电场频率等于振子固有频率(共振)时，损失能量最大，而对于电子弹性位移极化，约在紫外频率波段，而对于离子位移极化，约在红外频率波段。若ε''很小时，复介电常数如式(6-19)表示，则损耗角正切为

$$\tan\delta = \frac{\sigma}{\omega\varepsilon} \tag{6-31}$$

即为媒质中传导电流密度与位移电流密度的大小之比。当频率较低时，$\omega\varepsilon \ll \sigma$，位移电流可忽略，电阻率起主要影响作用；频率特别高时，$\omega\varepsilon \gg \sigma$，传导电流可忽略，介电常数起主要影响作用。水的 $\tan\delta$ 约等于 0.15～1.2(工作频率 f 为1～30 GHz)，煤的 $\tan\delta$ 等于 0.001～0.05(工作频率 f 为 1～30 GHz)。水对电磁波的衰减为 31 dB/mm(煤)，而干煤对于电磁波的衰减为≤0.01 dB/mm。可见，水对电磁波传播的影响要远大于煤本身，水对电磁波传播的影响主要是通过改变煤的电性参数来实现。

另外，比值 $\sigma/\omega\varepsilon$ 的大小决定了电磁波在介质中的穿透深度，对于交变电磁场，通常以这个比值来衡量物质是良导体还是不良导体。在直流和低频时作为良导体的物质，在高频的电磁场中，它就不一定是良导体了。对于煤岩而言，在高频 f =15 GHz 时，$\sigma = 10^{-2} \sim 10^{-3}$，$\varepsilon_r = 5$ 条件下，$\sigma/\omega\varepsilon$ 的比值为 0.002 3～0.000 23≪1，故煤岩介质视为不良导体。

根据式(6-26)有

$\tan\delta \gg 1$ 时

$$b = \sqrt{\frac{\omega\mu\sigma}{2}} \qquad L = 1/\sqrt{\frac{1}{2}\omega\mu\sigma} \tag{6-32}$$

$\tan\delta \approx 1$ 时

$$b = \omega\sqrt{\frac{\mu\varepsilon}{2}} \qquad L = \frac{1}{\omega}\sqrt{\frac{2}{\mu\varepsilon}} \tag{6-33}$$

$\tan\delta \ll 1$ 时

$$b=\sqrt{\frac{\mu\varepsilon\omega^2}{2}\left[1+(\frac{\sigma}{\omega\varepsilon})^2-1\right]}\approx\frac{\sigma}{2}\sqrt{\frac{\mu}{\varepsilon}}\qquad L=\frac{2}{\sigma}\sqrt{\frac{\varepsilon}{\mu}}\tag{6-34}$$

可见，随着电磁场的频率的增高，衰减系数将增大。只要在高频区域 ε 和 σ 随频率变化不明显，则近似满足不畸变传输条件，即此时介质可看作非色散的（即对频率没有依赖关系）。

煤岩介质对电磁波的吸收衰减，一般可以认为是由于介质在电磁场的作用下产生传导、极化和磁化引起的，即衰减系数 b 与介质常数 σ、ε、μ 和 ω 有关。

对于微波而言，式(6-34)中角频率 $\omega=2\pi f$，电导率 $\sigma=1/\rho$，为了便于分析，对上式进行离散：分别取导磁率 $\mu_0=4\pi\times10^{-7}$ (H/m)，关于岩石、矿石的相对导磁率，基本上等于 1，认为是不随频率而变化的定值。真空的介电常数 $\varepsilon_0=8.85\times10^{-12}$ (F/m)。工作频率取微波频段 f=0.3,0.6,1,1.5,3,6,15,30,37.5,60 GHz；大多数造岩矿物的 变化范围不大，几乎全部非金属矿物的 ε_r 值皆在 4～13 之间，故 ε_r=4,6,8,10,12；电阻率 ρ=0.1,2,10,100,500,1 000,5 000,10 000,12 000；代入式(6-34)可得 450 组 b 值，使用 Eview 软件进行多元回归得

$$b=46.99f^{0.044}\varepsilon_r^{-0.46}\rho^{-0.95}\tag{6-35}$$

式(6-35)的相关系数为 0.997 8，D.W.统计量的检验结果是 1.83。如果序列不相关，则 D.W.值在 2 附近。如果存在正序列相关，D.W.值将在 0～2 之间；如果存在负序列相关，D.W.值将在 2～4 之间。

上式表明，微波在煤岩体中传播，其电阻率对微波衰减的影响最大，介电常数次之，频率的影响最小。通过计算表明，微波在煤岩介质中传播过程满足介电极限条件($\omega\varepsilon\gg\sigma$)，其频率对衰减系数的影响甚微，可忽略不计。因此，煤岩体中电阻率和介电常数的差异必然会导致微波在其中传播的衰减程度不同。

6.2 煤岩变形破裂电磁辐射的功率特性

煤岩在变形破坏过程中会产生电磁辐射的现象已被实验证实，关于电磁辐射的机理，可以用电偶极子产生辐射的模型来描述。

把元天线用一个很大的球面包围起来，偶极子天线放在球心，则从元天线辐射出来的能量必须全部通过这个球面。总辐射功率为 $P=\int_S p\cdot \mathrm{d}S$，式中 p 为坡印亭矢量。由于在一定 θ 角的球带上各点的坡印亭矢量相同，式中的元面积 $\mathrm{d}S$ 可用一球带来计算

$$dS = 2\pi a \cdot r d\theta = 2\pi r^2 \sin\theta d\theta \tag{6-36}$$

利用在远区的坡印亭矢量公式 $p = \eta |H_\phi|^2 = \eta (\frac{I dl}{2\lambda r})^2 \sin^2\theta$ 得，含瓦斯煤岩在变形过程中产生的电磁辐射功率 P 为

$$P = 2\eta\pi I^2 l^2 / 3\lambda^2 \tag{6-37}$$

在上式中，$\eta = \sqrt{\mu/\varepsilon}$；$I$，$l$ 为电偶极子的电流和长度；λ 为电磁波的波长，$\lambda = v/f$；$v = 1/\sqrt{\mu\varepsilon}$，$v$ 为电磁波的速度。

将 η，λ 表达式代入得

$$P = \frac{2\pi I^2 l^2}{3v^2 \varepsilon} f^2 \tag{6-38}$$

故辐射功率与频率为 2 次方关系。

对于煤岩中的电磁波，因存在传导电流导致衰减效应，其传输功率也是随着传播距离的增加而逐渐减少的，假设传输距离 x 后电磁场幅值衰减 $e^{-\alpha x}$，则辐射功率应为辐射源功率的 $A\mathrm{e}^{-2\alpha x}$，即

$$P_1 = PA\mathrm{e}^{-2\alpha x} = \frac{2\pi I^2 l^2}{3v^2 \varepsilon} f^2 A \mathrm{e}^{-2\alpha x} \tag{6-39}$$

针对微波简化上式，得

$$P_1 = B\mathrm{e}^{C} f^2 \tag{6-40}$$

其中，$B = \frac{2\pi I^2 l^2 A}{3v^2 \varepsilon}$；$C = -\sigma x \sqrt{\mu/\varepsilon}$。

从式(6-40)中可以看出，辐射功率与微波的频率呈 2 次方关系，与离辐射源的距离成负指数关系。这对煤岩动力灾害现象的预测预报以及定向定位具有重要的理论指导意义。

6.3 衰减系数与电性参数的关系

通过对微波的多元回归分析可知，微波在煤岩体中传播，煤岩体的电阻率对微波衰减的影响最大，介电常数次之。因此，研究微波的衰减系数与煤岩体电性参数之间的关系具有重要意义。

首先，研究微波衰减系数与煤岩体的电阻率的关系。在 1 GHz(当频率大于 1 GHz 时衰减系数受频率变化的影响已经很小)的测试频率条件下，相对介电常数分别为 6、8、12 时，煤岩体的电阻率测试结果如图 6-2 所示。

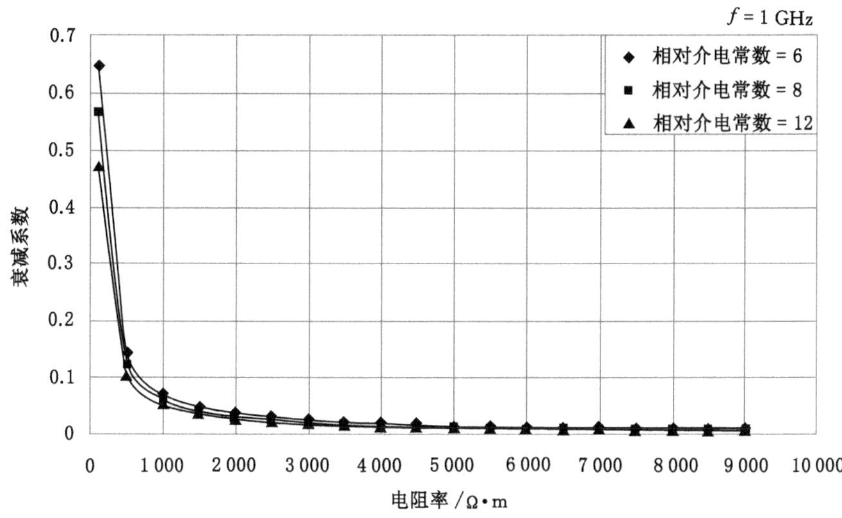

图 6-2 衰减系数随电阻率的变化趋势图

由图 6-2 可知，对于同一介电常数而言，随着煤岩体电阻率的增大，衰减系数不断减少。在 1 000 Ω · m 以前，衰减系数变化幅度比较大，在 1 000 Ω · m 以后，变化趋势逐渐趋于平稳，随着电阻率的继续增大衰减系数接近于 0 值。不同介电常数的衰减曲线形式和趋势相同。随着介电常数的增大，其衰减系数的起点值降低。

其次，研究微波的衰减系数与煤岩体介电常数的关系。在 1 GHz 测试频率条件下，电阻率分别为 50、100、200、300、500 和 1 000 Ω · m 时，煤岩体介电常数的测试结果如图 6-3 所示。

由图 6-3 可知，在电阻率值相同的情况下，衰减系数随着介电常数的增大而减小，且变化趋势较为缓和；衰减系数随着介电常数的增大，其曲线逐渐过渡到直线。

煤层的顶、底板岩层多为泥岩、砂岩、页岩和软页岩，据前人的经验可知它们的电阻率分别为：泥岩 $10^0 \sim 10^4$；砂岩 $5\times10^1 \sim 1\times10^3$；页岩 $1\times10^1 \sim 5\times10^2$；软页岩 $0.5\times10^0 \sim 1\times10^1$（单位为 Ω · m）。可见围岩的电阻率与煤层有较大的差别。

6.3.1 煤体电性参数的影响因素

影响微波在煤岩体中衰减系数的主要因素为介质的电性参数。但由于煤系地层中磁导率变化不大，相对值可视为 1。所以在这里电性参数只考虑电阻率

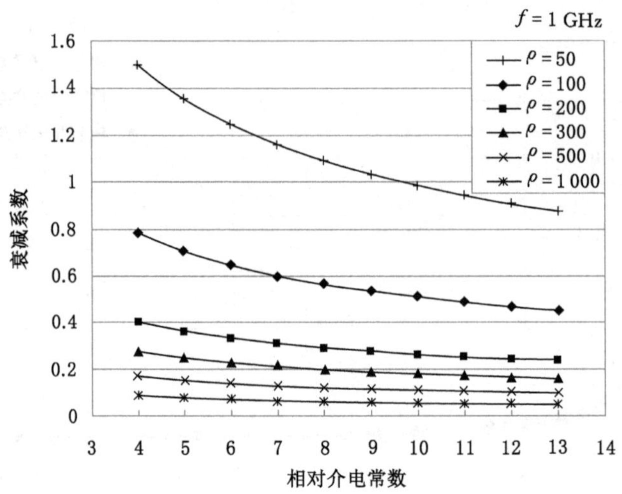

图 6-3　衰减系数随介电常数的变化趋势图

和介电常数。这一节内容主要是通过总结前人的研究成果来说明煤岩体电性参数的影响因素。

6.3.1.1　煤的电阻率的影响因素

煤是一种导体或半导体，煤的电阻率 ρ 可表示煤传导电流的能力。煤的导电性质是反映其内部结构与成分的一个物理量，主要由电子导电和离子导电构成。煤的电子导电是依靠组成煤的基本物质成分中的自由电子导电的；而离子导电是依靠煤的孔隙中水溶液的离子导电的。煤的大分子结构对其导电性起主要作用，煤大分子中的基团含量和种类不同，其导电特性在机理上也不同，一般把低煤化程度的煤作为电介质来研究，把高煤化程度的煤作为半导体来研究。

煤的电阻率在自然条件下变化范围很大，它主要受到变质程度、水分、孔隙度、煤岩成分等因素的影响。

(1) 变质程度

煤的变质程度不同主要表现在煤样炭化程度的差异和自身碳的晶体结构，因此影响着煤的导电性。煤化程度越低的褐煤，其结构规则性、周期性、对称性等晶体特性就越差，碳原子的排列呈无序状态，并且常含有较高的水分和溶于水的腐植酸分子，故其电阻率较低，一般仅为数十至数百欧姆米。随着煤化程度的加深，煤中水分和溶于水的腐植酸离子含量将明显减少，煤的离子导电性减弱，其电阻率明显增高。烟煤具有较高的电阻率，变化范围为数十至数千 Ω · m，烟煤中瓦斯突出煤体是相对炭化程度较高的煤分层，因此电阻率较低。而无烟煤中碳原子在三维坐标系内的排列很有规则，具有良好的电子导电性，其电阻率很低，一般在 1 Ω・m 以下，接近于良导体；瓦斯突出无烟煤体的电阻率是非突出煤体的 10 倍以上。煤中自由基浓度随碳含量增大呈指数函数增加，这也是煤电阻率随其变质程度提高而减小的一个原因。未处理原煤粉样在碳含量 87%左右电导率取得极小值，当煤的碳含量高于 87%以后，芳香层片迅速增大，分子内 π 轨道彼此重叠，故电子活动范围扩大，并有可能在一定范围内转移，从而使煤的导电性增强，电阻率减小。

原永涛等[165]分别研究了含碳量不同、煤化程度相同的煤种和含碳量相同、煤化程度不同的煤种的电特性，发现在煤化程度不高的条件下，含碳量不成为影响煤导电特性的重要因素。

我国学者在对全国 30 多个矿务局的 80 个矿井，100 多个煤层的 325 个有代表性的干燥煤样进行了电阻率测定，在 1 MHz 测试频率的条件下，测定的电阻率与煤变质程度的关系如图 6-4 所示。

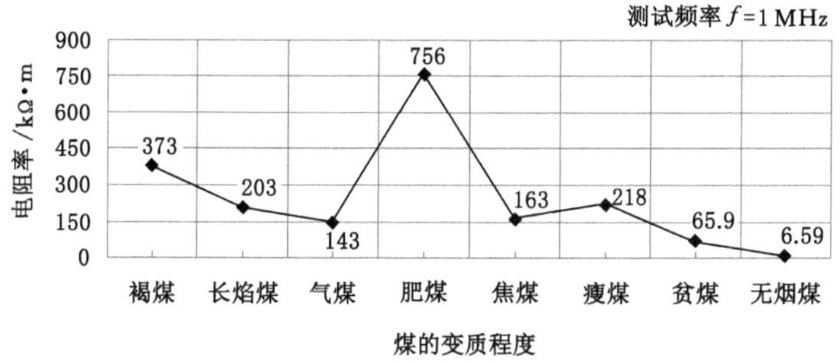

图 6-4 电阻率与煤的变质程度的变化趋势图

(2) 湿度

影响水的导电性的主要原因是水中离子的浓度和水的温度。煤层中的水分溶解了一些矿物质，呈一种带极性分子的溶液存在于煤层孔隙中，因此水分含量的多少对煤的电阻率影响很大。低变质阶段的褐煤和长焰煤的孔隙度大，水分含量高，并且存在能部分溶于水的羧基、酚羟基等酸性含氧官能团，所以电阻率小，属于水溶液离子导电。总体上来说，随着水分的增加，煤的电阻率呈下降趋势，只是不同牌号的煤下降幅度不同而已。其中，褐煤和长焰煤下降较大，烟煤次之，贫煤、无烟煤下降幅度甚微。由于煤的外部湿度取决于煤田地质条件，故会使煤的电阻率下降。在煤的氧化带中，外部湿度较大，所以其电阻率往往比深部煤的电阻率低。另一方面，水温的升高还会降低溶液黏度，加快离子的迁移速度。

煤样的电阻率随浸水时间的增长，电阻率逐渐降低，但降低的速率不相同。开始时下降很快，随后缓慢地下降。特别是瓦斯突出煤体浸水后电阻率立刻下降到最低点。究其因，瓦斯突出煤体由于结构破碎，孔隙率大，吸水性好，导致湿煤样和干煤样的电阻率差别很大。

分别在 1 MHz 和 160 MHz 频率的测试条件下，分别对变质程度不同的原煤样和湿煤样进行电阻率测试，测试结果如图 6-5 所示。由测试结果可知，不同变质程度的湿煤样的电阻率比原煤样的电阻率都小；不同测试频率条件下，160 MHz的湿煤样电阻率与原煤样电阻率相差较小。

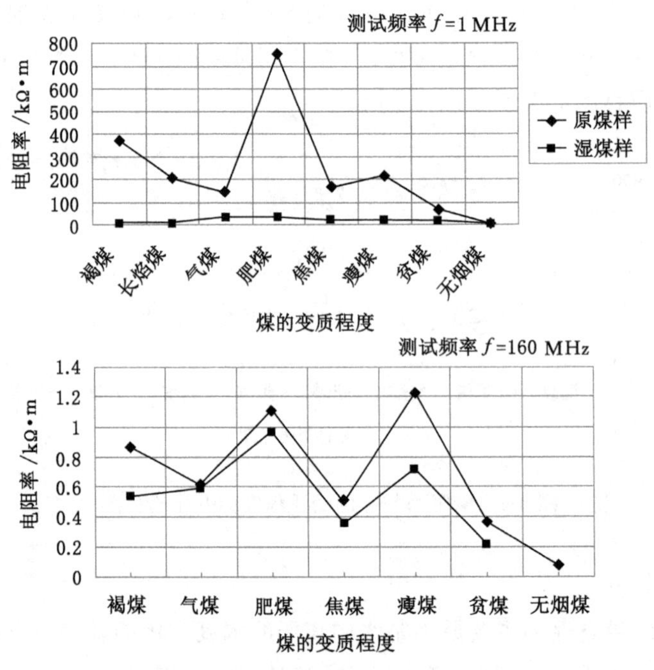

图 6-5　电阻率与煤岩湿度的变化趋势图

(3) 温度

国外一般认为煤在常温至 200 ℃加热过程中，由于煤样脱水干燥，电阻率上升，500 ℃以上因煤的热变质，含碳率增加，电阻率急剧减少，至 800 ℃以上时，电阻率低到 0.1 Ω · m 以下(图 6-6)。我国学者曾对不同变质程度的煤从常温至 120 ℃的电阻率进行了实验研究。实验结果认为，不同煤种的电阻率在此温度范围内随着温度的升高而增大，其中褐煤、长焰煤、肥煤电阻率增加得很快，增加了 1 到 2 个数量级，其他煤种增加较缓慢。产生此变化的主要原因：一是煤样在低温加热后，使煤中的外在水分损失，导致煤的电阻率增大；二是煤样中某些带电质点和非带电质点，以及水溶液极性分子，它们都具有一定的动能，呈不规则运动，在外加电场作用下，这些运动表现出明显的规律性，受到极化，当温度上升时，这些质点及极性分子的热动能相应增大，因此起到破坏极化的作用，使电阻率上升。当温度继续升高，煤的质量发生变化，电阻率反而下降。当采用 160 MHz频率测量时，电阻率随温度升高而增大，但变化缓慢。

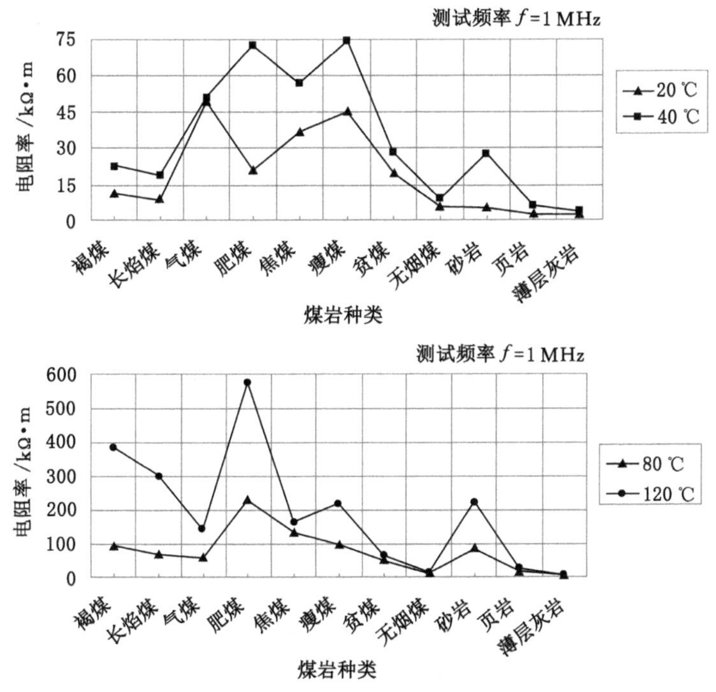

图 6-6 电阻率与煤岩温度的变化趋势图

(4) 煤岩成分(包括灰分)

煤的煤岩组成对煤的电阻率也会产生较大的影响。镜煤的电阻率显著高于丝炭，所以，同一变质程度的煤丝炭的导电性好。具体来说，在低、中变质阶段，光亮煤比半亮煤、半暗煤、暗淡煤的电阻率高；而在高变质阶段，暗淡煤比半暗煤、半亮煤、光亮煤的电阻率高。

煤的灰分表示煤中的矿物质含量,灰分越高,离子导电作用越强(无烟煤除外),电阻率越低;当灰分在 3%～15%时,电阻率下降很快,灰分大于 30%～40%时,煤的电阻率降低几个数量级。不过,对褐煤和烟煤而言,电阻率随灰分的变化不显著;对无烟煤,电阻率随灰分的增加而增大。煤中矿物杂质的电阻率通常低于褐煤和烟煤中有机质的电阻率,而高于无烟煤中有机质的电阻率。因此,褐煤或烟煤的电阻率随矿物质含量的增高而降低,而无烟煤的电阻率则随矿物杂质含量的增高而增大。但当无烟煤层中含有大量黄铁矿时,会使无烟煤电阻率降低。

另外,根据实际观测结果和实验室测量的数据,影响岩石电阻率的主要因素还是岩石的矿物组成和结构。表 6-1 给出常见岩石电阻率的估算结果。

表 6-1　常见岩石的电阻率

岩石名称	电阻率/Ω·m	岩石名称	电阻率/Ω·m
黏土	$10^0 \sim 2\times10^2$	泥质页岩	$6\times10^1 \sim 10^3$
板岩	$10^1 \sim 10^2$	玄武岩	$6\times10^2 \sim 10^5$
硬石膏	$10^4 \sim 10^6$	辉长岩	$6\times10^2 \sim 10^5$
石灰岩	$6\times10^2 \sim 6\times10^3$	花岗岩	$6\times10^2 \sim 10^5$
砂岩	$10^{-1} \sim 10^3$	辉绿岩	$6\times10^2 \sim 10^5$
砾岩	$2\times10^1 \sim 2\times10^2$	片麻岩	$6\times10^2 \sim 10^4$
白云岩	$5\times10^1 \sim 6\times10^3$	淤泥岩	$10^1 \sim 4\times10^3$

(5) 测试频率

Branch 等研究了 8 个挥发分含量为 8%～53%的煤样在不同温度、不同频率下的电导率,各温度下煤的电导率均与频率的指数次方成正比,在温度 193～373 K 范围这个指数值在 0.72～0.98 之间。因此,煤的电阻率与测试频率成反比。测试频率越低,测出的电阻率越高;测试频率越高,测出的电阻率越低。当频率为 0.5～1 MHz,煤的电阻率为 $10^3 \sim 10^4$ Ω·m,当频率为 100 MHz 以上时,煤的电阻率为数 Ω·m。

徐龙君等[168]用分形几何理论研究了煤的交流表观电导率与频率的关系。结果表明,煤的导电性具有分形特征,电导率与频率的关系遵从指数规律,且该指数与分形维数和 Euclid 维数有关。

(6) 煤的破坏类型

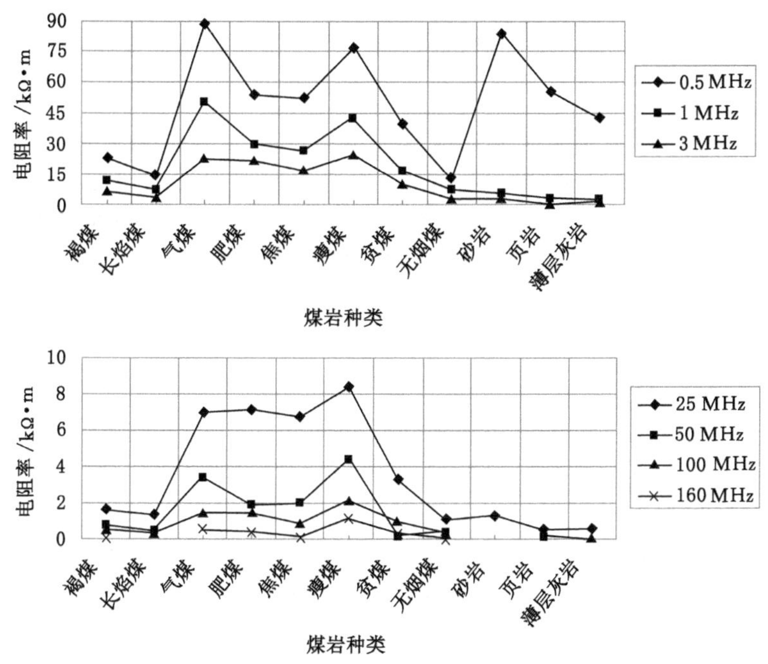

图 6-7　煤岩电阻率与测试频率的变化趋势图

研究表明，任何破坏煤层，和正常煤层相比，都具有较高的导电性；根据电测资料，未破坏煤层的电阻率均为 1 500～5 000 Ω·m，常近断层带则逐渐下降到 100～500 Ω·m。而同一煤层的突出危险煤与非突出危险煤的电阻率差异较大，无烟煤中突出危险煤的电阻率大于非突出危险煤（10 倍以上），而烟煤中突出危险煤的电阻率小于非突出危险煤（10 倍以上）。实验研究表明[169]：煤样电阻率随压力增加逐渐减少，当达到破裂应力值的一半左右时，电阻率达到最小值；继续加载，电阻率将升高，直到出现第一次主破裂；煤样出现主破裂后再继续加载的情况下，电阻率会继续升高，甚至会趋于无限大，直到到完全失稳。

（7）煤的层理方向

煤的层状构造使煤的电阻率呈现出明显的各向异性。沿层理面方向煤的电阻率较小，垂直层理面方向煤的电阻率较大。而且，这种差异性随着变质程度的增加而增大。产生这种差异的主要原因可能是由煤的组成、结构等造成的。煤层电阻率的各向异性可用各向异性系数 λ 来表示，定义为

$$\lambda = \sqrt{\rho_n / \rho_l}$$

在上式中，ρ_n 代表垂直层理方向上的平均电阻率，称为横向电阻率；ρ_1 代表沿层理方向的平均电阻率，称为纵向电阻率。$\lambda=1$ 表示各向同性介质。

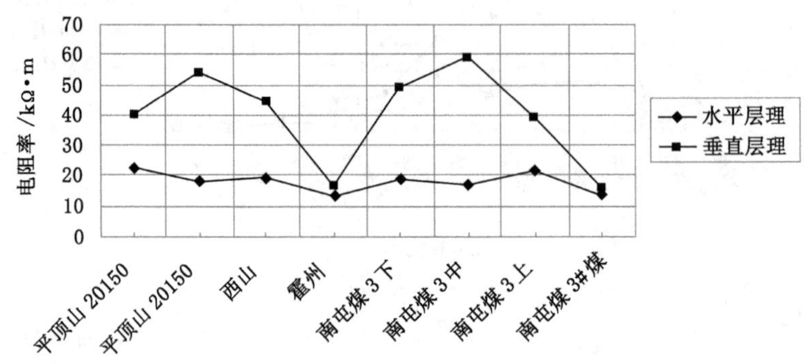

图 6-8　煤岩电阻率与层理方向的关系图

此外，何继善等对瓦斯含量和瓦斯压力与电阻率的关系做了实验研究，表明瓦斯压力和瓦斯含量对煤的电阻率的影响规律是一致的。

6.3.1.2　煤的介电常数的影响因素

煤岩的介电常数是综合反映在受电磁场作用下其内部束缚电荷电极化行为的一个主要的宏观物理量。而电介质极化的微观机理有四种：① 电子位移极化；② 离子位移极化；③ 取向极化；④ 空间电荷（或面间）极化。这四种极化机理中前三种是主要的。介电常数的经典定义为金属板电容器充满这种介质时的电容与金属板电容器为真空时的电容之比值。低频电磁场中的介电常数一般称为静态介电常数。

研究表明，影响煤的介电常数的主要因素有煤的变质程度、温度、水分等，下面就这些因素分别加以讨论。

(1) 煤的变质程度

煤的变质程度也影响着煤的介电性质。变质程度低的烟煤（气肥煤）介电常数较小，变质程度高的无烟煤介电常数较大。不同变质程度煤的介电常数差异较大，同一频率下无烟煤的介电常数是烟煤的 3 倍以上。介电常数随变质程度的增高先减少后增大，褐煤、无烟煤阶段变化幅值较大，烟煤阶段变化不明显。同一变质程度的煤中突出煤和非突出煤相差甚小。原因是煤的介电常数与碳含量的富集程度有关，当煤的碳含量增高到 88%以上，介电常数就迅速增大。而无烟煤的碳含量很高，一般都大于 90%。因此，无烟煤的变化幅度要大于其他煤种。我国学者曾对全国 30 多个矿务局的 80 个矿井，100 多个煤层的 325 个有代表性的煤样进行了介电常数测定，测定的介电常数与煤变质程度的关系如图 6-9 所示。

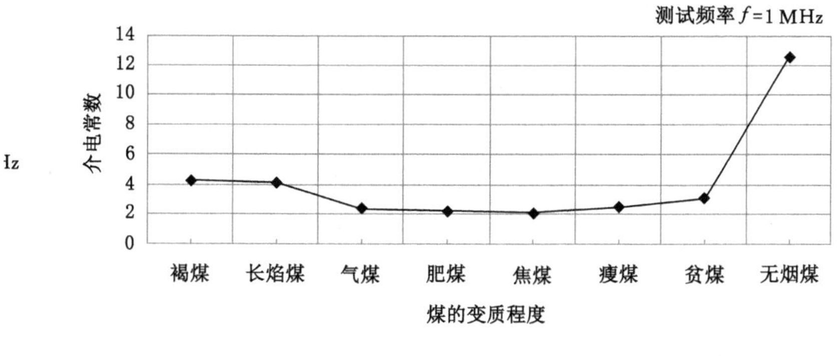

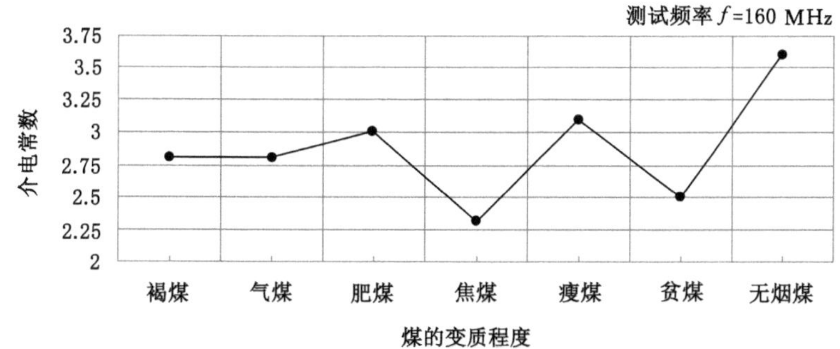

图 6-9　介电常数与煤变质程度的变化趋势图

徐龙君等[170]采用微扰法在微波谐振器中以小试样方法测试了白皎煤的介电常数，认为描述煤的变质程度用煤大分子中碳原子的摩尔分数比用碳的质量分数更为合理。研究表明，白皎无烟煤的介电常数及介质损失角正切均随其碳原子的摩尔分数的升高而增大，微波频率范围内随频率的升高而减小。孔隙结构特征对介电常数有影响。此外，Branch 通过研究还发现煤的介电常数具有分形特征。

(2) 湿度

煤岩中含有一定水分，而水是一种具有较高介电常数的极性液体(低频时为 80；$\lambda=3.23$ cm 时，$\varepsilon'=61.5$，$\varepsilon''=31.4$)。很多矿物的介电常数都比较低，微波段的 ε' 和 ε'' 分别为 4～10 和 0.02～0.5。水在矿物中有两种存在形式——结晶水和吸附水。实验表明，结晶水对矿物的介电特性影响不大，如 $CuSO_4 \cdot 5H_2O$，$ZnSO_4 \cdot 7H_2O$。吸附水则严重干扰矿物岩石的介电特性。极少量的吸附水，对矿物介电特性影响不大。当吸附水增加到一定量，Wang(1980)认为当吸附水和颗粒表面之间的吸力为 15 bar 以后，水表现为自由水的性质，对介电性质的影响异常明显。实验表明[170]，矿物岩石-水系统的 ε' 和吸附水的体积百分含量 s_ω 的关系为

$$\varepsilon' = \varepsilon'^{p}_{0}\varepsilon'^{s_\omega}_{\omega} \tag{6-41}$$

式(6-41)中 p 为矿物岩石的孔隙度；ε'_0 为干燥状态下孔隙度为零时矿物岩石的复介电常数实部；ε'_ω 为水的复介电常数实部。此式表明了矿物岩石类型、孔隙度、水分含量和介电特性之间的相关性，相关系数为 0.98。ε'' 也随吸附水含量增加而呈指数律增加。

水在煤孔隙中呈溶液状态的极性分子存在。因水分的含量随煤变质程度增高而减少，褐煤、长焰煤水分含量比其他烟煤高出几倍到几十倍，所以水分对褐煤、长焰煤的介电常数影响很大，对烟煤、无烟煤的影响比较小，并且不同煤种的介电常数受水分的影响不同，有的增加有的减小，且变化幅度都比较小，如图 6-10 所示。

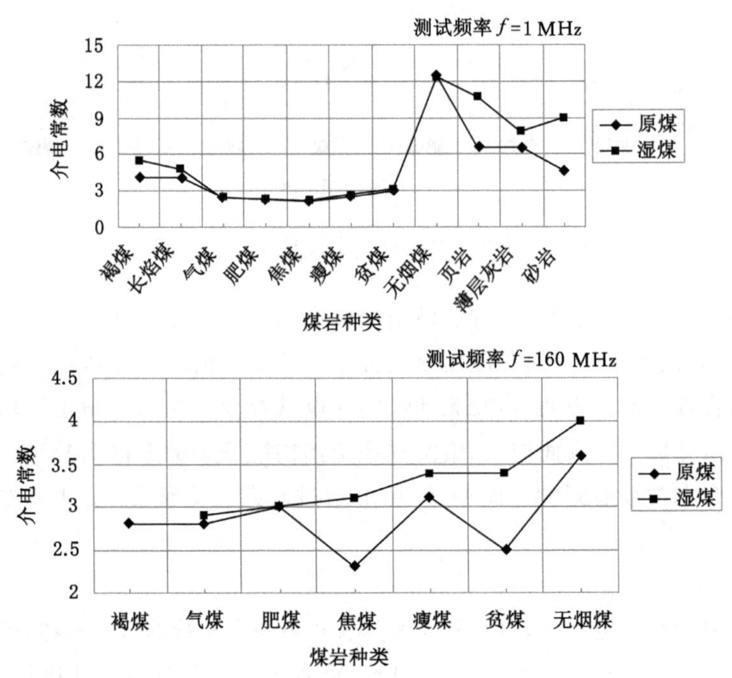

图 6-10　介电常数与煤湿度的变化趋势图

(3) 温度

煤(非突出)的介电常数随着温度的升高而减小，但是和煤的电阻率与温度

的关系相比，介电常数受温度影响的程度要小得多。研究表明，从室温到 120 ℃对煤的介电常数进行了实验研究。结果表明，随着温度的升高，绝大多数煤种的介电常数都有不同程度的减小，其中烟煤的变化幅度最小，岩石变化稍大些，但也未超过一个数量级，如图 6-11，同时都出现了随温度变化先降后增的现象。

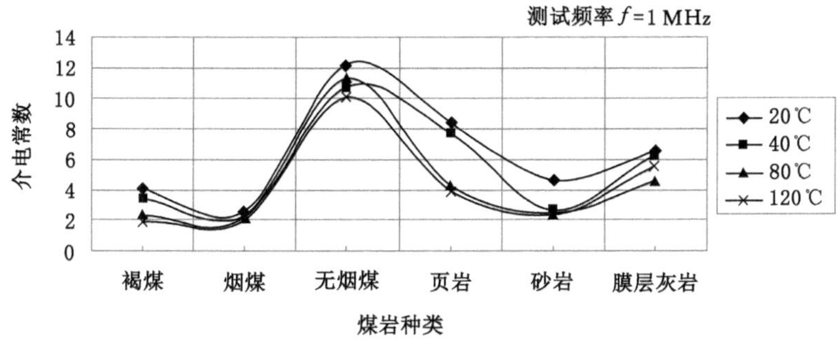

图 6-11 煤岩介电常数随温度变化趋势图

究其因，一方面由于煤中某些带电质点和非带电质点有一定的动能呈不规则运动，在外电场作用下，这种不规则的运动表现出明显的规律性——被极化了，当温度增高时这些质点的动能相应发生变化，破坏了原来的极化，使介电常数减小；另一方面，在煤中含有水分，这种溶液水的分子呈极性分子存在，并以其具有的动能表现为不规则运动，在外加电场作用下，这些极性分子便发生了极化，极性溶液（如水）的介电常数与温度有以下关系

$$\varepsilon = nm_0K_0/T \tag{6-42}$$

式中 K_0——与溶液弹性等有关的常数；

T——绝对温度；

n——单位体积中的极性分子数；

m_0——极性分子的固有极矩。

从式(6-42)可以看出：随着温度的升高，介电常数相应减小。这是因为当温度升高时，极性分子的热动能也相应增大而引起破坏极化作用的结果。

(4) 测试频率

$$\varepsilon' = \varepsilon_\infty + (\varepsilon_s - \varepsilon_\infty)\int_0^\infty \frac{F(\tau)\mathrm{d}\tau}{1+(\omega\tau)^2}$$

$$\varepsilon'' = (\varepsilon_s - \varepsilon_\infty)\int_0^\infty \frac{F(\tau)\mathrm{d}\tau}{1+(\omega\tau)^2} \tag{6-43}$$

式(6-43)中 $F(\tau)$ 为弛豫时间分布函数，它满足 $\int_0^{\infty} F(\tau)\mathrm{d}\tau=1$，$\varepsilon_s$ 为静态介电常数；ε_{∞} 是频率为高频时的介电常数。自然界的岩石等矿物由于存在杂质和缺陷，往往偏离这种理想情况。肖金凯等利用谐振腔微扰法对 100 多种天然矿物测量表明，在微波段($\lambda=3.2$)，ε' 和 ε'' 的变化范围为 2 到 4 个数量级。在低频段，它们的变化范围更大，在光频段变化则较小。并且在所有频段，介电常数变化最大的两类矿物为硫化物类矿物和氧化物类矿物。

实验研究表明，大部分煤种的介电常数随频率的升高而减小。另外，无论是变质程度高的无烟煤或变质程度低的烟煤(气肥煤)，介电常数都随着频率的增加而减小(图 6-12)。且在较低频段上表现分散，在高频频段上($f>10$ MHz)变化趋于稳定；烟煤(除个别煤种外)介电常数随频率变化较小，褐煤稍大，无烟煤的变化最大，甚至可以相差一个数量级。引起上述变化的原因是煤中的极性分子和非极性分子在外加电场作用下要经过一个转向和有规律的排列才能显示出极化现象。在方向随时改变的交变电场作用下，极性分子的转向能否实现，就在于交变电场在同一方向作用时间的长短(半周期)，所以煤的介电极化及介电常数与交变电场的频率有很大关系，频率越高，交变电场在同一方向的作用时间就越短，极性分子的转向就越难，介电常数就越小，所以频率越高，煤的介电常数就越趋稳定。煤岩介电常数随测试频率的变化曲线如图 6-13 所示。

徐龙君等[170-171]认为影响煤介电常数的因素较多，如变质程度、水分和灰分等，采用煤大分子中碳原子的摩尔分数来描述煤的变质程度更为合理。然后，采用微扰法在微波谐振器中以小试样方法测试了白皎煤的介电常数，研究了它与频率的关系。结果表明，白皎无烟煤的介电常数及介质损失角正切均随其碳原子的摩尔分数的升高而增大，在微波频率范围内随频率的升高而减小；孔隙结构特征对介电常数有影响；石英和方解石的介电常数较小，使得原煤的介电常数小于相应的镜质组样和其他分选样；黄铁矿对原煤介电常数的贡献很小，但却对分选样影响较大。

冯秀梅等[172]研究表明，无烟煤和烟煤均属于电阻型吸波材料，2～18 GHz 微波频段间(测试温度 25 ℃)，无烟煤的 ε' 随频率增加而减少，ε'' 随频率增加先增加后减小；ε'' 在 13.8 GHz 处取得最大值，原因为电导机理和极化机理相似，在此频率处电子跃迁频率和电场频率几乎相等。烟煤的 ε'，ε'' 几乎不随频率变化而变化，无烟煤的 ε'，ε'' 大于烟煤的 ε'，ε''，如图 6-12 所示，究其因与煤的大分子结构有关，变质程度越大，自由电子数量越多，且其活动性越强，ε'，ε'' 越大。

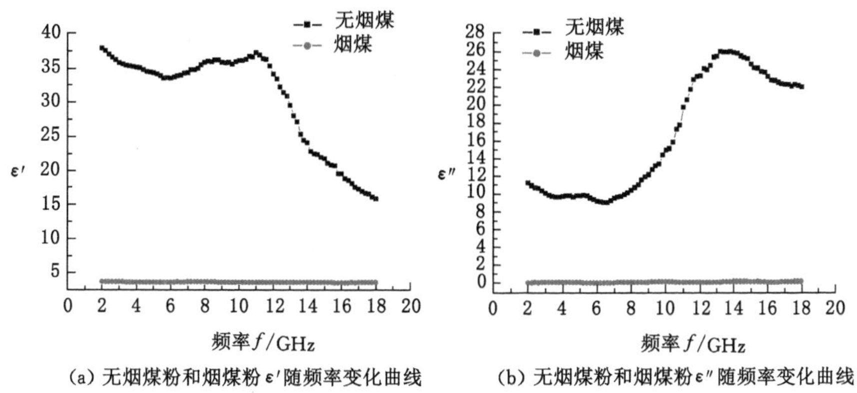

图 6-12　无烟煤粉和烟煤粉介电常数随频率的变化曲线

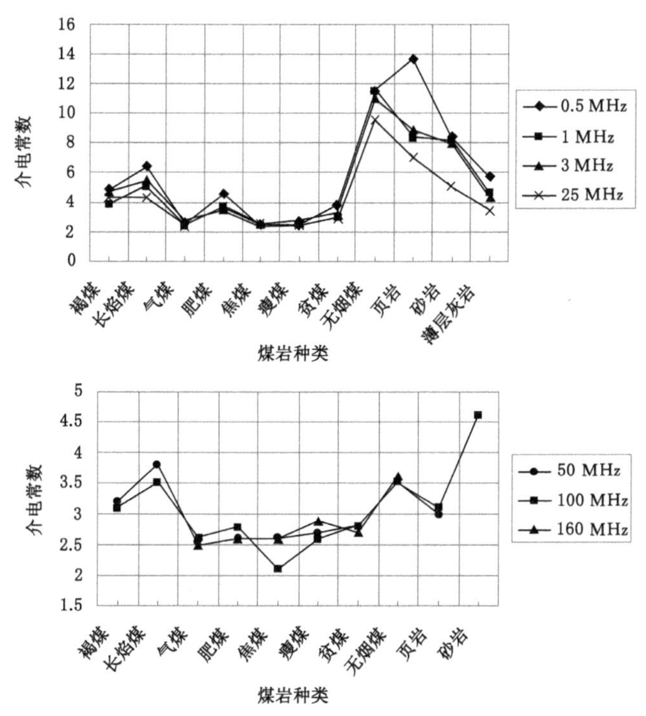

图 6-13　煤岩介电常数随测试频率的变化曲线

(5) 破坏类型

实验研究表明，同一变质程度的煤，瓦斯突出煤体和非突出煤体的介电常数相差较小，特别是烟煤，不同结构类型的介电常数在同一频率条件下相差无几。地质作用也能促使煤岩的微波介电常数发生很大变化。对于岩石矿物，在构造断裂带由于岩石比较破碎，水分比围岩高，促使其介电常数值增高，导致其发射率降低。

(6) 密度

同一种矿物或岩石，如密度不同，会有不同的介电常数。肖金凯依据Olhoeft(1981)的资料整理得到[116,171]：夏威夷玄武岩的介电常数 ε' 和其密度 d 之间的关系为 $\ln\varepsilon'=0.839+0.542d$，其相关系数为 0.94。值得指出的是矿物的介电常数和其比重之间不存在任何相关性。

6.3.2 电性参数影响因素的均方差-回归分析

本节主要使用课题组测试的电性参数与其影响因素的实验数据来讨论煤体电性参数的影响因素。通过实验测定 8 个煤样(其中煤样 1 为无烟煤，其余煤样为烟煤)在未受载荷条件下的电阻率和介电常数如表 6-2 所示。使用 Matlab 软件对煤的电性参数的影响因素组合之间的均方差进行分析，将得到影响因素的一组最佳组合，进而对这组因素组合分析分别得到电阻率和介电常数与其影响因素的回归方程，我们称这种方法为“均方差-回归分析”。分析结果表明，这一方法发挥着重要的作用，为研究煤体电性参数奠定了理论基础。

表 6-2 煤的电性参数的影响因素

编号 \ 变量	灰分 A_d	挥发份 V_{daf}	水分 M_{ad}	视密度 ARD	孔隙率 F	电阻率 /(kΩ·m)	介电常数
	x_1	x_2	x_3	x_4	x_5	ρ	ε
01	10.35	11.92	0.84	1.35	6.9	4.191 9	2.726 3
02	12.9	21.31	0.72	1.37	4.86	5.547 5	2.461 5
03	19.4	24.57	2.08	1.27	13.61	3.747 1	2.295 1
04	12.14	32.81	1.14	1.31	6.43	13.537	1.693 6
05	11.83	34.03	1.17	1.28	5.19	13.314 5	2.037 1
06	6.5	35.49	0.94	1.24	5.34	12.733	1.645 5
07	32.67	36.51	0.6	1.43	5.92	5.122 9	2.427 4
08	14.74	36.21	0.41	1.3	4.41	27.622	2.585 5

首先，讨论影响因素之间的组合与煤体的电阻率之间影响关系。经过处理得到各种情况下的均方差对比，均方差值越小，其组合的效果越好，结果如

表 6-3 所示。

表 6-3 电阻率影响因素之间组合的均方差

变量组合	x_1,x_2	x_1,x_3	x_1,x_4	x_1,x_5	x_2,x_3	x_2,x_4	x_2,x_5	x_3,x_4	x_3,x_5
RMSE	6.42	8.17	8.77	8.13	5.94	7.19	7.06	5.67	8.29
变量组合	x_4,x_5	x_1,x_2,x_3	x_1,x_2,x_4	x_1,x_2,x_5	x_1,x_3,x_4	x_1,x_3,x_5	x_1,x_4,x_5	x_2,x_3,x_4	x_2,x_3,x_5
RMSE	6.65	6.38	7.12	6.92	5.31	9.06	6.42	5.43	7.86

变量组合	x_2,x_4,x_5	x_3,x_4,x_5	x_1,x_2,x_3,x_4	x_1,x_2,x_3,x_5	x_1,x_2,x_4,x_5	x_1,x_3,x_4,x_5	x_2,x_3,x_4,x_5	x_1,x_2,x_3,x_4,x_5
RMSE	6.61	6.26	6.05	6.18	7.40	6.13	5.94	7.27

由此我们可得，组合 x_1,x_3,x_4 和 x_2,x_3,x_4 可组成最佳回归方程。使用 Eview 软件进行回归得

$$\rho = x_2^{8.58} x_3^{-8.48} x_4^{-68.38} \tag{6-44}$$

其相关系数 R 为 0.971 0，D.W.统计量的检验结果是 2.72。

$$\rho = e^{45.2} x_1^{6.129} x_3^{-16.227} x_4^{-189.89} \tag{6-45}$$

其相关系数 R 为 0.911 5，D.W.统计量的检验结果是 2.00。由数据得到 x_1 的 F 检验为 1.275 9，不合格。故采用下式方程进行回归得

$$\rho = e^{41.9} x_3^{-14.6} x_4^{-117.1} \tag{6-46}$$

其相关系数 R 为 0.965 1，D.W.统计量的检验结果是 1.89。

通过多次计算表明，在这些因素中，水分和视密度是影响电阻率发生变化的主要因素，且随着二者的增加而减小，灰分和孔隙率对电阻率影响较小。电阻率随着挥发份的增加而增加。

其次，讨论影响因素之间的组合与煤体的介电常数之间影响关系。经过处理得到各种情况下的均方差对比，结果如表 6-4 所示。

表 6-4 介电常数影响因素之间组合的均方差

变量组合	x_1,x_2	x_1,x_3	x_1,x_4	x_1,x_5	x_2,x_3	x_2,x_4	x_2,x_5	x_3,x_4	x_3,x_5
RMSE	0.33	0.42	0.39	0.45	0.35	0.34	0.40	0.39	0.32
变量组合	x_4,x_5	x_1,x_2,x_3	x_1,x_2,x_4	x_1,x_2,x_5	x_1,x_3,x_4	x_1,x_3,x_5	x_1,x_4,x_5	x_2,x_3,x_4	x_2,x_3,x_5

表 6-4(续)

变量组合	x_1,x_2	x_1,x_3	x_1,x_4	x_1,x_5	x_2,x_3	x_2,x_4	x_2,x_5	x_3,x_4	x_3,x_5
RMSE	0.38	0.29	0.36	0.32	0.44	0.35	0.42	0.36	0.29

变量组合	x_2,x_4,x_5	x_3,x_4,x_5	x_1,x_2,x_3,x_4	x_1,x_2,x_3,x_5	x_1,x_2,x_4,x_5	x_1,x_3,x_4,x_5	x_2,x_3,x_4,x_5	x_1,x_2,x_3,x_4,x_5
RMSE	0.38	0.34	0.22	0.31	0.24	0.38	0.33	0.24

由表可知,x_1,x_2,x_3,x_4 和 x_1,x_2,x_3,x_4,x_5 可组成最佳回归方程。使用Eview 软件进行回归得

$$\varepsilon = e^{5.03} x_1^{0.83} x_2^{-1.03} x_3^{-0.65} x_4^{-5.84} \tag{6-47}$$

其相关系数 R 为 0.972 6,D.W.统计量的检验结果是 2.98。

$$\varepsilon = e^{7.0} x_1^{1.22} x_2^{-1.32} x_3^{-0.39} x_4^{-8.61} x_5^{0.67} \tag{6-48}$$

其相关系数为 0.993 0,D.W.统计量的检验结果是 2.09。

由回归方程(6-48)可得,介电常数随着灰分和孔隙率的增加而增加,随着挥发份、水分和视密度的增加而减小。

6.4 微波在两种不同介质交界面上的特性

任何形态的电磁波从一种媒质传播到另一种媒质的界面上时,均要产生反射和折射。微波在同一损耗介质中传播会产生衰减,并且衰减要大于中低频电磁波。在不同介质中传播时,遇到不同的界面就会发生折射和反射,入射波、反射波与折射波的方向,遵循反射定律和折射定律。根据能量守恒定理,反射波和折射波的能量等于入射波的能量。

由施耐尔定律可知电磁波反射波和折射波的传播方向,当微波传播到煤岩层与空气的界面时,反射波的反射角与入射角相等,即:$\sin\theta_i=\sin\theta_r$,与界面两侧煤岩层的电性参数无关;而折射和入射的关系由界面两侧煤岩层和空气的电性参数决定,即:$n=\sin\theta_i/\sin\theta_t=\sqrt{\varepsilon_2\mu_2/\varepsilon_1\mu_1}$。

煤岩介质作为不良导体,微波从煤岩介质中传播出来,经过空气(微波在空气中可认为无衰减),投射到接受天线上。微波在界面会产生反射和透射。我们关注的是从界面投射出的这一部分透射波。研究表明,具有任意极化的平面电磁波都可分解为 波(电场矢量垂直于入射平面的线性极化波,即水平极化波)和 TM 波(电场矢量平行于入射平面的线性极化波,即垂直极化波)两

个分量。如图 6-14 所示，设煤岩体与空气的分界面为 $z=0$，考虑电磁波正入射的情况，设入射波的电场强度矢量和磁场强度矢量分别为 E_i 和 H_i，反射波的电场强度矢量和磁场强度矢量分别为 E_r 和 H_r，透射波的电场强度和磁场强度分别为 E_t 和 H_t。则根据平面电磁波的传播理论可得到，入射波的电场强度、磁场强度分别为

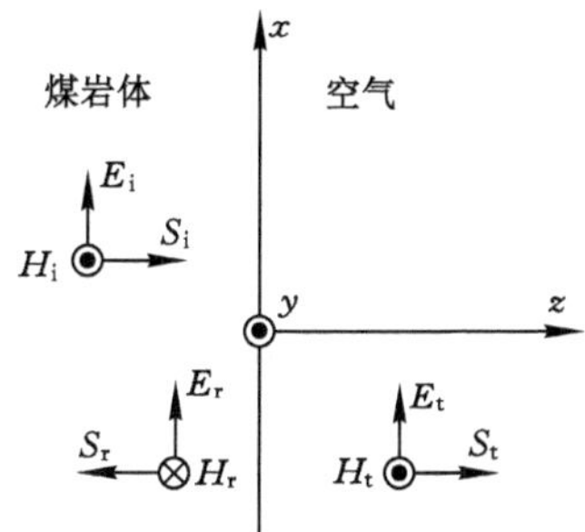

图 6-14　微波在不同介质交界面上的传播

$$E_i = E_{im} e^{-j\beta_1 z} \cdot \vec{e}_x \tag{6-49}$$

$$H_i = H_{im} e^{-j\beta_1 z} \cdot \vec{e}_y = (E_{im}/Z_1) e^{-j\beta_1 z} \cdot \vec{e}_y \tag{6-50}$$

则反射波的电场、磁场分别为

$$E_r = E_{rm} e^{-j\beta_1 z} \cdot \vec{e}_x \tag{6-51}$$

$$H_r = -H_{rm} e^{-j\beta_1 z} \cdot \vec{e}_y = (E_{rm}/Z_1) e^{-j\beta_1 z} \cdot \vec{e}_y \tag{6-52}$$

式中 E_{im}、H_{im}、E_{rm}和 H_{rm}分别是入射波的电场强度与磁场强度，反射波的电场强度与磁场强度。在煤岩中传播，$\beta_1 = 2\pi f \sqrt{\frac{\mu\varepsilon_r\varepsilon_0}{2}\left[\sqrt{1+\left(\frac{\sigma}{2\pi\varepsilon_r\varepsilon_0}\right)^2}+1\right]}$ 为电磁波在煤岩内传播时的相位常数。Z_1 是电磁波在煤岩内传播时的本征阻抗。

$$Z_1 = \sqrt{\frac{\mu_r\mu_0}{\varepsilon}} = \sqrt{\frac{\mu_0}{\varepsilon' - j\dfrac{\sigma}{\omega}}} = | Z_1 | e^{j\frac{1}{2}\varphi} \tag{6-53}$$

式中，$|Z_1| = \sqrt{\frac{\omega\mu_0}{\sqrt{\omega^2\varepsilon'^2+\sigma^2}}}$，而 φ 满足 $\cos\varphi = \frac{\varepsilon'\omega}{\sqrt{\varepsilon'^2\omega^2+\sigma^2}}$，其中 $\varepsilon' = \varepsilon_r\varepsilon_0$，$\varepsilon_r$ 是煤岩的相对介电常数，ε_0 和 μ_0 分别是真空介电常数和真空磁导率。

从煤岩体中透射出的电场、磁场分别为

$$E_t = E_{tm} e^{-j\beta_2 z} \cdot \vec{e}_x \tag{6-54}$$

$$H_t = -H_{tm} e^{-i\beta_2 z} \cdot \vec{e}_y = (-E_{tm}/Z_2) e^{-i\beta_2 z} \cdot \vec{e}_y \tag{6-55}$$

式(6-54)、式(6-55)中 $\beta_2 = \omega\sqrt{\mu_0\varepsilon_0}$ 为电磁波在自由空间中传播时的相位常数。$Z_2 = \sqrt{\mu_0/\varepsilon_0}$ 为电磁波在自由空间中传播时的本征阻抗。在空气中只有透射波为

$$E_t = E_{tm}(0) e^{-\alpha_2 z} e^{-i\beta_2 z} \cdot \vec{e}_x \tag{6-56}$$

$$H_t = H_{tm} e^{-i\beta_2 z} \cdot \vec{e}_y = (-E_{tm}(0)/Z_2) e^{-\alpha_2 z} e^{-i\beta_2 z} \cdot \vec{e}_y \tag{6-57}$$

式(6-57)中 $E_{tm}(0)$是在 $z=0$ 处的电场强度的振幅,α_2 是在空气中电场强度的幅度衰减因子。根据分界面电场和磁场的切向分量必须连续的边界条件,可得振幅反射系数 $R=E_{rm}/E_{im}=(Z_2-Z_1)/(Z_1+Z_2)$;振幅折射系数 T 定义为折射波电场强度 E_z 与入射波电场强度 E_i 之比,即 $T=E_{tm}(0)/E_{im}=2Z_2/(Z_1+Z_2)$。

由此可得,入射微波的功率密度为

$$\overline{S}_i = \frac{1}{2} Re[E_i(z) \times H_i^*(z)] = \frac{1}{2} \frac{E_{im}^2}{Z_1} \vec{e}_z \tag{6-58}$$

反射微波的功率密度为

$$\overline{S}_r = \frac{1}{2} Re[E_r(z) \times H_r^*(z)] = -\frac{1}{2} \frac{E_{im}^2 \mid R \mid^2}{Z_1} \vec{e}_z \tag{6-59}$$

透射微波的功率密度为

$$\overline{S}_t = \frac{1}{2} Re[E_t(z) \times H_t^*(z)] = \frac{1}{2} \frac{E_{im}^2 \cdot T^2 \cdot e^{-2\alpha_2 z}}{Z_1} \cdot \cos\frac{\varphi}{2} \vec{e}_z \tag{6-60}$$

6.5 微波传播与气体分子的相互作用

气体分子的能量具有以下几种形式:平移动能、与轨道有关的电子能量、振动能量以及转动能量,而后三种能量构成了一个孤立分子的总内能。电子能量、振动能量和转动能量的状态都是量子化的,亦即它们都是由量子数决定的离散值。当分子与周围的辐射场发生相互作用时,它们的能级会产生跃迁。能级跃迁可能是其中一种能量状态改变引起,也可以是这三种能量状态改变的任意组合引起。不同电子能量状态之间的能量差别最大,其典型值为 2~10 eV,同一电子能量状态下振动能量状态之间能量差的典型值为 0.1~2 eV;同一电子能量和振动能量状态下两个转动能量状态之间的能量差最小,纯的转动能量的变化通常在 $10^{-4}\sim5\times10^{-2}$ eV 之间。在每一种可能的电子能量状态下存在着多种可能的振动状态,而每一种振动状态又可能伴随着多种转

动状态。振动能量与原子相对它的平衡位置的振动运动有关，转动能量与分子中的原子绕分子质量中心的旋转运动有关。当分子的能量从较低的能级跃迁到较高的能级时，就吸收外来的辐射能；反之，当跃迁是从较高能级到较低能级时，就向外发射辐射能量。所以，分子能级之间的跃迁是产生吸收（或发射）谱线的起因。

一个孤立分子具有许多可能的量子化能量状态，当发生能级跃迁时，它将吸收（或发射）某一确定频率的电磁辐射能量，它的吸收（或发射）谱是一些不连续的谱线，如图 6-15(a)所示。但实际的气体是由许多分子组成的，这些分子不停地运动着，相互碰撞，也和其他质点（如尘埃微粒）碰撞。这类碰撞扰动会使能级变宽，导致一定频带内有许多彼此靠得很近的吸收（或发射）谱线，如图6-15(b)所示。这种谱线带宽（简称线宽）的增大称为谱线展宽。在微波波段，由大气分子间相互碰撞引起的谱线展宽称为压力展宽，它是谱线展宽原因中最重要的原因。

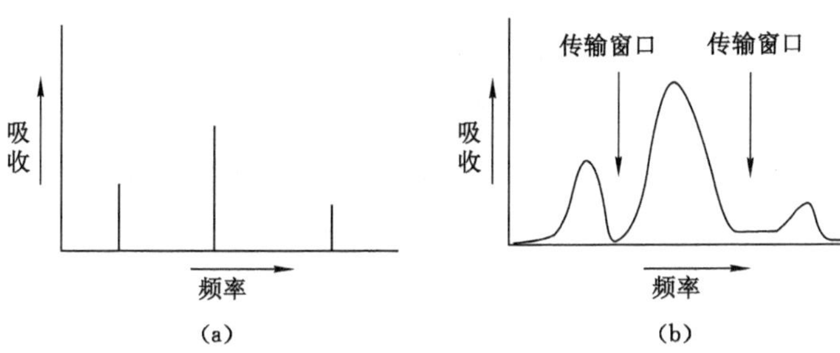

图 6-15　单分子和多分子气体的吸收谱

根据量子理论，吸收（或发射）谱线对应的频率与能级跃迁的初态和终态之间的能量差有关，应用玻耳关系式可近似表示为

$$\upsilon_{ij}=|\varepsilon_i-\varepsilon_j|/h \tag{6-61}$$

式中 υ_{ij} 是能级之间跃迁的共振频率；i，j 是能级标记；ε_i，ε_j 是能级值；h 是普朗克常数。

跃迁的辐射吸收可用吸收系数 a_{ij} 表示，即

$$a_{ij}=\frac{8\pi^3 v}{3hc}\mid f(\upsilon_{ij},\upsilon v)\mid(N_i\mid\mu_{ij}\mid^2-N_j\mid\mu_{ji}\mid^2) \tag{6-62}$$

式中 υ 是频率；c 是光速；h 是普朗克常数；υ_{ij} 是能级之间跃迁的共振频率；$f(\upsilon_{ij},\upsilon)$是谱线形状函数；$N_i$ 和 N_j 分别是能级 i 和能级 j 的总数（即跃迁的分子

数）；μ_{ij} 和 μ_{ji} 是分子偶极距强度。

由式(6-62)可知，辐射吸收系数与频率、偶极距强度平方、谱线形状函数和参与跃迁的分子总数等因素有关。

根据量子力学理论，只有当

$$|\mu_{ij}|^2 N_i > |\mu_{ji}|^2 N_j \tag{6-63}$$

时，才会发生从一个能级到另一个能级的跃迁和吸收。

令 I 代表低能态，则当分子处在热平衡状态时，上述条件成立。如果出现相反的情况，即

$$|\mu_{ij}|^2 N_i < |\mu_{ji}|^2 N_j \tag{6-64}$$

则跃迁过程将有能量加入周围的辐射场，从而产生跃迁发射。

顾名思义，谱线形状函数用来描述谐振频率 υ_{ij} 的辐射吸收谱的形状。按照不同的分子碰撞模型，已推导出多种谱线形状函数。其中最简单的是 Lorentzian 谱线形状函数，其他还有 Van Vleck-Weisskopf 谱线形状函数和 Gross 谱线形状函数等。

6.5.1 氧分子对微波传播的影响

氧分子是双原子分子，具有永磁矩，其电偶极矩为零。它对微波的吸收主要是由分子的磁偶极矩与电磁波相互作用下转动能级之间量子跃迁的结果。在微波波段氧分子有 46 根吸收线[173]，其中在 2.53 mm 波段（118.8 GHz）处产生一根孤立的谱线，另外 45 根均在 4～6 mm 波段之内（60 GHz 频率附近）。赵柏林等学者对微波波段氧分子吸收系数的公式进行了简化，得到了在一定温度、压力范围内，5 mm 波段氧分子吸收系数近似表达式及标准等压面上 5 波段氧分子吸收系数与温度关系的近似表达式。固定等压面上氧分子吸收系数的公式

$$\alpha_0 = T^{C_0} \exp[C_1 (T - T_0)^2 + C_2] \tag{6-65}$$

式(6-65)中 C_0, C_1, C_2 为参数，随气压和频率而变。不同气压不同温度下的氧分子吸收系数的公式

$$\alpha_0 = T^{ap^2+bp+c} p^d \exp[(\gamma p + S)(T - T_0^* - \frac{p}{20})^2 + K(p - p_0)^2 + C_3] \tag{6-66}$$

式(6-66)中 $a, b, c, d, \gamma, S, K, C_3, p_0$ 随频率而变。

表 6-5 列出了不同波长时氧对微波吸收的计算结果。

表 6-5 不同波长时氧对微波的吸收

λ/cm	K/(dB/km)	λ/cm	K/(dB/km)	λ/cm	K/(dB/km)
100	0.001 4	1.000	0.014	0.465	5.00
30	0.005 0	0.667	0.077	0.435	0.51
10	0.006 0	0.588	0.320	0.400	0.12
3	0.007 2	0.556	1.990	0.250	3.50
1.5	0.008 9	0.500	14.000	0.200	0.03

6.5.2 瓦斯对煤岩破裂微波辐射传播的影响

6.5.2.1 瓦斯吸收谱

分子光谱学是研究分子与光场相互作用的学科，是研究分子结构、分子内部运动及分子之间相互作用的有力工具。根据跃迁的类型不同可分为电子光谱、振动光谱和转动光谱；根据吸收电磁波的范围不同，可分为远红外光谱、红外光谱及紫外、可见光谱；根据光谱产生的机理不同，分子光谱又可以分为分子吸收光谱和分子发光光谱。

描述物质分子对辐射吸收的程度随波长而改变的函数关系的曲线（即将吸光度对波长作图而得到的曲线），叫吸收光谱或吸收曲线。甲烷分子呈正四面体结构，四个氢原子位于正四面体的四个顶点，一个碳原子位于四面体的中心，是球形陀螺分子，由于分子高度的对称性导致各振动能级高度简并，故甲烷气体分子只有四个频率不同的基本振动，$v_1=2\ 913.0\ \text{cm}^{-1}$，$v_2=1\ 533.3\ \text{cm}^{-1}$，$v_3=3\ 018.9\ \text{cm}^{-1}$，$v_4=1\ 305.9\ \text{cm}^{-1}$，每一个固有振动对应一个光谱吸收区，相应的波长分别为 $\lambda_1=3.43\ \mu\text{m}$，$\lambda_2=6.52\ \mu\text{m}$，$\lambda_3=3.31\ \mu\text{m}$，$\lambda_4=7.66\ \mu\text{m}$，在 3～4 μm波长区域有强烈的振动吸收峰，其合频带 v_2+2v_3 和倍频带 $2v_3$ 分别位于 1.33 μm 和 1.66 μm，用 0.3 nm 分辨率的滤光片测得的吸收系数分别为 $5.4\ \text{m}^{-1}$ 和 $9.3\ \text{m}^{-1}$。由甲烷气体的谱图还可知，甲烷气体在 1.66 μm 波段的吸收强度远大于 1.33 μm 波段的吸收强度。此外，在甲烷的吸收复合带和泛频带1.33 μm 和 1.66 μm 的 k 值分别为 $3.7\times10^{-7}\ \text{at}^{-1}$和 $1.88\times10^{-6}\ \text{at}^{-1}$。

因此，甲烷分子在 1.33 μm、1.66 μm 和 3.31μm 区域有明显的吸收，在其他区域无吸收，即，甲烷气体对电磁波的吸收频段在 3.92×10^{13} Hz～2.2610^{14} Hz。而这 3 个波段都在红外波谱内。从甲烷吸收谱这个角度而言，微波在含瓦斯煤岩介质中的传播不受甲烷影响。

6.5.2.2 瓦斯含量

含瓦斯煤岩体可视为电介质，在构成电介质的分子中，原子核和电子之间的引力相当大，电子不能自由地离开原子核。电介质内没有自由电子或只有极微量的自由电子存在，这就使得电介质的导电能力很差。瓦斯的主要成分是 CH_4，是各向同性的电介质无极分子，在无外电场作用时，其正、负电荷中心是重合的，其化学性质特别稳定，在多数化学反应中均呈现惰性。在外电场的作用下，正负电荷将被电场力拉开偏离原来的位置，正负电荷的中心会产生相对位移，位移的大小与场强大小有关。外电场越强，产生的诱导极距越大；表面束缚电荷就越多，电介质的极化越强。因此，瓦斯含量增加时，极化能力增强，煤的导电性能增大，电阻率降低，衰减系数增大。

6.5.2.3 瓦斯压力

通过研究 3 种煤样在 40 ℃时不同瓦斯压力下的电导率随电压的变化情况和在相同电压时的电导率随瓦斯压力的变化情况。结果表明，3 种煤样的电导率随瓦斯压力的增大而增大，并且不含瓦斯时的电导率明显低于含瓦斯时的电导率。相同条件下，含瓦斯比不含瓦斯的电导率要大。因此，瓦斯压力增大，电阻率降低，与电阻率随瓦斯含量的变化规律是一致的。

究其因，在较低电场强度下，能够通过瓦斯气体的电流极其微弱。因此，含瓦斯煤体的导电性主要取决于煤骨架的导电性。充入瓦斯后，部分瓦斯被煤的微孔吸附，由于瓦斯吸附是一个放热过程，所以煤吸附瓦斯后其孔隙表面能要下降，因而对表面杂离子和表面电子的束缚作用减弱，杂离子和电子在孔隙表面上的迁移变得容易，从而使导电性增强。另一方面，由于 CH_4 分子渗透到煤的大分子间隙，使其分子骨架发生一定的膨胀，煤体中瓦斯压力越高，膨胀效应越大，分子间的相互作用越弱，使得导电势垒下降而导致电导率增大。再者，充入瓦斯后除部分被煤微孔吸附外，尚有相当量的游离瓦斯，具有一定压力的游离瓦斯对煤粒有挤压作用，瓦斯压力越大，挤压作用越强，煤粒接触越紧密，导电性就越好。

瓦斯含量与瓦斯压力对微波传播的定量影响结果还需要进行进一步的实验与理论分析研究。

6.6 电磁波衰减的其他参数表示

煤岩介质对电磁波的吸收除了吸收系数 b 和趋肤深度 L 外，还有下面一些参数。

(1) 复介电常数

在有耗介质中，若考虑衰减和频散效应，复介电常数 $\varepsilon^*(\omega)$ 可以表示为

$$\varepsilon^*(\omega)=\varepsilon_0\varepsilon_\infty+\mathrm{j}\sigma/\omega+\varepsilon_0\sum_{l=1}^{L}\frac{\varepsilon_s^1-\varepsilon_\infty}{1+\mathrm{j}\omega\tau_1} \tag{6-67}$$

式(6-67)中：τ_1 为衰减函数中的第 1 个衰减因子的松弛时间。对于电磁波衰减特性的研究，复介电常数不太常用，但对于研究单色频率电磁波传播理论，复介电常数应用较多。这里需要提到的是，由介质的介电弛豫性质引起的电磁波衰减中的电能损失量中的松弛因子可以描述为位移量与电场强度矢量的褶积关系，其中介电常数为复数，并依赖于频率的大小。

(2) 品质因子 Q

品质因子是表征电磁波衰减特性的一个重要物理参数，Q 值可以定义为系统内储能与耗能的比率[175]

$$Q^{-1}(\omega)=\frac{\Delta W}{2\pi W}=\tan\delta \tag{6-68}$$

其中，ΔW 为耗散能；W 为系统内储能；δ 为电能损失能。从上式可以看出，Q 值越小，微波耗能就越小，Q 值越大，磁波耗能就越大。

参考复介电常数，上式还可以进一步写成

$$Q^{-1}(\omega)=\frac{\displaystyle\sum_{l=1}^{L}\frac{\omega\tau_1(\varepsilon_s^1-\varepsilon_\infty)}{1+(\omega^2\tau_1^2)}+\frac{\tau}{\varepsilon_0\omega}}{\displaystyle\varepsilon_\infty+\sum_{l=1}^{L}\frac{\omega\tau_1(\varepsilon_s^1-\varepsilon_\infty)}{1+(\omega^2\tau_1^2)}} \tag{6-69}$$

从式(6-69)中可看出，品质因子与频率及松弛时间等参数的定量关系。品质因子 $Q(\omega)$ 多是在实验室对岩石试件进行实验测定获得，也可在现场做原位测试。

Q 又可表示为

$$Q=\frac{\pi f}{bv} \tag{6-70}$$

式(6-70)中 v 表示电磁波传播速度，b 表示为吸收系数。

(3) 对数衰减量 δ

$$\delta=\ln(A_1/A_2) \tag{6-71}$$

在式(6-71)中，A_1、A_2 是不同时刻电磁波的场强值。

(4) 衰减系数

$$\gamma=20\lg(A_1/A_2) \tag{6-72}$$

式(6-72)表示平面波每走一个波长的振幅衰减分贝数。

6.7 本章小节

本章通过研究微波辐射在有耗媒质中的传播机理和衰减方程，分析衰减系数与电性参数的关系以及微波和气体分子的相互作用；结论如下：

(1) 根据电磁场与电磁波理论分析微波在有耗媒质中的传播机理，得出了由于不同媒质的介电常数与电导率不同，则同一频率的电磁波在不同媒质中能量衰减不同，不同频率的电磁波在同一媒质中能量衰减也不同。

(2) 根据麦克斯韦方程组分析微波在有耗媒质中的衰减方程，证明煤岩在微波条件下是不良导体；使用 Eview 软件对微波的衰减方程进行了离散多元非线性回归，得到微波在煤岩体中传播的回归方程为 $b=46.99f^{0.044}\varepsilon_{\mathrm{r}}^{-0.46}\rho^{-0.95}$，说明了煤岩体的电阻率和介电常数对微波衰减的影响大，频率对衰减系数的影响较小。

(3) 利用电偶极子模型分析了微波的辐射功率与频率关系，推导出 $P_1=Be^{C}f^2$（C 为负数）的关系式，由此可得辐射功率与频率的 2 次方成正比，与离辐射源的距离成负指数关系。

(4) 通过回归衰减方程研究了衰减系数与煤岩体电阻率和介电常数的关系。

(5) 总结前人的实验数据，讨论了煤岩体电性参数的影响因素（主要包括变质程度、水分、孔隙度、煤岩成分等）；以文献[174-175]中的实验数据为例对影响因素之间进行了组合并确定了最佳组合，然后进行回归分析研究得出了有益的结果。

(6) 分析了微波在煤岩体与空气交界面的传播特性。

(7) 研究了氧分子、瓦斯（瓦斯吸收谱、瓦斯含量和瓦斯压力）对微波传播的影响，得出氧分子对微波传播有影响，并给出了经验公式；从瓦斯吸收谱的角度而言，瓦斯对微波传播没有影响；瓦斯含量增大和瓦斯压力增加对微波传播有一定的衰减作用。

7　结论和展望

7.1　结论

矿井煤岩动力灾害如煤与瓦斯突出、冲击矿压等严重危害着煤矿安全生产。随着矿井开采深度的增加，煤岩动力灾害发生的频度和强度也日趋增大，严重影响矿山的社会效益和经济效益，给矿山工作者的健康和安全带来严重的威胁。煤体电磁辐射是其破裂过程中产生的一种能量耗散现象，对于这方面的研究已经较多。最近数十年，遥感技术得到了重视和发展，被引入固体力学的实验研究。红外遥感技术和微波遥感技术在地震预测预报方面也取得了成功，但对于受载煤体变形破裂过程中微波辐射规律的研究在国内外尚属空白。本书对受载煤体微波辐射效应、规律、影响因素及其产生机理进行了创新性研究，这对进一步深入揭示煤体破裂的微观过程和电磁辐射的产生机理，促进煤岩电磁辐射技术的发展和应用具有深远的理论意义，同时对评定现场煤体应力状态及其稳定性、监测预报煤岩动力灾害有重要的应用价值。

本书采用实验室实验、理论分析相结合的方法，研究了受载煤体变形破坏过程中微波辐射规律、热辐射机理和统计损伤-微波辐射耦合模型等内容，并对这一技术应用于煤岩动力灾害的预测预报进行了基础理论分析。

全书主要研究结果概括如下：

(1) 建立了测试煤体自然状态下、加热后降温过程中、单轴压缩和拉伸实验过程中的微波辐射特性和规律的实验系统，并制定了相应的实验方案。测试了煤体在自然状态下、加热后降温过程中、单轴压缩和劈裂拉伸破坏过程中的微波辐射效应和变化规律。通过对煤体试样微波辐射实验数据的分析，研究了煤体在降温过程中和变形破裂过程微波辐射变化规律。实验结果表明：

① 煤体在自然状态条件下的微波辐射特性，不仅提供了不同煤体的微波辐射特性数据，还为微波辐射计的定标工作和分析加热煤体降温过程中的微波辐射特性以及研究受载煤体的微波辐射规律奠定了基础。

② 测试了煤体在加热后降温过程中的微波辐射特性，分别对亮温-时间和

温度-时间的实验数据进行拟合，拟合精度较高，并由此推导出亮温与温度的关系方程式为 $B=k_1(k_2T-b)^a+c$。

③ 受载煤体在变形破坏过程中确实能产生微波辐射效应。

④ 在单轴压缩条件下，受载煤体在 6.6 GHz 频段和 10.6 GHz 频段测试条件下预报煤体破坏的微波辐射前兆规律分别有 3 种和 2 种类型；在劈裂拉伸条件下，受载煤体在 6.6 GHz 频段和 10.6 GHz 频段测试条件下预报煤体破坏的微波辐射前兆规律分别有 2 种类型。

⑤ 对实验中的 3 个现象进行了合理解释，这 3 个现象分别是：亮温曲线的波动性；亮温曲线的连续下降现象；在劈裂拉伸实验中卸载过程中亮温曲线的上升或下降现象。

(2) 研究了加载条件(加载方式、加载速率)、煤岩组构、峰值载荷等因素对受载煤体微波辐射变化规律的影响。结果表明：劈裂拉伸实验效果要比单轴压缩实验好；加载速率的增大不仅增强了煤体的强度，还增加了煤体变形破坏过程中的亮温变化值，即：加载速率对受载煤体微波辐射特性的影响呈现正相关关系，即促进作用；通过 X-衍射方法进行了煤体的成分分析，得出煤体中的组构成分是影响受载煤体微波辐射亮温变化的重要因素之一；石英成分所起的作用是使微波辐射亮温值呈增大趋势；无论是单轴压缩实验还是劈裂拉伸实验，煤样的峰值载荷与其受载变形过程中的亮温变化值都存在着正相关性；从理论上(瑞利-金斯公式)分析了煤体的发射率是影响其微波辐射的重要因素；发射率不仅依赖于受载煤体的加载条件，还受煤岩组构成分、导热率和峰值载荷的影响。

(3) 通过对煤体应力-应变曲线各个阶段的分析，得到了在应力-应变曲线的每个阶段亮温曲线的变化反映情况，对受载煤体的微波辐射亮温曲线相应地划分了灵敏区和迟钝区，灵敏区与迟钝区的划分为预测预报煤岩动力灾害提供了理论基础。

(4) 讨论了电磁辐射的微观产生机理，得出了电磁辐射的产生是由于物质内部的运动状态不同导致的；研究了电磁辐射与热辐射的关系，得出热辐射过程实质上也是一种电磁能间的相互转换，是一种重要的电磁辐射，也可用场方程式来表示；基于断裂物理基础采用扫描电镜(SEM)分析了煤体中 Griffith 缺陷的特征，说明了煤体中存在着大量的 Griffith 缺陷，其形状、大小、方向各不相同，且晶粒界面也可看作 Griffith 缺陷；结合宏观断裂力学理论和地震集结理论，分析了岩石的宏观破裂就是微破裂的集结与扩展现象的结果，同时伴随着热力学方面的变化；以能量理论为分析手段推导出在准静态情况下的裂纹断裂准则；以微观断裂力学为基础，引用断裂粒子辐射的解理和位错原子模型，根据非线性热力学理论推导出断裂粒子产生热辐射的机理。

(5) 分析了受载煤体断裂热辐射的热力耦合效应分别由热弹效应、微裂隙扩展引起的热效应和裂纹集结黏滑引起的摩擦热效应组成。基于统计损伤理论,推导出煤岩强度的统计损伤本构方程 $\sigma=E\varepsilon\left\{1-\delta+\delta\exp\left(-\left[\frac{\varepsilon}{\alpha}\right]^{m}\right)\right\}$,并讨论了参数 α、δ 的确定及物理意义;应用损伤力学和热力耦合规律推导出更具有广泛意义的损伤统计——微波辐射耦合模型 $\sigma=E\varepsilon\left(1-\delta\frac{\sum N}{N_{\mathrm{m}}}\right)$。

(6) 根据电磁场与电磁波理论分析微波在有耗媒质中的传播机理,得出了由于不同媒质的介电常数与电导率不同,则同一频率的电磁波在不同媒质中能量衰减不同,不同频率的电磁波在同一媒质中能量衰减也不同。

(7) 根据麦克斯韦方程组分析微波在有耗媒质中的衰减方程,证明煤岩在微波条件下是不良导体;使用 Eview 软件对微波的衰减方程进行了离散多元非线性回归,得到微波在煤岩体中传播的回归方程为 $b=46.99f^{0.044}\varepsilon_{\mathrm{r}}^{-0.46}\rho^{-0.95}$,说明了煤岩体的电阻率和介电常数对微波衰减的影响大,频率对衰减系数的影响较小。

(8) 利用电偶极子模型分析了微波的辐射功率与频率关系,得出了 $P_1=Be^{C}f^{2}$ 的关系式,由此可得辐射功率与频率的 2 次方成正比,与离辐射源的距离成负指数关系。

(9) 通过回归衰减方程研究了衰减系数与煤岩体电阻率和介电常数的关系。

(10) 总结前人的实验数据,讨论了煤岩体电性参数的影响因素(主要包括变质程度、水分、孔隙度、煤岩成分等);通过分析实验数据,对影响因素之间进行了组合并确定了最佳组合,然后分别进行回归分析,获得了有益的结果。

(11) 分析了微波在煤岩体与空气交界面的传播特性,计算得出微波在界面处的入射功率密度、反射功率密度和投射功率密度。

(12) 研究了氧分子、瓦斯(瓦斯吸收谱、瓦斯含量和瓦斯压力)对微波传播的影响,得出氧分子对微波的传播有影响;从瓦斯吸收谱的角度而言,瓦斯对微波传播没有影响;瓦斯含量增大和瓦斯压力增加对微波传播有较小的衰减作用。

综上所述,受载煤岩体变形破裂过程中能产生微波辐射效应并具有可预测性的破坏前兆规律。利用这一特性与规律对煤岩动力灾害进行预报是可行的,具有十分广阔的应用前景。

7.2 展望

遥感技术是 60 年代迅速发展起来的一门综合性探测技术,它问世后的 10

年左右的时间内成功地应用于地球物理学领域的气象学科和应用地球物理学科。在20世纪90年代,越来越多的学者从不同角度探讨将遥感技术用于地震学科的问题。在地震预报中,地震学家和空间遥感专家已提出将遥感先进技术用于地震预报,并获得了很大的成功。而地震与煤岩动力灾害的孕育过程在很大程度上存在着相似点,都可以看作一个力学过程,在孕育过程中应力集中、应变能积累等都会使煤岩发生变形产生破裂,进而辐射电磁波能量。遥感技术用于固体力学研究虽尚在起步阶段,但已展现出工程应用的前景。如岩体应力场研究与岩爆预报,混凝土坝初次蓄水后的安全监测,金属和非金属构件薄弱部位的探测等。

煤岩动力灾害预报就是对未来动力灾害的发生时间、发生地点和发生强度作出预报,是现代科学研究的前沿课题,也是一个世界性难题。目前,电磁辐射预测煤岩动力灾害的研究已经取得一定的成效,在现场也得到一定的推广应用。然而迄今为止,煤岩动力灾害的预报一直是一个世界性难题,因为煤岩动力灾害的孕育过程中各种因素多而复杂,而且各种因素与灾害的发生之间具有极不确定的非线性关系。现阶段的方法和技术只是有可能对煤岩动力灾害的某些阶段和某些类型的煤岩动力灾害作出程度不同的预报。一位美国著名地震科学家艾伦曾经说:“地震预报的难度比原来想象的难得多,地震预报的进展比原来设想的缓慢得多”。而煤岩动力灾害的预报工作难度同样很大。

受载煤岩变形破坏过程中所具有的微波辐射特性和规律为煤岩动力灾害的预测预报提供了一种新的技术手段。目前,我们课题组所作的工作只是研究的开端,还停留在初步的实验和基础的理论研究层面上,这方面的研究才刚刚起步,大量的细节尚待研究。在试件方面已研究的固体材料品种十分有限,更未对尺度和形状的影响进行探讨,也未涉及复杂试件,如拼合试件和含锯口或预制裂纹试件的研究。在加载方式方面主要进行的是单轴实验和劈裂拉伸实验。双剪摩擦、双轴、直剪、扭转、弯曲等加载方式尚未采用。此外,不同加载速率、蠕变、应力松弛、重复加载、不同应力途径的影响和温度、含水量等环境因素的影响等均有待于研究。上述诸因素的交叉组合可引出几十个有待研究的课题,这远非一个课题组所能胜任,期望有更多的研究者分头进行专项研究。当研究进行得比较全面,资料相当充分之后,则有可能进一步开展探讨固体受力变形破坏过程中遥感信息变化机理的研究。

毋庸置疑的是,无论是地震学或是岩石力学(包括矿山岩石力学),都不会排斥而终将接受微波遥感新技术,遥感-岩石力学的发展也必将在煤岩动力灾害预报、岩体稳定性评价和岩体应力场测量等方面得到广泛应用。

参考文献

[1] 国家能源局.70 年来我国已成世界能源生产第一大国[EB/OL].(2019-09-20)[2019-09-20]. http://finance. sina. com. cn/roll/2019-09-20/doc-iicezueu7260110.shtml.

[2] 袁亮,张农,阚甲广,等.我国绿色煤炭资源量概念、模型及预测[J].中国矿业大学学报(自然科学版),2018,47(1):1-8.

[3] 李好管."十三五"规划关于中国能源、煤炭工业、煤炭深加工产业发展的政策导向(上)[J].煤化工,2017,45(3):1-6.

[4] 何学秋,王恩元,聂百胜,等. 煤岩流变电磁动力学[M].北京:科学出版社,2003.

[5] 崔承禹,邓明德,耿乃光.在不同压力下岩石光谱辐射特性研究[J].科学通报,1993,38(6):538-541.

[6] 邓明德,崔承禹,耿乃光.遥感用于地震预报的理论及实验结果[J].中国地震,1993, 9(2):163-169.

[7] 邓明德,樊正芳,耿乃光,等.混凝土的微波辐射和红外辐射随应力变化的实验研究[J].岩石力学与工程学报,1997,16(6):577-583.

[8] 邓明德,樊正芳,崔承禹,等.无源微波遥感用于地震预报的实验研究[J].红外与毫米波学报,1995,14(6):401-406.

[9] 耿乃光,樊正芳,籍全权,等.微波遥感技术在岩石力学中的应用[J].地震学报,1995,17(4):482-486.

[10] LUONG M P.Infrared observations of failure processes in plain concrete [M] //Proceedings of the Fourth International Conference on Durability of Building Materials and Components. Amsterdam: Elsevier, 1987: 870-878.

[11] LUONG M P, EYTARD J C. Infrared thermovision of dissipation inconcrete and concrete works [A] //Génie Parasismique et RéponseDynamique des Ouvrages[C].[s.l.] : AFPS,1999,471-478.

[12] 邓明德,籍全权,崔承禹,等.用遥感法测量钢建筑物应力的实验研究[J].科

学通报,1995,40(22):2075-2077.

[13] 邓明德,耿乃光,崔承禹,等.岩石应力状态改变引起岩石热状态改变的研究[J].中国地震,1997,13(2):179-185.

[14] WU L X,WANG J Z.Infrared radiation features of coal and rocks under loading[J].International journal of rock mechanics and mining sciences,1998,35(7):969-976.

[15] WU L X,CUI C Y,GENG N G,et al.Remote sensing rock mechanics (RSRM) and associated experimental studies[J].International journal of rock mechanics and mining sciences,2000,37(6):879-888.

[16] 吴立新,李国华,吴焕萍.热红外成像用于固体撞击瞬态过程监测的实验探索[J].科学通报,2001,46(2):172-176.

[17] М.П.ВОЛАРОВИЧ,Э.И.ПАРХОМЕНКО.Пьезоэлектрическии эффект горных пород[J].Изв.АН СССР,сер.геофиз,1955,(2): 215-222.

[18] ВОРОБЪЕВ А А,САМОХВАЛОВ М А, ДРУГИЕ И.Аномалъные изменения интенсивности естественного импулъсного эле-ктромагнитного поля в раионе Ташкента перед землетрясе-нием[J].Узб.геол.журн.,1976 (2): 9-11.

[19] NITSAN U.Electromagnetic emission accompanying fracture of quartz-bearing rocks[J].Geophysical research letters,1977,4(8): 333-336.

[20] 国家地震局科技监测司.震前电磁波观测与实验研究文集[M].北京: 地震出版社,1989.

[21] 毛桐恩.中国震前电磁波观测研究进展[C] //震前电磁波观测与实验研究文集[M].北京: 地震出版社,1989:1-4.

[22] 彭嘉湖,胡俊杰,常跃武.震前电磁场异常的观测与机理探讨[C] //震前电磁波观测与实验研究文集[M].北京:地震出版社,1989:100-104.

[23] 钱书清,张以勤,曹惠馨.花岗岩洞爆破时伴随岩石破裂的电磁辐射[J].地球物理学报,1983,26(增刊):887-893.

[24] 钱书清,张以勤,曹惠馨,等.岩石破裂时产生电磁脉冲的观测与研究[J].地震学报,1986,8(3):301-308.

[25] 李均之,曹明,毛浦森,等.岩石压缩实验与震前电磁波辐射的研究[J].北京工业大学学报,1982,8(4):47-53.

[26] 徐为民,童芜生,吴培稚.岩石破裂过程中电磁辐射的实验研究[J].地球物理学报,1985, 28(2):181-190.

[27] 孙正江,王丽华,高宏.岩石标本破裂时的电磁辐射和光发射[J].地球物理

学报,1986,29(5):491-495.

[28] 郭自强,周大庄,施行觉,等.岩石破裂中的电子发射[J].地球物理学报,1988,31(5):566-571.

[29] 郭自强,郭子祺,钱书清,等.岩石破裂中的电声效应[J].地球物理学报,1999,42(1):74-83.

[30] 郭自强,尤峻汉,李高,等.破裂岩石的电子发射与压缩原子模型[J].地球物理学报,1989,32(2):173-177.

[31] 朱元清,罗祥麟,郭自强,等.岩石破裂时电磁辐射的机理研究[J].地球物理学报,1991,34(5):595-601.

[32] FRID V.Rockburst hazard forecast by electromagnetic radiation excited by rock fracture[J].Rock mechanics and rock engineering,1997,30(4):229-236.

[33] FRID V. Electromagnetic radiation method for rock and gas outburst forecast[J].Journal of applied geophysics,1997,38(2):97-104.

[34] 陆智斐.九里山矿煤与瓦斯突出实时监测及预警技术研究[D].徐州:中国矿业大学,2014.

[35] 王恩元,刘晓斐,何学秋,等.煤岩动力灾害声电协同监测技术及预警应用[J].中国矿业大学学报(自然科学版),2018,047(005):942-948.

[36] 潘一山,罗浩,李忠华,等.含瓦斯煤岩围压卸荷瓦斯渗流及电荷感应试验研究[J].岩石力学与工程学报,2015,34(04):713-719.

[37] 崔承禹.红外遥感技术的进展与展望[J].国土资源遥感,1992,(1):16-26.

[38] 耿乃光.从遥感岩石力学的最新成果展望21世纪的地震监测[J].国际地震动态,1994,(12):6-9.

[39] 耿乃光,崔承禹,邓明德.岩石破裂实验中的遥感观测与遥感岩石力学的开端[J].地震学报,1992,14(增):645-652.

[40] 黄广思.地温遥感预报地震的原理和方法[J].地壳形变与地震,1993,13(1):23-28.

[41] 赵刚,马文娟,王军,等.我国地热前兆观测台网的现状及对汶川地震的响应[J].地震研究,2009,32(3):248-252.

[42] 李治,曾佐勋,王杰,等.震前卫星热红外异常与震级定量关系的统计研究[J].大地测量与地球动力学,2018,38(07):87-91+103.

[43] 朱传华,单新建,张国宏,等.汶川地震热异常与构造应力关联的数值模拟[J].地震地质,2019,41(06):1497-1510.

[44] 吴姗,郭艳,曾佐勋,等.基于地震的断裂带内外温差分析法的改进及其应

用研究[J].地震研究,2019,42(01):33-39+151.

[45] 张丽峰,王培玲,张朋涛,等.2017 年西藏米林 6.9 级地震前的热红外异常分析[J].地震工程学报,2020,42(02):360-367.

[46] 强祖基,孔令昌,王弋平,等.地球放气、热红外异常与地震活动[J].科学通报,1992,37(24): 2259-2262.

[47] 强祖基,徐秀登,赁常恭.卫星热红外异常:临震前兆[J].科学通报,1990,35(17): 1324-1327.

[48] 徐秀登,强祖基,赁常恭.卫星热红外图像与震兆异常:澜沧地震前热红外图像的启示[J].环境遥感,1991,4 (6): 261-266.

[49] 强祖基,赁常恭.卫星热红外图象亮温异常:临震前兆[J].中国科学(D 辑),1998,28(6): 564-573.

[50] 徐秀登,强祖基,赁常恭.临震热红外异常与地面增温异常[J].科学通报,1991,36(4): 291-294.

[51] 徐秀登,强祖基,赁常恭.1976 年唐山地震前地面增温异常[J].科学通报,1992,37(18): 1684-1687.

[52] 赁常恭,王宣吉,强祖基.我国利用气象卫星监测地震前兆[J].卫星利用,1994,1: 51-55.

[53] 刘德富,彭克银,刘维贺,等.地震有“热征兆”[J].地震学报,1999,12(6): 710-715.

[54] 吕琪琦,丁鉴海,崔承禹.1998 年 1 月 10 日张北 6.2 级地震前可能的卫星热红外异常现象[J].地震学报,2000,22(2): 183-188.

[55] 陈梅花,邓志辉,贾庆华.地震前卫星红外异常与发震断裂的关系研究:以 2001 年昆仑山 8.1 级地震为例[J].地震地质,2003,25(1): 100-108.

[56] 马瑾,单新建.利用遥感技术研究断层现今活动的探索:以玛尼地震前后断层相互作用为例[J].地震地质,2000,22(3): 210-218.

[57] 马瑾,汪一鹏,陈顺云,等.卫星热红外信息与断层活动关系讨论[J].自然科学进展,2005,15(11): 77-85.

[58] 吕国军,张合,李皓,等.华北地区中强震前卫星红外亮温变化研究[J].地震,2018,38(01): 96-106.

[59] 邓志辉,丁留伟,杨竹转,等.地震前热异常机理的多物理场耦合数值模拟研究—以汶川地震为例[J].国际地震动态,2019,08(86): 106-108.

[60] 徐为民,童芜生,吴培稚.岩石破裂过程中电磁辐射的实验研究[J].地球物理学报,1985,28: 181-189.

[61] 刘善军,吴立新.岩石受力的红外辐射效应[M].北京: 冶金工业出版

社,2005.

[62] 强祖基,孔令昌,王弋平,等.地球放气、热红外异常与地震活动[J].科学通报,1992(24):2259-2262.

[63] QIANG Z,KONG L.GUO M,et al.Laboratory research on mechanism of satellite infrared anomaly. Chinese science bulletin, 1995, 40 (16): 1403-1404.

[64] 强祖基,孔令昌,郭满江,等.卫星热红外增温机制的实验研究[J].地震学报,1997,19(2):197-201.

[65] QIANG Z J,DIAN C G,LI L Z,et al.Atellitic thermal infrared brightness temperature anomaly image: short-term and impending earthquake precursors[J]. Science in China series d: earth sciences, 1999, 42 (3): 313-324.

[66] 吕君,杨亦春,冯浩楠,等.北京一次小震级地震前异常声-重力波产生机理的研究[J].声学学报,2015,40(02): 307-316.

[67] 缪阿丽,叶碧文,张艺,等.苏皖地区 2 次中强地震前地下流体异常及其形成机理分析[J].中国地震,2018,034(002): 350-363.

[68] 邓明德,耿乃光,崔承禹,等.岩石红外辐射温度随岩石应力变化的规律和特征以及与声发射率的关系[J].西北地震学报,1995,17(4),79-86.

[69] 尹京苑,房宗绯,钱家栋,等.红外遥感用于地震预测及其物理机理研究[J].中国地震,16(2),140-148.

[70] 耿乃光,崔承禹,邓明德,等.遥感岩石力学及其应用前景[J].地球物理学进展,8(4): 1-7.

[71] 邓明德,房宗绯,刘晓红,等.水在岩石红外辐射中的作用研究[J].中国地震,1997,13(3): 288-296.

[72] 耿乃光,于萍,邓明德,等.热红外震兆成因的模拟实验研究[J].地震,1998,18(1):83-88.

[73] 邓明德,崔承禹,耿乃光,等.岩石的红外波段辐射特性研究[J].红外与毫米波学报,1999,13(6): 425-430.

[74] 刘善军,吴立新,吴焕萍,等.多暗色矿物类岩石单轴加载过程中热红外辐射定量研究[J].岩石力学与工程学报,2002,21(11):1585-1589.

[75] 吴立新,王金庄.煤岩受压红外热像与辐射温度特征实验[J].中国科学(D辑),1998,28(1):41-46.

[76] 吴立新.遥感岩石力学及其新近进展与未来发展[J].岩石力学与工程学报,2001,20(2):139-146.

[77] WU L X,LIU S J,WU Y H,et al.Changes in infrared radiation with rock deformation[J]. International journal of rock mechanics and mining sciences,2002,39(6): 825-831.

[78] 吴立新,刘善军,吴育华,等.遥感-岩石力学(IV):岩石压剪破裂的热热红外辐射规律及其地震前兆意义[J].岩石力学与工程学报,2004,23(4):539-544.

[79] 刘善军,吴立新,吴育华,等.遥感-岩石力学(V):岩石粘滑过程中热红外辐射的影响因素分析[J].岩石力学与工程学报,2004,23(5):730-735.

[80] 刘善军,吴立新,吴育华,等.遥感-岩石力学(VI):岩石摩擦滑移特征及其影响因素分析[J].岩石力学与工程学报,2004,23(8):1247-1251.

[81] 董玉芬,王来贵,刘向峰,等.岩石变形过程中红外辐射的实验研究[J].岩土力学,2001, 22(2):134-137.

[82] 邓明德,钱家栋,尹京苑,等.红外遥感用于大型混凝土工程稳定性监测和失稳预测研究[J].岩石力学与工程学报,2001,20(3):147-150.

[83] 赵毅鑫,姜耀东,韩志茹.冲击倾向性煤体破坏过程声热效应的试验研究[J].岩石力学与工程学报,2007(05):965-971.

[84] 刘善军,吴立新,张艳博,等.拐折非连通断层加载失稳的热辐射演化特征[J].岩石力学与工程学报,2009,28(S2):3342-3348.

[85] 刘善军,魏嘉磊,黄建伟,等.岩石加载过程中红外辐射温度场演化的定量分析方法[J].岩石力学与工程学报,2015,34(S1):2968-2976.

[86] 宫伟力,何鹏飞,江涛,等.小波去噪含水煤岩单轴压缩红外热像特征[J].华中科技大学学报(自然科学版),2011,39(06):10-14+23.

[87] 宋义敏,杨小彬.煤破坏过程中的温度演化特征实验研究[J].岩石力学与工程学报,2013,32(07):1344-1349.

[88] 马立强,李奇奇,曹新奇,等.煤岩受压过程中内部红外辐射温度变化特征研究[J].中国矿业大学学报,2013,42(03):331-336.

[89] 马立强,张东升,郭晓炜,等.煤单轴加载破裂时的差分红外方差特征[J].岩石力学与工程学报,2017,36(S2):3927-3934.

[90] MA L Q,ZHANG Y,CAO K W,et al.An experimental study on infrared radiation characteristics of sandstone samples under uniaxial loading[J]. Rock mechanics and rock engineering,2019,52(9): 3493-3500.

[91] 张艳博,李健,刘祥鑫,等.巷道岩爆红外辐射前兆特征实验研究[J].采矿与安全工程学报,2015,32(05):786-792.

[92] 张艳博,吴文瑞,姚旭龙,等.单轴压缩下花岗岩声发射-红外特征及损伤演

化试验研究[J].岩土力学,2020(S1):1-8.

[93] 李忠辉,娄全,王恩元,等.顶板岩石受压破坏过程中声电热效应研究[J].中国矿业大学学报(自然科学版),2016,45(06):1098-1103.

[94] LI Z H,CHENG F Q,WEI Y,et al.Study on coal damage evolution and surface stress field based on infrared radiation temperature[J].Journal of geophysics and engineering,2018,15(5): 1889-1899.

[95] 杨桢,齐庆杰,叶丹丹,等.复合煤岩受载破裂内部红外辐射温度变化规律[J].煤炭学报,2016,41(03):618-624.

[96] 吴贤振,高祥,赵奎,等.岩石破裂过程中红外温度场瞬时变化异常探究[J].岩石力学与工程学报,2016,35(08):1578-1594.

[97] SUN X M,XU H C,HE M C,et al.Experimental investigation of the occurrence of rockburst in a rock specimen through infrared thermography and acoustic emission[J]. International journal of rock mechanics and mining sciences,2017,93: 250-259.

[98] 周子龙,熊成,蔡鑫,等.单轴载荷下不同含水率砂岩力学和红外辐射特征[J].中南大学学报(自然科学版),2018,49(05):1189-1196.

[99] 来兴平,刘小明,单鹏飞,等.采动裂隙煤岩破裂过程热红外辐射异化特征[J].采矿与安全工程学报,2019,36(04):777-785.

[100] SHEN R X,LI H R,WANG E Y,et al.Infrared radiation characteristics and fracture precursor information extraction of loaded sandstone samples with varying moisture contents[J].International journal of rock mechanics and mining sciences,2020,130:1-9.

[101] 耿乃光,邓明德,崔承禹等.遥感技术用于固体力学实验研究的新成果[J].力学进展,1997,27(2):185-192.

[102] 樊正芳,房宗绯,邓明德.微波遥感在岩土工程中应用的基础实验研究[J].电波科学学报,2000,15(4):410-414.

[103] MAKI K, TAKANO T, SOMA E, et al. An experimental study of microw ave emissions from compression failure of rocks[J].Journal of the seismological society of Japan,2006,58 (4) :375-384.

[104] TAKANO T, MAEDA T. Experiment and theoretical study of earthquake detection capability by means of microwave passive sensors on a satellite[J]. IEEE Geoscience and remote sensing letters, 2009, 6 (1):107-111.

[105] 陈昊,金亚秋.星载微波辐射计对玉树地震岩石破裂辐射异常的初步检测

[J].遥感技术与应用,2010,025(006): 860-866.

[106] 徐忠印,刘善军,吴立新.岩石变形破裂红外与微波辐射变化特征对比研究[J].东北大学学报(自然科学版),2015,36(012):1738-1742.

[107] 毛文飞,吴立新,刘善军,等.干、湿沙层对岩石受力微波辐射影响的实验对比[J].东北大学学报(自然科学版),2018,39(05),710-715.

[108] 房宗绯,邓明德,钱家栋,等.无源微波遥感用于地震预测及物理机理研究[J].地球物理学报,2000,43(4):464-470.

[109] 陈述彭.遥感大辞典[M].北京:科学出版社,1990.

[110] 邓明德,尹京苑,刘西垣,等.黑体辐射公式的积分解及应用[J].遥感信息,2002,01:3-11.

[111] 应国玲,周长宝,陈怀迁,等.微波辐射计[M].北京:海洋出版社,1992.

[112] 肖金凯.近代矿物学第十一讲:矿物的微波特性研究[J].地质地球化学,1982,10: 64-69.

[113] 郭立稳,蒋承林.煤与瓦斯突出过程中影响温度变化的因素分析[J].煤炭学报,2000,25(4):401-403.

[114] 王庆良,王文萍,梁伟锋,等.应力-耗散热地温前兆机理研究[J].地震学报,1998,20(5):529-534.

[115] MILLER P J,COFFEY C S,DEVOST V F.Heating in crystalline solids due to rapid deformation[J].Journal of applied physics,1986,59(3): 913-916.

[116] 肖金凯.岩石和土壤的微波介电特征及其在微波遥感中的应用研究[J].科学通报,1983,28(17):1055-1057.

[117] 刘煜洲,刘因,王寅生等.岩石破裂时电磁辐射的影响因素和机理[J].地震学报,1997,19(4):418-425.

[118] 吴刚,赵震洋.不同应力状态下岩石类材料破坏的声发射特性[J].岩土工程学报,1998,20(2):82-85.

[119] 肖金凯.近代矿物学第十一讲:矿物的微波特性研究[J].地质地球化学,1982,10: 64-69.

[120] 尤明庆,华安增.岩石单轴压缩的破坏形式和承载能力降低[J].岩石力学与工程学报,1998,17(3):292-296.

[121] JAEGER J C.Rock failure at lower confining pressure[J]. Engineering,1960,189: 283-284.

[122] 虞吉林.动态断裂理论和实验研究进展[J].力学与实践,1992,14(5):7-14.

[123] 李伟,谢和平,王启智.大理岩动态劈裂拉伸的 SHPB 实验研究[J].爆炸与

冲击,2006,26(1):12-20.

[124] 刘煜洲,刘因,王寅生等.岩石破裂时电磁辐射的影响因素和机理[J].地震学报,1997,19(4):418-425.

[125] ZHURKOV S N,KUKSENKO V S,PETROV V A.Principles of the kinetic approach of fracture prediction [J]. Theoretical and applied fracture mechanics,1984,1(3):271-274.

[126] 唐有祺.统计力学及其在物理化学中的应用[M].北京:科学出版社,1964.

[127] WAMERSIK W, FAIRHURST C. A study of brittle fracture in laboratory compression experiments [J]. International journal of rock mechanics and mining sciences,1970,7: 561-575.

[128] 马瑾,马胜利,刘力强.地震前异常的阶段性及其空间分布[J].地震地质,1995,17(4):363-371.

[129] 日本遥感研究会.遥感精解[M].刘勇卫,贺雪鸿,译.北京:测绘出版社,1993.

[130] 黄克智,肖纪美.材料的损伤断裂机理和宏微观力学理论[M].北京:清华大学出版社,1999.

[131] 谢和平.岩石、混凝土损伤力学[M].徐州: 中国矿业大学出版社,1990.

[132] 许金泉,丁皓江.现代固体力学理论及应用[M].杭州: 浙江大学出版社,1997.

[133] 赵建生.断裂力学及断裂物理[M].武汉:华中科技大学出版社,2003.

[134] 邓增杰,周敬恩.工程材料的断裂与疲劳[M].北京:机械工业出版社,1995.

[135] 谢和平,陈忠辉.岩石力学[M].北京:科学出版社,2004.

[136] 尹祥础.固体力学:固体地球物理进展丛书 [M].北京:地震出版社,1985.

[137] 江山.岩石细观断裂过程及水压胀裂岩石技术的研究[D].徐州:中国矿业大学,1994.

[138] 刘小明.岩石断口微观断裂机理分析与实验研究[J].岩石力学与工程学报,1997,16(6):509-513.

[139] 李贺,尹光志,许江.岩石断裂力学[M].重庆: 重庆大学出版社,1988.

[140] 冒小萍.应力断料中裂纹扩展的数值模拟研究[D].兰州:兰州理工大学,2004.

[141] 李世愚,腾春凯,卢振业,等.地震破裂的集结及其前兆意义[J].地震学报,2000,22 (2):201-209.

[142] 范天佑.断裂理论基础[M].北京:科学出版社,2003.

[143] 李世愚.三维脆性破裂的拉应力判据[J].地球物理学报,1990,33(5):547-555.

[144] 熊秉衡,王正荣,张永安.地震微破裂成核过程的实验模拟研究[J].地球科学:中国地质大学学报,2000,25(3):319-323.

[145] 杨卫,谭鸿来.断裂过程的细观力学与纳观力学[J].中国科学基金,1993,7(4):249-254.

[146] 杨卫.宏微观断裂力学[M].北京:国防工业出版社,1995.

[147] KELLY A, TYSON W R. Cottrell, ductile and brittle crystals[J]. Philosophical magazine letters,1967,15:567-586.

[148] TAN H L,YANG W.Catastrophic fracture induced fracto-emission[J]. Journal of materials science,1996,31(10):2653-2660.

[149] 何学秋,刘明举.含瓦斯煤岩破坏电磁动力学[M].徐州:中国矿业大学出版社,1995.

[150] IMOTO R,STEVENS F,LANGFORD S C. The emission of electrons and positive ions from fracture of materials[J]. Journal of materials science,1981,16(10):2897-2908.

[151] FUHNNANN J, NIEK L, DICKINSON J T, et al. Atomic force microscopy studies of chemical - mechanical processes on silicon(100) surfaces[J].Materials science & processing,2009,94(1):35-43.

[152] TAN H L,YANG W.Nonlinear motion of atoms at a crack tip during cleavage processes [J].Journal of applied physics,1996, 77(3):199-212.

[153] TAN H L,YANG W.A numeric study on chaotic dislocation emission [J]. Communications in nonlinear science and numerical simulation, 1996,1(1):10-14.

[154] 谭鸿来.材料断裂过程的宏微观研究[D].北京:清华大学,1996.

[155] 王恩元.含瓦斯煤破裂的电磁辐射和声发射效应及其应用研究[D].徐州:中国矿业大学,1997.

[156] 宋建国,张英华.煤的损伤参量与损伤特性分析[J].煤炭工程,2005(1):45-47.

[157] Scholz C H.Experimental study of the fracturing process in britlle rock [J].Geophysical research letters,1968,73:1447-1486.

[158] BRADY B T, ROWELL G A. Laboratory investigation of the electrodynamics of rock fracture[J].Nature,1986,321(6069):488-492.

[159] 姚孝新.不同应力途径下辉长岩的微破裂特征[J].地震学报,1981,1(3):

49-53.

[160] 陈颙，姚孝新，谢鸿森.辉长岩的破裂研究[J].地震学报，1981，3(3)：321-327.

[161] 许江.对单轴应力下砂岩微观断裂发展全过程的实验研究[J].力学与实践，1986，4：16-20.

[162] 唐春安，黄明利，张国民，等.岩石介质中多裂纹扩展相互作用及其贯通机制的数值模拟[J].地震，2001，21(2)：53-58.

[163] 刘培洵，马瑾，刘力强，等.压性雁列构造变形过程中热场演化的实验研究[J].自然科学进展，2007，17(4)：454-459.

[164] 魏建平.矿井煤岩动力灾害电磁辐射预警机理及其应用研究[D].徐州：中国矿业大学，2004.

[165] 原永涛，赵毅，张建平.不同煤化程度煤种对飞灰导电特性影响的实验研究[J].中国环境科学，1997，15(5)：450-461.

[166] BRACH I，GIUNTINI J，ZANCHETTA J.Real part of the permittivity of coals and their rank[J].Fuel，1994，73(5)：738-741.

[167] 徐龙君，刘成伦，鲜学福.煤导电性质的分形特征[J].煤炭转化，2001，24(1)：50-52.

[168] WANG YUNGANG，WANG ENYUAN，LI ZHONGHUI. Feasibility Study on the Prediction of Coal Bump with Electrical Resistivity Method[C]//Progress in mining science and safety technology.Beijing：Science Press，2007：465-472.

[169] 徐龙君，鲜学福，李晓红，等.交变电场下煤复介电常数的实验研究[J].重庆大学学报(自然科学版)，1998，21(3)：6-10.

[170] 肖金凯.矿物的成分和结构对其介电常数的影响[J].矿物学报，1985，5(4)：45-51.

[171] 冯秀梅，陈津，李宁，等.微波场中无烟煤和烟煤电磁性能研究[J].太原理工大学学报，2007，38(5)：405-407.

[172] OLHOEFT G R，STRANGWAY D W.Dielectric properties of the first 100 meters of the moon[J].Earth and planetary science letters，1975，24：394-404.

[173] 赵柏林，刘雯，唐承贤.微波波段氧分子吸收系数的简化公式[J].气象学报，1989，47(01)：103-112.

[174] MEI K K，FANG J. Superabsorption-a method to improve absorbing boundary conditions (electromagnetic waves)[J].IEEE Transactions on antennas and propagation，1992，40(9)：1001-1010.